明 远 通 识 文 库

通川至海，立一识大

主　编：兰利琼

副主编：王玉芳　王海燕　白　洁　邬小红
　　　　苟　敏　周　瑾　赵　云　唐　琳

智人的觉醒

生 命 科 学 与
人 类 命 运

一

四川大學出版社
SICHUAN UNIVERSITY PRESS

通识教育的"川大方案"

◎ 李言荣

　　大学之道，学以成人。作为大学精神的重要体现，以培养"全人"为目标的通识教育是对"人的自由而全面的发展"的积极回应。自19世纪初被正式提出以来，通识教育便以其对人类历史、现实及未来的宏大视野和深切关怀，在现代教育体系中发挥着无可替代的作用。

　　如今，全球正经历新一轮大发展大变革大调整，通识教育自然而然被赋予了更多使命。放眼世界，面对社会分工的日益细碎、专业壁垒的日益高筑，通识教育能否成为砸破学院之"墙"的有力工具？面对经济社会飞速发展中的常与变、全球化背景下的危与机，通识教育能否成为对抗利己主义，挣脱偏见、迷信和教条主义束缚的有力武器？面对大数据算法用"知识碎片"织就的"信息茧房"、人工智能向人类智能发起的重重挑战，通识教育能否成为人类叩开真理之门、确证自我价值的有效法宝？凝望中国，我们正前所未有地靠近世界舞台中心，前所未有地接近实现中华民族伟大复兴，通识教育又该如何助力教育强国建设，培养出一批堪当民族复兴重任的时代新人？

　　这些问题都需要通识教育做出新的回答。为此，我们必须立足当下、面向未来，立足中国、面向世界，重新描绘通识教育的蓝图，给出具有针对性、系统性、实操性和前瞻性的方案。

　　一般而言，通识教育是超越各学科专业教育，针对人的共性、公民的共性、技能的共性和文化的共性知识和能力的教育，是对社会中不同人群的共同认识和价值观的培养。时代新人要成为面向未来的优秀公民和创新人才，就必须具有健全的人格，具有人文情怀和科学精神，具有独立生活、独立思考和独立研究的能力，具有社会责任感和使命担当，具有足以胜任未来挑战的全球竞争力。针对这"五个具有"的能力培养，理应贯穿通识教育始终。基于此，我认为新时代的通识教育应该面向五个维度展开。

第一，厚植家国情怀，强化使命担当。如何培养人是教育的根本问题。时代新人要肩负起中华民族伟大复兴的历史重任，首先要胸怀祖国，情系人民，在伟大民族精神和优秀传统文化的熏陶中潜沉情感、超拔意志、丰博趣味、豁朗胸襟，从而汇聚起实现中华民族伟大复兴的磅礴力量。因此，新时代的通识教育必须聚焦立德树人这一根本任务，为学生点亮领航人生之灯，使其深入领悟人类文明和中华优秀传统文化的精髓，增强民族认同与文化自信。

第二，打好人生底色，奠基全面发展。高品质的通识教育可转化为学生的思维能力、思想格局和精神境界，进而转化为学生直面飞速发展的世界、应对变幻莫测的未来的本领。因此，无论学生将来会读到何种学位、从事何种工作，通识教育都应该聚焦"三观"培养和视野拓展，为学生搭稳登高望远之梯，使其有机会多了解人类文明史，多探究人与自然的关系，这样才有可能培养出德才兼备、软硬实力兼具的人，培养出既有思维深度又不乏视野广度的人，培养出开放阳光又坚韧不拔的人。

第三，提倡独立思考，激发创新能力。当前中国正面临"两个大局"，经济、社会等各领域的高质量发展都有赖于科技创新的支撑、引领、推动。而通识教育的力量正在于激活学生的创新基因，使其提出有益的质疑与反思，享受创新创造的快乐。因此，新时代的通识教育必须聚焦独立思考能力和底层思维方式的训练，为学生打造破冰拓土之船，使其从惯于模仿向敢于质疑再到勇于创新转变。同时，要使其多了解世界科技史，使其产生立于人类历史之巅鸟瞰人类文明演进的壮阔之感，进而生发创新创造的欲望、填补空白的冲动。

第四，打破学科局限，鼓励跨界融合。当今科学领域的专业划分越来越细，既碎片化了人们的创新思想和创造能力，又稀释了科技资源，既不利于创新人才的培养，也不利于"从0到1"的重大原始创新成果的产生。而通识教育就是要跨越学科界限，实现不同学科间的互联互通，凝聚起高于各学科专业知识的科技共识、文化共识和人性共识，直抵事物内在本质。这对于在未来多学科交叉融通解决大问题非常重要。因此，新时代的通识教育应该聚焦学科交叉融合，为学生架起游弋穿梭之桥，引导学生更多地以"他山之石"攻"本山之玉"。其中，信息技术素养的培养是基础中的基础。

第五，构建全球视野，培育世界公民。未来，中国人将越来越频繁地走到世界舞台中央去展示甚至引领。他们既应该怀抱对本国历史的温情与敬意，深刻领悟中华优秀传统文化的精髓，同时又必须站在更高的位置打量世界，洞悉自身在人类文明和世界格局中的地位和价值。因此，新时代的通识教育必须聚焦全球视野的构建和全球胜任力的培养，为学生铺就通往国际舞台之路，使其真正了解世界，不孤陋寡闻，真正了解中国，不妄自菲薄，真正了解人类，不孤芳自赏；不仅关注自我、关注社会、关注国家，还关注世界、关注人类、关注未来。

我相信，以上五方面齐头并进，就能呈现出通识教育的理想图景。但从现实情况来看，我们目前所实施的通识教育还不能充分满足当下及未来对人才的需求，也不足以支撑起民族复兴的重任。其问题主要体现在两个方面：

其一，问题导向不突出，主要表现为当前的通识教育课程体系大多是按预设的知识结构来补充和完善的，其实质仍然是以院系为基础、以学科专业为中心的知识教育，而非以问题为导向、以提高学生综合素养及解决复杂问题的能力为目标的通识教育。换言之，这种通识教育课程体系仅对完善学生知识结构有一定帮助，而对完善学生能力结构和人格结构效果有限。这一问题归根结底是未能彻底回归教育本质。

其二，未来导向不明显，主要表现为没有充分考虑未来全球发展及我国建设社会主义现代化强国对人才的需求，难以培养出在未来具有国际竞争力的人才。其症结之一是对学生独立思考和深度思考能力的培养不够，尤其未能有效激活学生问问题，问好问题，层层剥离后问出有挑战性、有想象力的问题的能力。其症结之二是对学生引领全国乃至引领世界能力的培养不够。这一问题归根结底是未能完全顺应时代潮流。

时代是"出卷人"，我们都是"答卷人"。自百余年前四川省城高等学堂（四川大学前身之一）首任校长胡峻提出"仰副国家，造就通才"的办学宗旨以来，四川大学便始终以集思想之大成、育国家之栋梁、开学术之先河、促科技之进步、引社会之方向为己任，探索通识成人的大道，为国家民族输送人才。

正如社会所期望，川大英才应该是文科生才华横溢、仪表堂堂，医科生医术精湛、医者仁心，理科生学术深厚、术业专攻，工科生技术过硬、行业引领。但在我看来，川大的育人之道向来不只在于专精，更在于博通，因此从川大走出的大成之才不应仅是各专业领域的精英，而更应是真正"完整的、大写的人"。简而言之，川大英才除了精熟专业技能，还应该有川大人所共有的川大气质、川大味道、川大烙印。

关于这一点，或许可以打一不太恰当的比喻。到过四川的人，大多对四川泡菜赞不绝口。事实上，一坛泡菜的风味，不仅取决于食材，更取决于泡菜水的配方以及发酵的工艺和环境。以之类比，四川大学的通识教育正是要提供一坛既富含"复合维生素"又富含"丰富乳酸菌"的"泡菜水"，让浸润其中的川大学子有一股独特的"川大味道"。

为了配制这样一坛"泡菜水"，四川大学近年来紧紧围绕立德树人根本任务，充分发挥文理工医多学科优势，聚焦"厚通识、宽视野、多交叉"，制定实施了通识教育的"川大方案"。具体而言，就是坚持问题导向和未来导向，以"培育家国情怀、涵养人文底蕴、弘扬科学精神、促进融合创新"为目标，以"世界科技史"和"人类文明史"为四川大学通识教育体系的两大动脉，以"人类演进与社会文明""科学进步与技术革命"和"中华文化（文史哲艺）"为三大先导课程，按"人文与艺术""自然与科技""生命与健康""信息与交叉""责任与视野"五大模块打造 100 门通识"金课"，并邀请院士、杰出教授等名师大家担任课程模块首席专家，在实现知识传授和能力培养的同时，突出价值引领和品格塑造。

如今呈现在大家面前的这套"四川大学通识教育读本"，即按照通识教育"川大方案"打造的通识读本，也是百门通识"金课"的智慧结晶。按计划，丛书共 100 部，分属于五大模块。

——"人文与艺术"模块，突出对世界及中华优秀文化的学习，鼓励读者以更加开放的心态学习和借鉴其他文明的优秀成果，了解人类文明演进的过程和现实世界，着力提升自身的人文修养、文化自信和责任担当。

——"自然与科技"模块，突出对全球重大科学发现、科技发展脉络的梳理，以帮助读者更全面、更深入地了解自身所在领域，培养科学精神、科学思维和科学方法，以及创新引领的战略思维、深度思考和独立研究能力。

——"生命与健康"模块，突出对生命科学、医学、生命伦理等领域的学习探索，强化对大自然、对生命的尊重与敬畏，帮助读者保持身心健康、积极、阳光。

——"信息与交叉"模块，突出以"信息＋"推动实现"万物互联"和"万物智能"的新场景，使读者形成更宽的专业知识面和多学科的学术视野，进而成为探索科学前沿、创造未来技术的创新人才。

——"责任与视野"模块，着重探讨全球化时代多文明共存背景下人类面临的若干共同议题，鼓励读者不仅要有参与、融入国际事务的能力和胆识，更要有影响和引领全球事务的国际竞争力和领导力。

百部通识读本既相对独立又有机融通，共同构成了四川大学通识教育体系的重要一翼。它们体系精巧、知识丰博，皆出自名师大家之手，是大家著小书的生动范例。它们坚持思想性、知识性、系统性、可读性与趣味性的统一，力求将各学科的基本常识、思维方法以及价值观念简明扼要地呈现给读者，引领读者攀上知识树的顶端，一览人类知识的全景，并竭力揭示各知识之间交汇贯通的路径，以便读者自如穿梭于知识枝叶之间，兼收并蓄，掇菁撷华。

总之，通过这套书，我们不惟希望引领读者走进某一学科殿堂，更希望借此重申通识教育与终身学习的必要，并以具有强烈问题意识和未来意识的通识教育"川大方案"，使每位崇尚智识的读者都有机会获得心灵的满足，保持思想的活力，成就更开放通达的自我。

是为序。

（本文作于 2023 年 1 月，作者系中国工程院院士，时任四川大学校长）

前　言

　　作为四川大学百门通识"金课"之一的"智人的觉醒：生命科学与人类命运"，源自"社会热点中的生物学"课程的多年探索与沉淀。随着更多致力于生命科学发展、致力于促进人与自然和谐共生的志同道合者的加入以及跨学科合作，课程的内容更加丰富，内涵更加丰满，思想更加丰盈，但不变的是对生命的尊重、对自然的热爱、对教育的情怀。

　　我们希望，与读者一起跨越地球 46 亿年的历史，了解生命的起源与多样性，认识生命的本质与可贵。

　　我们希望，与读者一起解读基因密码、读取生命电波，体验脑机接口技术的魅力。

　　我们希望，与读者一起感受微生物在人类生活中的魔力，升华对生命的认知。

　　我们希望，与读者一起解码与社会民生息息相关的克隆技术、转基因技术及合成生物学，辨识科学技术对社会及伦理的影响和挑战。

　　我们更希望，与读者一起探究人与动物的关系、生态与环境的纹理，洞悉生命和谐共生的奥秘……

　　这本书，当然要传递知识。我们力求用质朴的语言帮助读者理解生物学核心概念及原理的缘起与发展，以生动的案例揭示技术的应用与前景，让不同基础的读者都能对生命科学有基本认知。

这本书，更关注培养能力与素养。我们这个跨学科合作的团队力图帮助读者超越学科界限，理解和强化生命意识，提高科学素养，增强面向未来发展的能力。

这本书，尤其重视提升价值观与行动力。我们以科学、理性、辩证的态度看待技术发展和相关的问题，坚持绿色可持续的发展观，期待构建人与自然和谐共处的地球命运共同体。

"社会热点中的生物学"已被评为国家级一流本科线下课程，而在合作中壮大、在探索中创新的"智人的觉醒：生命科学与人类命运"课程怀有更深沉的期冀——

让我们一起感知：世界上最复杂的物质运动是生命运动；

让我们一起领略：世界上最美的现象是生命现象；

让我们一起去爱：爱地球、爱自然、爱人类……

编　者

2023 年 8 月

目　录

第一讲

我们从哪里来？生命的起源与演化

当我们仰望星空的时候，我们忍不住会想：宇宙有没有尽头？一直一直往宇宙深处飞去，会遇见类似地球和人类的另外一个宜居星球和另外一种智慧生命吗？——很遗憾，这些问题还没有明确的答案。但值得期待的是，如果我们潜心探求宇宙、地球、生命的来时路，或许有机会找到答案……

第一节　浩瀚的宇宙，独特的地球

我们人类所栖居的家园——地球，是太阳系 8 颗行星之一[1]；而太阳则是银河系中数以亿计的恒星中的一个；而银河系又是不断扩张的浩瀚宇宙中数以亿计的星系之一[2]——这是描述宇宙之浩瀚的一个角度。如果我们能够以光速（约 3×10^8 m/s）旅行，那么绕地球一圈所需的时间是 0.13 秒，绕太阳一圈需要 14 秒，从太阳到地球需要 8 分 19 秒，从太阳到太阳系最外侧的海王星需要 4 个多小时，到与太阳系最近的恒星——比邻星需要 4.2 年，而到达银河系的中心则需要 3.2 万年[3]，那么横穿目前可探测到的宇宙需要多长时间呢？——930 亿年！而人类可探测的宇宙仅仅是宇宙本身的一小部分，宇宙无穷大而且还在不断地加速膨胀，其膨胀速度是超过光速的，因此，即使以光的速度旅行，也永远永远无法穿越整个宇宙。总而言之：宇宙是无垠的！无垠的宇宙蕴藏着无限的奥秘，也蕴含着无限的可能，人类正运用自己的智慧努力地窥其一二，正如霍金所说："哈勃关于宇宙膨胀的发现，以及关于我们自己的行星在茫茫宇宙中微不足道的认识，只不过是起点而已"[4]。

一、宇宙的诞生

按照目前被广泛接受的大爆炸理论（Big Bang theory）（其他的理论模型包括永恒膨胀、振荡宇宙等），现世宇宙缘起于大约 138 亿年前[5]发生的大爆炸（近年来也有研究提出大爆炸发生于 140 多亿年前[6-7]）。霍金曾努力说服人们："大爆炸是从一个奇点开始，而这个奇点正是任何坍缩体必定终结的那个黑洞奇点。"而在考虑了量子效应后，他又试图去说服其他物理学家："事实上在宇宙的开端并没有奇点。"在大爆炸时，宇宙体积被认为是 0，所以是无限热。片刻之后，空间以指数形式膨胀（这一过程被称为暴涨期），大爆炸后辐射的温度随宇宙的膨胀而降低。大爆炸后的 1 秒钟，温度降低到约 10^{10} K，这大约是现在太阳中心温度的 1000 倍。此刻宇宙中主要包含光子、电子、中微子和它们的反粒子，还有一些质子和中子。在大爆炸后大约 100 秒，温度降低到约 10^9 K。在此温度下，质子和中子不再有足够的能量逃脱强核力的吸引，所以开始结合，产生氘（即重氢，heavy hydrogen）的原子核（一个质子和一个中子）。然后，氘核和更多的质子、中子结合成氦核

（两个质子和两个中子），还产生了少量的两种更重的元素——锂和铍。科学家们计算推测，在大爆炸中大约 1/4 的质子和中子变成了氦核，还有少量的重氢和其他元素，余下的中子会衰变成质子，这就是通常的氢核。大爆炸后的几个钟头之内，氦和其他元素的产生就停止了。之后的100 万年左右，宇宙继续膨胀，温度继续降低，当降为 3000～4000 K时，电子和核子不再有足够能量去战胜它们之间的电磁吸引力，就开始结合成原子。膨胀的宇宙中一些稍微密集的区域会因为坍缩、旋转等形成星系。随着时间流逝，星系中的氢和氦被分割成更小的星云——恒星由此而生。随着时间的推移，这些恒星的内核因收缩而致温度升高，发生核聚变反应，将氢聚合成氦，并在大约 1 亿年里将氢耗尽，然后将氦转变成一些更重的元素，如碳、氧、硅、铁等。当第一代恒星死亡后，这些元素分散到太空中，成为下一代恒星的种子。在这些恒星的周围，较重的元素开始形成行星。

思考 一个理论或假说怎样才能被广泛接受？

1. 理论本身能够解释已经发现的事实。
2. 理论能够预测将要发生的事情，且能够被发生的事情所证实。

二、太阳系的诞生

关于银河系中太阳系的诞生，被普遍接受的一种理论是星云假说[8-9]：大约在 46 亿年前，一个超新星爆炸的冲击波作用于巨大的分子云，造成了超密度区域，诱导该区域崩塌、转动加快、星云浓缩，其中的原子相互碰撞频率增高，使动能转化为热能。质量集中的中心与周边区域的温差越来越大，在引力、气压、磁场力和转动惯性的相互竞争下，收缩的星云扁平化为原行星盘，并在中心形成一个热的、致密的原恒星。这个原恒星年轻，散发着热与光，但还不是一颗恒星。在它的周围，有一团同样的物质呈盘状旋转着，因为重力和运动压缩了云团中的尘埃和岩石而变得越来越热。这颗炙热的年轻原恒星逐渐被"点燃"，并开始在其核心部位将氢融合产生氦，太阳由此诞生了。旋转的热圆盘是地球及其姐妹行星形成的摇篮。这不是第一次形成这样的行星系统。事实上，天文学家可以看到宇宙中其他地方也发生过或正在发生着这种事情。

研究动态 寻找原初引力波，以证明宇宙在膨胀

2014 年 3 月 17 日哈佛－史密松森天体物理中心宣布，他们利用位于南极的 BICEP2 望远镜，通过对宇宙微波背景辐射（Cosmic Microwave Background，CMB）极化现象的观测与分析，首次得到了原初引力波的直接证据。美国航空航天局（NASA）称，这是迄今为止证明宇宙膨胀理论最有力的证据。

2015 年 1 月，欧洲空间局（European Space Agency，ESA）发布公告称，BICEP2 发现的信号即便不是全部，也有很大一部分源于本身能释放微波的银河系尘埃，无法证实信号源自原初引力波。

2017 年 3 月，我国在海拔 5250 m 的西藏阿里启动了"阿里计划"——利用这里海拔高、大气稀薄、水汽含量低、观测天区大的特点，建立北半球最好的原初引力波观测站。目前，我国用于进行原初引力波探测的还有"太极计划""天琴计划"和 500 m 口径球面射电望远镜（FAST）项目。

当太阳的大小和能量增长，开始点燃它核心的炙热之火的时候，其外围的热圆盘则慢慢冷却下来，这个过程耗时千万年。在这期间，圆盘的成分开始凝结成尘埃大小的小颗粒。金属铁和硅、镁、铝以及氧的化合物首先出现在燃烧的环境中。慢慢地，这些颗粒聚集在一起，先是聚集成团，然后是大块，之后是巨石，最后形成小行星体。

三、地球的诞生

星云假说认为，随着时间的推移，前面所说的小行星体不断与其他物体相撞，并变得更大。同时，每一次碰撞产生的能量都无比巨大。当它们的直径达到 100 km 左右时，碰撞产生的能量足以熔化和蒸发大部分的物质。这些碰撞事件中的岩石、铁和其他金属会自动地分层。致密的铁沉淀在中心，较轻的岩石在铁周围分离形成地幔，成了地球和其他类地行星内部的缩影。行星科学家把这种沉降过程称为分化。

在这期间的某个时刻，还处于年轻原恒星时期的太阳被"点燃"了。尽管那时太阳的亮度只有今天的 2/3，但点火过程释放的能量足以将原行星盘的大部分气态物质吹走。遗留下来的大块、巨石和小行星体继续以一定间隔的轨道聚集成少数几个大而稳定的物体。而地球则处在太阳以外的第三轨道。堆积和碰撞的过程是剧烈和壮观的。对其他行星的研究显示，在早期的地球上应该是频频发生着陨石的撞击。大约在45 亿年前，一颗非常大的小行星撞击了地球，巨大的作用力使小行星及地球的幔和壳被撞破，之后受热蒸发，膨胀的气体以极大的速度携带大量粉碎了的尘埃飞离地球，喷射到了太空中。经过一段时间后，年轻的地球收回了其中的大部分，而余下的一些则汇聚形成了环绕地球的一颗卫星——目前，人们普遍认为，这就是月球的诞生过程。

四、地球的独特性

地球是人类已知星球中唯一确证拥有生命的星球。其实，地球在太阳系中诞生之时，与其他行星的特性是基本一致的：巨大的气团内部进行着激烈的演化，各种物质混合交融，没有天地之分。直至原行星的温度下降到岩石地壳形成以后，才将炙热岩浆与表面的气体物质分割开，此后地球慢慢地演化产生了水圈、大气圈和生物圈。今天的地球，生命绚烂、世界缤纷。然而，太阳系的其他行星依然一片荒芜、万籁俱寂。在人类可以探知的其他星球上，也还没有发现生命活动的迹象，更别提出现像地球生命这样的繁盛景象和像人类这样的智慧生物。地球，我们生活的这颗蓝色星球显得如此独特。专家认为其独特性源自这样一些因素[10]：

（1）构成地球的物质成分丰富，星系中大部分已知元素在地球上都能找到。

（2）含有丰富的氢、氧、碳和氮气等物质，而且比例关系相对合理。

（3）总体质量适度，因此地球自身对表层物质的引力也就适度。如果质量过大，重力作用就会影响表面液体和气体的运动活力；质量太小，则表面气体会因为地球吸引力不足而自然逃逸。

（4）与太阳的距离相对适度，可以获得适度充足的太阳辐射能量以保持地表水圈和大气的环流运动。如果与太阳距离过近，气态水就不能凝结形成海水，大气的运动速度就会很高；而如果距离太远，表面温度过低和温差太大，就会使地表水凝结或丧失活力。而且，过高和过低的温度，都不适宜生物化学反应的稳定进行。

（5）较强的地球磁场，可以减少太阳风对地球的干扰，可以使大部分带电粒子偏转，避免它们对生化反应可能造成的不利影响。

（6）适度的公转和自转周期，对保持地表环境的平均温度以及生物在地表的广泛分布和均衡发展十分有利。

（7）地壳下面持续滚动 40 多亿年的岩浆表明，地球内部的能量释放是相对缓慢的，不至于在较短时间里频频发生剧烈的构造运动，因而不会对生态环境造成毁灭性破坏，同时也为生物的起源与持续演化创造了相对稳定的条件。

第二节　地球生命的起源与演化

生命的起源与演化应当包括两个大的阶段：一是与生命有关的元素及化学分子的起源与演化，二是有细胞结构的生物的起源与演化。前者可以被称为前生物的化学演化阶段，后者是生物学演化阶段。关于前生物的化学演化阶段究竟在哪里发生，学界尚无定论，有人认为是在宇宙（太空）中，有人认为就在地球上。但对于两阶段的演化方式，学者们的看法基本一致，这就是目前的化学演化学说和生物演化学说。

一、化学演化学说

（一）无机小分子的生成

宇宙大爆炸以后产生的多种元素，如碳（C）、氧（O）、氢（H）、氮（N）、磷（P）、硫（S）等，以氮气（N_2）、一氧化碳（CO）、水蒸气（H_2O）、氢气（H_2）等形式存在，它们在太阳紫外线强烈辐射以及闪电、宇宙射线等多种形式的能量供给下，应该可以发生各种化学反应，导致包括甲烷和氨在内的简单化合物的生成[11]：

$$CO + 3H_2 \longrightarrow CH_4 + H_2O$$

$$N_2 + 3H_2 \longrightarrow 2NH_3$$

而这种推测，已经得到天文观测的证实。人们利用微波天文技术、带有紫外望远镜的卫星等，发现和认证了百余种星际分子，其中既有 CO、H_2、H_2O、NH_3、H_2CO 等已经在地球上发现的，也有像 OH 等在实验室可以制备出来的，更有像 C_4H、C_7H 和 C_8H 等在地球实验室中无法制造的。它们存在于各种天文环境中，如星际云、恒星形成云、恒星包层等。正是这些小分子，为生命的诞生提供了物质基础。

（二）从简单化合物到生物小分子

1953 年，米勒（Miller）通过实验证实了简单的化合物可以在原始的地球或太空条件下，生成小分子有机物即生物小分子（图 1-1）。他模拟了原始大气的组成，在密闭系统中对 CH_4、NH_3、H_2 和 H_2O 构成的混合气体放电，模拟原始地球的雷电条件。在实验运行 1～2 周以后，在通过冷凝系统收集到的液体中，发现有三种主要产物：甘氨酸、丙氨酸、天冬氨酸[12]。这一革命性的实验结果，首次通过实验证实了苏联生物化学家奥巴林于 1936 年在《地球上生命的起源》一书中所提出的观点——"在亿万年过程中产生出有机物质，然后有机物质转变为高分子聚合体，进而形成单个的高分子系统，只有由于这些系统的方向性进化才产生出原始有机体——原始的生命形式"的第一步是可行的。其后更多的类似模拟实验证明，多种嘌呤、嘧啶、糖和氨基酸一样，都可以由无机小分子合成。

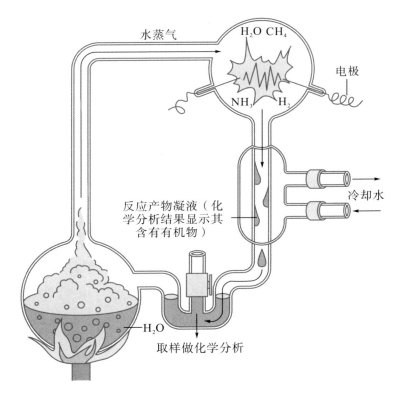

图 1-1　米勒实验

（三）从生物小分子到生物大分子

美国化学家福克斯（Fox）等人在 20 世纪六七十年代做了大量的人工模拟试验，他们将谷氨酸和天冬氨酸的混合物在 160~200℃的条件下加热 1~6 小时，得到了分子量为 5000~6000 的多肽类物质。其后，逐步加入构成蛋白质的其他氨基酸，不断扩大热聚合，终于获得了具有蛋白质特性的聚合物，并将其命名为类蛋白。此外，也有人在低温下，通过含矿物的黏土吸附氨基酸，在金属离子催化下合成了多肽。另一种合成多肽的方法是用脱水的氰化氢（原始大气圈中可能的重要组分）作原料，用脱水的液态氨来处理从而发生聚合反应。这显示在地球早期大气圈中，即使没有氨基酸也可以合成多肽。

如今，由核苷酸聚合成核酸类大分子的反应，几乎在每一个现代生物学实验室中发生着。有一些学者通过咪唑和其他浓缩剂的催化作用合成了低聚和多聚核苷酸，并由此认为早期地球上可能存在类似咪唑的分子。

我们现在知道，核酸（DNA/RNA）负责存储和传递遗传信息，而蛋白质是有机体的重要组分并可作为酶催化复杂的生物化学反应。因此，可以把核酸叫作信息分子，把蛋白质叫作功能分子。这两类是核心和关键的生物大分子。有人认为它们应该同时形成，方可产生能够进行原始复制的生命体[13]。当然，也有人认为各类化合物是先后出现的，因交叉作用而聚合成原始生命。但有一个问题：最先出现的是蛋白质，还是核酸？苏联学者奥巴林在其《地球上生命的起源》一书中提出"蛋白质的产生是导致生命出现的物质进化过程中的一个非常重要的环节"。可见，奥巴林与福克斯一样，都很看重蛋白质在生命起源中的作用。

1967 年，美国索尔克生物研究所（Salk Institute for Biological Studies）的奥吉尔（Orgel）提出 RNA 是地球上最早出现的遗传材料，而 DNA 和蛋白质则是进化的产物[14]。在他看来，DNA 分子结构太复杂，而且其自身的复制还需要蛋白质（酶）的辅助，这就进入了"先有鸡还是先有蛋"的循环之中了。20 世纪 80 年代初，美国科罗拉多大学的托马斯·罗伯特·切赫（Thomas Robert Cech）及其同事发现，在原生动物四膜虫（*Tetrahymena*）体内无需蛋白质催化，RNA 就具有类似酶的功能，能进行自我剪切[15]。耶鲁大学的西德尼·奥尔特曼（Sidney Altman）在核糖核酸酶 P（RNase P）的研究中，证实了 RNA 具有催化活性。切赫和奥尔特曼因此共享了 1989 年的诺贝尔化学奖。后续的研究发现，其他生物体内也有这类被称为核酶（ribozyme）的 RNA 存在，且它们具有催化多种生化反应的功能，由此证明RNA既有遗传信息载体的功能，又有催化功能，这就符合奥吉尔等人提出的"RNA世界"假说。

近年来，美国北卡罗来纳大学的结构生物学家查尔斯·卡特（Charles Carter）和新西兰奥克兰大学的彼得·威尔斯（Peter Wills）等人提出：单一RNA世界不能解释当今生物世界都在利用的遗传密码的出现，仅靠RNA难以建构与20种氨基酸相匹配的三联核苷酸密码系统。他们认为"RNA世界"假说不足以为后续的演化事件提供充足的基础，只有肽－RNA复合物才有更好的演化出路。

可以设想，今天普遍存在于生命世界的重要生物大分子——核酸、蛋白质、脂质、多糖等，应该都经历了无数次的偶然聚合、选择、最优化（突变+选择）等演化过程才成为现在生命世界中特性各异、各司其职的物质基础，才构成了配合完美、运行顺畅的代谢体系。不管看似有多么难，多么偶然，以亿年计的时间确实能为前生物的化学演化提供基本的条件。当然，还需要考虑的是，原始地球能够为这些生物化学反应提供其他条件吗？以核酸的聚合反应为例，有学者就提出：抑制核酸聚合的物质的产生比核酸的合成更容易！那么，在生命出现之前的原始地球上，即使有任何核酸分子合成了，也会通过各种途径被水解掉。可见，关于构成生命世界结构和功能基础的生物大分子是怎样产生、演化的真相，对于40多亿年以后的人类来讲，还是谜一样的存在……

二、生物演化学说

（一）构成生命的基本单元——细胞的出现

地球形成初期，整个地球处在岩浆汹涌的"海洋"之中，在地表岩浆逐渐冷却形成相对稳定的岩石地壳的同时，强烈的去气作用（地球不断地从内部排出 H_2O、CO、CO_2、HCl、HF、CH_4、NH_3、H_2S、N_2 和 SO_2 等气体）导致原始地球大气圈的形成，其中的水蒸气凝结形成早期地球的水圈。早期的地球地质活动频繁，在浅水环境或广泛分布的火山锥的裙翼结构上会有很多热泉。原始大气中化合产生的各种有机分子随着降水的循环运动被带到地球表面并逐渐富集，热泉中的水—岩相互作用所产生的生命物质也汇聚起来，形成"原始汤"[16]。

当"原始汤"中汇聚了经过化学演化而产生的各种生物大分子之时，可能会像奥巴林所论证的那样形成团聚体，这种生物大分子的自我组织就开启了生命起源与演化中的第二个重要环节——细胞的出现。奥巴林的实验显示：把均匀、透明的白明胶和阿拉伯胶水溶液混合在一起后，可以获得许多小滴团聚体（图1-2）。再往由血清蛋白质、RNA 和阿拉伯胶构成的团聚体中加入核糖核酸酶和 ATP 后，结果发生了多核苷酸的酶促反应。同时，一些团聚体在生长到一定大小之后，还能够分裂产生子体。奥巴林后来设想，如果包裹核酸、蛋白质、糖等生物大分子的外膜是脂质——所构成的团聚体就类似今天的脂质体，且这类团聚体经过自我分裂而延续下去的话，原始细胞就可以诞生了。

原始细胞究竟是怎样形成的，我们还不能确切地了解，但大体应该包含以下主要步骤：①生物大分子的自我复制系统的建立；②遗传密码的起源（蛋白质的合成与核酸自我复制系统相联结）；③分隔的形成（生物膜使生命结构与外界环境相对地分隔，使生命结构内部不同部分也相对地分隔）；④分隔形成的生命单元能够自我生长和分裂，使生命得以延续。

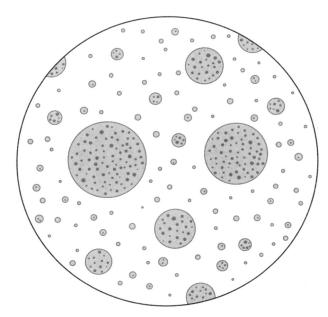

图 1-2　奥巴林提出并论证的团聚体示意图

（根据奥巴林《地球上生命的起源》绘制）

　　人们一度认为，地质考古发现的最古老的生命记录，是在格陵兰西部伊苏瓦绿岩带距今 38.5 亿年的变质沉积岩石中发现的富含轻碳同位素 C^{12} 的碳颗粒——这种碳化物通常被认为是在生物作用下形成的[17-18]。但后来的研究显示，这些最古老的沉积岩中的碳及球状碳结构都可能是后期多次变质作用的产物，因此，它们的同位素特征并不能有效证明在 38.5 亿年前的地球上已经有生命存在。

　　科学家们在澳大利亚西部距今约 35 亿年的瓦拉乌纳群的硅质燧石中发现了形似丝状蓝藻的微体化石。它们与现代蓝藻在形态上很相似，很可能是一类以太阳光为主要能源的自养生物。碳、硫同位素测试也表明，在该地质时期已经有蓝藻、还原硫细菌等原核生物构成的原始生物圈。那时，异养的细菌和自养的蓝藻组成了二极生态系统。一些古老的叠层石也反映了那时蓝藻类原始生命的广泛分布，叠层石的特殊纹层结构只能在特定的环境中通过微生物参与的有机质胶结的矿物沉淀形成。

古老的蓝藻通过光合作用释放氧气，使地球大气逐渐有了游离氧，并在高空形成臭氧层，这些臭氧层减少了紫外线对原始生物的威胁。同时，氧气开始对大气和海洋产生影响，并极大地改变了地球环境。距今26亿～18亿年在全球广泛分布的条带状铁建造（Banded Iron Formation，BIF）是这一现象的沉积岩石记录，这种现象是由于大气圈、水圈和岩石圈在富氧环境下，海水中溶解的二价铁离子被大规模氧化成三价铁离子导致氧化铁沉积而形成。地球环境的这些变化，为生命从原核进化到真核奠定了基础。

（二）从原核细胞到真核细胞的演化

即使是今天的原核细胞，也无疑是比较简单的，它们与真核细胞相比有较大的差异，这些差异既体现在细胞结构上，又体现在细胞的生理活动上，还体现在遗传物质的结构与基因表达上。

可以设想，原始的原核细胞比今天的细菌、蓝藻等原核细胞还要简单。这些简单的原核细胞是如何演化为真核细胞的呢？学者们有不少争论，主要有以下两种学说。

（1）直接渐进式的演化学说：通过遗传变异和自然选择逐步地由原核细胞演化成真核细胞。这一类观点的难点在于说明真核细胞内的核和细胞器的起源，关键是寻找到中间过渡类型。卡弗利尔·史密斯（Cavalier Smith）于1978年用吞噬作用（phagocytosis）、内吞作用（endocytosis）和细胞间隔作用（compartmentation）的发展来解释细胞核和细胞器的产生。简单地说，吞噬产生囊泡，囊泡的集结和愈合形成细胞核和线粒体、质体/叶绿体等细胞器。至于演化的中间过渡类型，原核的原绿藻（*Prochloron*）、不具有"9+2"型鞭毛的红藻以及细胞分裂时没有纺锤体牵引染色体，依靠核膜的内陷运动的腰鞭藻（*Gyrodinium cohnii*）等，都是从原核细胞到真核细胞过渡类型的代表。

（2）细胞内共生学说。早在1910年，俄国人梅列晓夫斯基就明确提出细胞器来源于共生的细菌。得益于电子显微镜所揭示的细胞器的超微结构和细胞生物化学的研究进展，美国波士顿大学的马古利斯（L. Margulis）搜集和总结了内共生说的事实根据，于1981年系统地阐明了内共生学说。她认为：原核细胞是最小、最基本的生命单位，真核细胞是复合体——其中的线粒体和质体/叶绿体都含有DNA和酶，可进行蛋白质合成，可以被视为不完全的细胞。真核细胞源于若干原核细胞的共生，宿主可能是一种异养的、较大的原核细胞。其中的线粒体是由内生的、可进行有氧呼吸的自由生活的细菌发展而成，而质体/叶绿体则来自内共生的光合细菌、蓝藻或原绿藻。真核细胞的运动器官（包括鞭毛、微管系统等）则来自共生的螺旋菌。当然，有人也在质疑：螺旋菌的DNA怎么消失呢？

不管是直接渐进式的演化学说还是细胞内共生学说，都各有一定的依据，也各有不能解决的问题，有待进一步的研究。表1-1为原核细胞与真核细胞基本特征的比较。

表 1−1　原核细胞与真核细胞基本特征的比较

特征	原核细胞	真核细胞
结构模式图		
大小	较小（1～10 nm）	较大（10～100 nm）
核	没有以核膜为界限的细胞核，DNA 所在区域被称为拟核	有以核膜为界限的细胞核
细胞壁	大多有，主要成分为肽聚糖；支原体：没有	植物：有，主要成分为纤维素和果胶；真菌：有，主要成分为几丁质；动物：没有
细胞骨架	无	有
细胞器	只有核糖体，无其他细胞器	除核糖体外，还有线粒体、叶绿体、高尔基体、内质网、溶酶体、液泡、中心体等细胞器
核仁	无	有
DNA 存在形式	一般为环状 DNA 分子，DNA 不与蛋白质或仅与少数蛋白质结合。细菌具有裸露的质粒 DNA 分子	细胞核中：线性 DNA 分子与蛋白质结合，以染色质存在，分裂期间凝缩成染色体；叶绿体、线粒体中：DNA 分子裸露存在
光合作用结构	蓝藻：含有叶绿素 a 的膜层结构；光合细菌：含有细菌叶绿素的膜层结构	植物：叶绿体，由双层膜包被片层结构，含叶绿素 a、b 等色素；真菌和动物：无
细胞增殖方式	二分裂、出芽	体细胞：有丝分裂、无丝分裂；性细胞：减数分裂
基因内含子	无	有
转录、翻译的时空性	转录、翻译同时进行	核内转录，细胞质翻译

（三）真核细胞的进一步演化

原始的原核生物和真核生物的不断生长、繁殖、生活，持续地改变着地球环境，使大气圈中氧气含量增加、二氧化碳含量降低，进而导致地球气温下降。冰川的形成与融化，造成海平面的下降与上升，进而形成大片的浅滩、沼泽等多变的区域环境，为生物的差异化提供了丰富多样的场景。真核细胞逐渐产生了减数分裂和性别的分化，组织分化水平进一步提高。如果细胞的有丝分裂朝着一个方向进行且新生成的细胞不分开，彼此保持着物质和信息上的联系（比如通过胞间连丝），那就形成了丝状体；如果细胞朝着相互垂直的两个方向进行有丝分裂且新生成的细胞不分开，彼此保持着密切的联系，那就形成了叶状体；如果细胞的分裂方向和细胞的生长方向呈现三维立体状态并进行组织分化，那么就可能导致生物结构与功能的复杂化、专门化，进而提高了生物的适应能力并扩大了生存的范围。我国学者基于考古发现，将多细胞真核生物在地球上出现的时间从距今 6.35 亿年前提前到了距今 15.6 亿年前[19]，超过 15 亿年的自然选择与演化，足以造就今天多姿多彩的、包括智人（*Homo sapiens*）在内的生命世界。

三、人类的起源与演化

"我是谁？""我从哪来？""我到哪去？"这三个问题应该是我们每一个人都曾思考过的问题，更是贯穿人类历史的哲学终极"三问"。英国生物学家、进化论的奠基人查尔斯·罗伯特·达尔文（Charles Robert Darwin，1809—1882）在其著名的《物种起源》一书中，并没有讨论人类起源的问题，只是在结尾部分指出"人类的起源和历史，也将由此得到许多启示"。1871年，他出版了《人类的由来及性选择》一书，认为"人类是旧世界猴类系统的一个分支"，并推论由类人猿亚群的某一古代成员产生了人类。达尔文认为"在世界各个大区内，现存哺乳动物和同区绝灭种是密切关联的。所以同大猩猩和黑猩猩关系密切的猿类以前很可能栖居于非洲；而且由于这两个物种现今同人类的亲缘关系最近，所以人类的早期祖先曾经生活于非洲大陆，而不是别的地方，似乎就更加可能了"[20]。

今天的我们可能很难想象达尔文的上述观点在当时普遍笃信上帝的社会里会造成怎样的震动。从1871年3月《大黄蜂》（*The Hornet*）杂志刊出的一张丑化他的讥讽漫画可以看出，他的进化理论和上帝造人的冲突是巨大的——反对者将带有他标志性大胡子的脸放在一只弯着背、长臂及地、满身长毛、没有尾巴的大猩猩身上，而画面的背景是象征森林的几棵树。还有一些漫画则给他加上了长长的尾巴。其实，他自己也非常清楚他在《人类的由来及性选择》一书中"所得出的结论将会被某些人斥为反对宗教的"，但他认为，"无论我们能否相信构造的每一个轻微变异——每一对配偶的婚姻结合——每一粒种子的散播——以及其他这等事件全是由神来决定去服从于某一特殊目的的，但理智同这种结论是不相容的"[20]93。正是这种"虽千万人吾往矣"的大无畏科学精神，推动了人类对自然、对自身的认识。

当时，达尔文主要是从解剖学、胚胎学等间接证据和进化论的一般原理来论证人类的起源和进化。其后，更多的化石证据被陆续发现，再后来，包括分子生物学在内的新技术（特别是基因组学和古 DNA 分析技术）不断被发明和改进，人类的起源与演化这个重大谜题渐渐被解开，呈现出如图1-3所示的大致框架[21-22]。

距今约 700 万年前，被称为"托麦人"的撒海尔人乍得种

（*Sahelanthropus tchadensis*）生活在中非乍得，相关化石证据显示他们既有猿的特征又有人的特征，具备了两足直立行走的能力，以植食为主。

距今约 600 万年前，被称为"千禧人"的原初人图根种（*Orrorin tugenensis*）生活在肯尼亚中部的图根山地区，相关化石证据显示他们具备直立行走的能力，也在树上活动，主要吃植物性食物，也吃昆虫和小型动物。

距今约 440 万年～580 万年前，地猿始祖种（*Ardipithecus ramidus*）生活在埃塞俄比亚阿法盆地，相关化石证据特别是牙齿磨耗状况显示其为杂食者，既有原始的抓握能力，又能在地面行走和奔跑，显示出亦猿亦人的体态特征。

自20世纪70年代以来，距今约 320 万年前的南方古猿阿法种（*Australopithecus afarensis*）的化石被陆续发现，其中一具遗骸保存有 40％ 的完整骨骼，人们称其为"露西少女"。南方古猿被认为是人类演化史上的一座里程碑。相关研究显示，南方古猿虽然还保留有树上攀缘的习惯，脑容量也比较小（约 400 mL），但已能直立行走，且具有使用石器工具和吃肉的行为，近似智人。古人类学家迄今已经在南非和东非肯尼亚、埃塞俄比亚、坦桑尼亚以及中非乍得等多个地点先后发现了大量的南方古猿化石，判断其生存时代大约为距今 440 万年～150 万年前。南方古猿虽然在名称上仍叫作古猿，但作为早期人类祖先的地位已经基本确立，是人科（Hominidae）中的一个属，目前被划分为至少 11 个种（非洲种、鲍氏种、粗壮种、阿法种、埃塞俄比亚种、羚羊河种、惊奇种、始祖种、湖畔种、源泉种、近亲种）[23]。

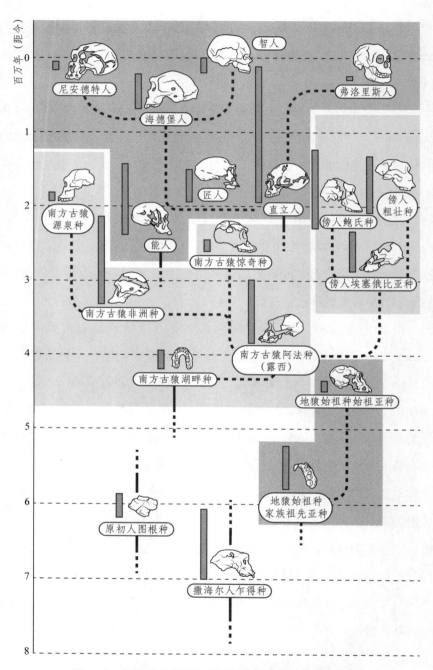

图 1-3　基于现有化石和基因证据的人类起源大致脉络

在南方古猿完全灭绝前，出现了人科的一个新属——人属（*Homo*）。目前发现的早期人属为能人（*Homo habilis*），与南方古猿相比，其脑容量大得多，多数男性个体为700~800 mL，女性个体为500~600 mL，男女平均身高分别是157 cm和141 cm。

一般认为，一部分能人在非洲东部演变成直立人（*Homo erectus*），他们显然熟练掌握了一项重要技能——真正意义上的习惯性两足直立行走。直立人还是当之无愧的"探险家"，其最辉煌的成就在于他们是第一批走出非洲的人属成员。在大约200万年~180万年前，他们离开非洲，在欧亚大陆迅速扩散。而留在非洲的、生活于距今180万年前、持续约50万年的直立人被学术界称作匠人（*Homo ergaster*），匠人与东亚直立人在解剖学结构上很难区分，他们最主要的区别在于分布地域和年代早晚，后者大概从200万年前延续到至少20万年前。化石证据显示，直立人/匠人的体格更为高大，同时身体比例也发生了一些变化。他们的手臂变得更短，腿变得更长，这说明他们已彻底告别了人猿的树栖生活，有更多时间在地面上行走活动。习惯性的两足直立行走带来了一系列身体结构的变化，比如骨盆变窄、胸腔变宽大、腹腔缩小，这些变化都使得他们更像今天的人。直立人/匠人与现代人差异明显的地方在于其面部和脑颅。他们的脸大而突出，有着后倾的额头和明显的眉弓，牙齿较大、头骨壁厚，这些特征都是较为原始的。不过他们拥有了现代人典型的突出鼻骨。鼻子的突出使其温度比身体内部低，有利于保存水分，这说明他们适应了炎热干燥的环境，在一定程度上解释了他们得以在非洲地区扩散的原因。直立人/匠人的脑容量平均为1000 mL，比起能人来说扩大了不少，不过考虑到他们高大的体型，其脑颅的增大也就不足道也。虽然以现代人的脑容量1300~1500 mL来比较，直立人/匠人的脑容量并不算大，但也足以支持他们发明新的打制技术，创造出新的工具类型了[24]。

直立人出现后，能人并没有迅速灭绝，而是延续到了距今约 150 万年前，二者之间可能存在镶嵌进化而非简单的取代式直线进化关系[24]16。

到达欧洲的直立人被称为海德堡人（*Homo heidelbergensis*），其后有尼安德特人（*Homo neanderthalensis*），他们的眉脊和脑颅骨壁的厚度介于直立人与现代人。尼安德特人生活在距今大约 20 万年前到 3 万年前，主要分布在欧洲，向东达到中东，甚至延及南西伯利亚的阿勒泰地区[25]。

亚洲直立人主要分布在中国和印度尼西亚。印度尼西亚弗洛勒斯岛出土了一种人类化石，身高约 1 m，脑容量 300 mL。有学者提出他们是在大约 200 万年前走出非洲的特殊古人类的后裔。亚洲东部早期的人类化石都出土于中国，属于直立人[25]64。中国直立人的发现相当丰富。周口店发现的直立人生活在距今 80 万年～40 万年前；更早的湖北郧县（今郧阳区）人的生存年代在距今 87 万年～83 万年前，共发现了两个相当完整但变形的头骨；再早的陕西蓝田公王岭人的生存年代在距今约 115 万年前（最新证据显示可能在距今约 163 万年前），发现了一个女性直立人的头盖骨和面颅碎片；还发现了云南元谋人的两枚牙齿化石，年代甚至早到 170 万年前，但该测年结果存在较大的争议[24]22。

对埃塞俄比亚和南非发现的距今约 10 万年前的史前人类遗骨的基因分析表明，他们是现代人类——智人（*Homo sapiens*）的直接祖先，在解剖学上同现代人一致。在这些地区演化出现的现代智人在约 3.5 万年前侵入欧洲，取代了原居住在欧洲的尼安德特人。2001 年，在瑞典的一个国际科学家小组运用基因技术对欧洲男性的种族属性进行了研究，他们发现现在欧洲绝大多数男性都是在约 4 万年至 8000 年前迁移到欧洲的 10 个原始部落的后裔。我们已知人类的主要遗传特性是通过父母双方的染色体配对传递给子女的，母亲的卵细胞贡献了供受精卵发育的细胞质，其中的线粒体及其线粒体基因就由母亲传递给子女，而决定男性性别的 Y 染色体则是由父亲传给儿子的。这样，遗传学家就能够从一个男子的 Y 染色体追溯到他的父亲、祖父和更遥远的男性祖先，从线粒体基因追溯女性祖先。在遗传学的这一原理指导下，科学家们对欧洲和中东地区的 1000 多名男子的 Y 染色体的基因信息进行了研究。他们发现其中 95％以上的人的 Y 染色体基因可编入 10 个不同的组。这就是说他们分属过去的 10 个男性血统。因此，科学家们认为绝大部分欧洲人来自远古的 10 支原始族系。此外，1999 年，英国牛津大学分子医学研究所人类遗传学教授布赖恩·赛克斯（Ryan Sykes）所领导的小组运用基因技术发现全部欧洲人是生活在距今 45000 年到 8000 年前的 7 个妇女的后代[26]。

　　1987 年，一项研究比较了全球 147 个人的线粒体基因片段，推断非洲人拥有最高的线粒体多态性，间接表明人类源自非洲，大部分进化史都是在非洲上演。具体地说，研究者将所有人类线粒体多态性追溯至一个理论上存在的妇女，她生活在数十万年前的东非，被冠名为"线粒体夏娃"。之后的研究推断，现代 Y 染色体的最近共同祖先（被称为"Y 染色体亚当"）也能追溯至非洲。在 2014 年发表的两份奠基性研究中，研究者比较了从尼安德特人骨骼内提取到的古代 DNA 与现代人的 DNA，发现欧洲人基因组中平均有 2％的基因源自尼安德特人[27]。由此，学界普遍认为：人类的源头在非洲，但是与非洲以外的古人类有过杂交。

　　基于化石、基因等证据，关于人类起源和进化的大致脉络已经有了一些基本共识，但在许多问题上仍存在分歧。目前备受关注的争论点之一是解剖学上现代智人（简称现代人）的起源，主要有两种观点。一种是在 1984 年，由中国科学院古脊椎动物与古人类研究所吴新智院士根据化石证据提出的"多地区进化"假说，认为非洲、东亚的现代人的最近祖先是本地区的古老型人类，大洋洲土著起源于东南亚，欧洲现代人与当地古老型人类（尼安德特人）也有一定的联系。另一种是在 1987 年，西方学者基于对现代人基因的分析提出的"取代说"或"近期出自非洲说"，推测全世界的现代人的共同祖先是大约 20 万年前在非洲出现的一个现代型人，其后代在大约 13 万年前走到亚洲和欧洲，并完全取代原来住在当地的古老型人类，繁衍成全世界的现代人[25]65。

显然，人类的起源与演化不是一段简单的线性旅程，看清人类自身的来时路不是一件容易的事情。化石证据还有待进一步发掘，基因组和古 DNA 分析技术也需进一步使用和改进，而由于非洲大陆炎热的气候不利于遗骸及其上古 DNA 的保存，人们也正基于蛋白质的相对稳定性开发古蛋白质组学。我们有理由相信，关于人类起源和演化的宏大画卷，能够在人类智慧的推动下徐徐展开。

本讲小结

1. 按照广为人们所接受的大爆炸理论，宇宙在约 138 亿年以前诞生于大爆炸。

2. 地球作为第三颗内行星于 46 亿年前随太阳系的形成而诞生。

3. 化学演化学说：宇宙大爆炸产生的物质元素→无机小分子→有机小分子→生物大分子。

4. 生物演化学说：生物大分子→团聚成生命的基本单元——细胞；原核细胞→细胞内组织化形成真核细胞；单细胞→分裂、演化形成多细胞体。

5. 已发现的人类最早的起源证据可追溯到距今 700 万年前的中非乍得。人类应该是经历了非线性的、复杂的演化路径，其中的一些人科物种灭绝了，最终生存、繁衍下来的只有现代人——智人。

（兰利琼）

【思考与行动】

1. 理论（或模型或假说）与事实：请辨析两者之间的根本区别，列举一个例子加以说明。

2. 有学者认为地球早期的生命物质甚至生命单元来自太空（太空胚种论），有什么证据支持？有什么理由怀疑？

3. 异想天开：宇宙是无垠的，你认为这意味着什么？写出你的大胆设想，并找到至少 1 个科学依据。

参考文献

[1] IAU 2006 General Assembly：Result of the IAU resolution votes［EB/OL］. (2006－08－24)［2022－10－09］. https://www. astronomy2006. com/press－release－24－8－2006－2. html.

[2] 查尔斯沃思 B，查尔斯沃思 D. 进化［M］. 舒中亚，译. 南京：译林出版社，2015.

[3] 李淼. 科幻中的物理学［M］. 北京：商务印书馆，2019.

[4] 霍金. 时间简史［M］. 许明贤，吴忠超，译. 长沙：湖南科学技术出版社，2002.

[5] 赵江南. 宇宙新概念［M］. 3 版. 武汉：武汉大学出版社，2014.

[6] 李志宏. 宇宙年龄研究的最新进展［J］. 原子能科学技术，2019，53（10）：1747－1754.

[7] 李一良，孙思. 地球生命的起源 [J]. 科学通报，2016，61（28/29）：3065－3078.

[8] 索金斯. 地球的演化 [M]. 张友南，译. 北京：科学技术文献出版社，1982.

[9] 陈丰，李雄耀，王世杰. 太阳系行星系统的形成和演化 [J]. 矿物岩石地球化学通报，2010，29（1）：67－73.

[10] 张丕冀. 地球的演化与生命运动 [M]. 天津：天津科学出版社，2010.

[11] 郝守刚，马学平，董熙平，等. 生命的起源与演化——地球历史中的生命 [M]. 北京：高等教育出版社，2000.

[12] 怀尔特. 混沌初开：行星和生命的起源 [M]. 赵寿元，苏汝铿，黄绍元，译校. 上海：上海科学技术出版社，1979.

[13] 管康林. 生命起源与演化 [M]. 杭州：浙江大学出版社，2012.

[14] 郭晓强，冯志霞. 生命起源 RNA 世界的提出者——奥吉尔 [J]. 生物学通报，2009，44（3）：57－59.

[15] 刘学礼. 核酶的发现及其意义 [J]. 医学与哲学，1990（7）：22－24.

[16] 欧阳自远. 地球的化学过程与物质演化 [M]. 济南：山东教育出版社，2001.

[17] 冯伟民. 从原核到真核的早期生命演化 [J]. 化石，2017（3）：62－65.

[18] 闵义，姬卿. 进化生物学 [M]. 西安：西安交通大学出版社，2015.

[19] 李怀坤，蔡云龙. 地调局天津中心地球早期多细胞真核生物起源和演化研究取得突破性进展 [J]. 地质调查与研究，2016，39（2）：94.

[20] 吴汝康，林圣龙. 达尔文和人类起源的研究 [J]. 古脊椎动物与古人类，1982（2）：91－98.

[21] Homo naledi：New species of human ancestor discovered [EB/OL]. (2015－09－10) [2022－10－09]. http://www.sci－news.com/othersciences/anthropology/science－homo－naledi－03224.html.

[22] 高星. 人之初——人类的起源与早期状态 [J]. 文物天地，2021（8）：88－89.

［23］刘武. 南方古猿 Taun 幼儿头骨：改变对人类起源认识的化石［J］. 科学通报，2020，65（18）：1804－1808.

［24］叶芷. 走出非洲——直立人的拓荒传奇［J］. 化石，2021（2）：16－22.

［25］吴新智. 人类起源与进化简说［J］. 自然杂志，2010，32（2）：63－66，60.

［26］何平. 基因考古揭示欧洲人类起源［J］. 西南民族大学学报（人文社科版），2004（1）：4－5.

［27］姚人杰. 遗传学帮助讲述人类起源的故事［J］. 世界科学，2020（10）：4－9.

第二讲

生命的密码：基因蕴藏的奥秘

　　加州大学的尼尔森·弗里曼（Nelson B. Freimer）是一位神经遗传学家，主要研究神经行为障碍的遗传基础。某一天，他让实验室助手加班，可助手却说下班后要去教钢琴，不能加班。弗里曼深感奇怪：一个学分子生物学的还有教人弹钢琴的能耐？仔细一问才知道，这位助手来自一个音乐世家——父亲有音乐天赋，姐姐是钢琴家，弟弟是小提琴家，而他自己 4 岁开始学习钢琴，弹得特别好。弗里曼正想研究基因天赋，没想到身边就藏着一个具有音乐天赋的助手，于是助手的整个家族就成了研究对象。弗里曼发现这个家族的许多人拥有绝对音高（absolute pitch 或 perfect pitch）。何谓绝对音高？简单来说，就是在钢琴上随便按一个键，拥有绝对音高的人能马上识别这是什么音，而只有相对音高的人则需要一个基准音来帮助对比出这个音。对音乐学院 600多人的调查显示，大约 15% 的人具有绝对音高，而在普通人群中这一比例约为 0.05%[1]。那些被发现有绝对音高的人中，大约一半的人表示他们有亲戚也有这种特质；相比之下，没有绝对音高的人很少有拥有绝对音高的亲戚。科学家推测，绝对音高既有遗传因素也有非遗传因素。如果这种特性是遗传赋予的，它的基因是什么？如果是由音乐教育赋予的，培训需要在多大的年龄就开始？从 20 世纪 90 年代后期开始，加州大学的研究者开始了寻找绝对音高基因的研究。弗里曼说："我们对这种有趣的感知能力的了解，可能也适用于更大范围地了解先天和后天如何协同作用，影响我们对周围环境的感知。"本章将从遗传物质的本质入手，介绍基因如何决定和影响生物的表型，探寻基因蕴藏的奥秘。

第一节　遗传物质及基因的本质

一、DNA、RNA 和蛋白质的基本概念

除病毒以外的所有生物有机体都是由细胞构成，细胞是生命活动的基本单位，生物的生长发育、繁殖、遗传变异、环境适应以及进化等重要生命活动都是以细胞为基础，由细胞内的遗传物质决定的。我们身体的每一个细胞，都有一半的遗传物质来自父亲，另一半来自母亲，也就是说，我们继承了父母的遗传物质。以此类推，父母继承了祖父母的遗传物质，祖父母继承了曾祖父母的遗传物质。现代生物的遗传物质都是从它们的祖先那里继承来的，生物就是这样一代一代地将遗传物质往下传递，一代一代地繁殖与自己相似的后代。那么，遗传物质究竟是什么？20 世纪上半叶，三个著名实验，即肺炎链球菌转化实验、噬菌体感染实验以及烟草花叶病毒重建实验，都证明脱氧核糖核酸（DNA）或核糖核酸（RNA）是遗传物质。

1953 年沃森（Watson）和克里克（Crick）关于 DNA 分子结构的

描述是 20 世纪最伟大的发现之一。DNA 本质上是化学分子，是由两条长的线状分子扭曲形成的双螺旋结构（图 2-1）。

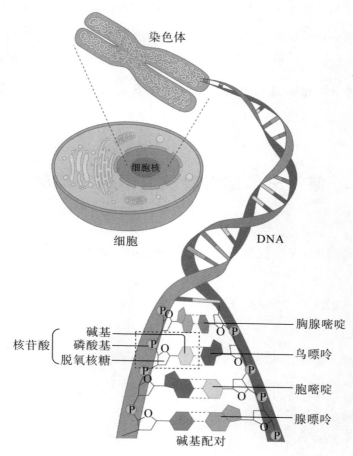

图 2-1　DNA 的分子结构

　　双螺旋中的每一条线性单链是由被称作核苷酸的亚单位逐个连接而成，每个亚单位都包括含氮碱基、脱氧核糖和磷酸基三部分，其中脱氧核糖和磷酸基在每个核苷酸亚单位中是相同的，而含氮碱基有 4 种，分别是腺嘌呤（简写为 A）、鸟嘌呤（G）、胸腺嘧啶（T）和胞嘧啶（C）。DNA 的一级结构指线状单链 DNA 中核苷酸的排列顺序，由于不同核苷酸只有碱基是不同的，所以也就是 4 种碱基的排列顺序。DNA 双螺旋中的两条单链总是通过 A－T 和 C－G 碱基配对形成双链结构，因此知道一条链的核苷酸序列，根据碱基配对的原则就可以推测出另一条链的核苷酸序列。大多数生物采用 DNA 存储遗传信息，少数病毒采用 RNA 存储遗传信息。RNA 在化学上与 DNA 非常相似，但其核苷酸中含有核糖（而不是脱氧核糖），4 种碱基中由尿嘧啶（U）代替胸腺嘧啶（T），并且 RNA 通常是单链。生命的遗传信息就存储在 DNA/RNA 上 4 种碱基的排列顺序中。

蛋白质是生命的物质基础，是生命活动的主要承担者，没有蛋白质就没有生命。人体内有数万种不同的蛋白质，分别执行专一的功能。首先，蛋白质是生物体和细胞的重要结构组分，比如动物皮肤、肌肉、骨骼中的蛋白质，或人的头发、指甲中的蛋白质。蛋白质还具有催化功能，生物体内所有的生化反应都需要酶来催化，绝大多数的酶是蛋白质。蛋白质还能发挥运输功能，比如红细胞内的血红蛋白可以运输氧气，细胞膜上的转运蛋白能够运输氨基酸、葡萄糖等物质。此外，信号识别、信息传递等过程也都离不开蛋白质。因此，无论是生物体的结构还是每一项生命活动，都离不开蛋白质。所有的蛋白质都是由 20 种氨基酸构成的，蛋白质的多样性，实质是 20 种氨基酸在不同蛋白质分子中不同的组合与排列。

二、遗传信息流：从 DNA 到 RNA 再到蛋白质

对于大多数生物，生命的遗传信息存储在 DNA 的核苷酸序列中，而蛋白质是生命活动的主要承担者，那么，遗传信息如何发挥其指令功能，通过蛋白质完成各种生命活动呢？简单来说，基因是遗传信息发挥作用的基本单位，是 DNA 上一段具有特定功能的核苷酸序列。存储在

基因中的遗传信息通过一系列传递过程，指导基因的产物——蛋白质的合成（图2-2）。在这个过程中，DNA的一条链被用作模板，按照固定的碱基配对原则（A-U，C-G）合成一条互补的RNA链，称为信使RNA（mRNA），这个过程称为转录。然后，以mRNA为模板，按照3个碱基决定一种氨基酸的固定编码方式（称为遗传密码）（图2-3），通过核糖体逐一"阅读"mRNA上的遗传密码，将对应的氨基酸逐个连接形成一条长链（称作多肽链），这个过程称作翻译。一个有功能的蛋白质，可以由一条多肽链组成，也可以由几条相同或不同的多肽链组成。通过这种固定的表达模式，存储在DNA中的遗传信息首先传递给RNA，再由RNA指导蛋白质合成。不同的生物，从低等到高等，遗传物质DNA的长度各不相同，其包含的基因数目也不同，例如大肠杆菌有4000多个编码蛋白质的基因，而人类约有20000个。

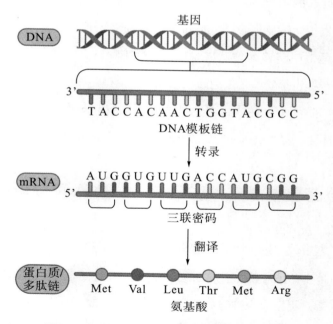

图2-2 遗传信息从DNA到蛋白质的传递过程

	U	C	A	G	
U	UUU UUC 苯氨酸 UUA UUG 亮氨酸	UCU UCC UCA UCG 丝氨酸	UAU UAC 酪氨酸 UAA UAG 终止密码子	UGU UGC 半胱氨酸 UGA 终止密码子 UGG 色氨酸	U C A G
C	CUU CUC CUA CUG 亮氨酸	CCU CCC CCA CCG 脯氨酸	CAU CAC 组氨酸 CAA CAG 谷氨酰胺	CGU CGC CGA CGG 精氨酸	U C A G
A	AUU AUC AUA 异亮氨酸 AUG 甲硫氨酸	ACU ACC ACA ACG 苏氨酸	AAU AAC 天冬酰胺 AAA AAG 赖氨酸	AGU AGC 丝氨酸 AGA AGG 精氨酸	U C A G
G	GUU GUC GUA GUG 缬氨酸	GCU GCC GCA GCG 丙氨酸	GAU GAC 天冬氨酸 GAA GAG 谷氨酸	GGU GGC GGA GGG 甘氨酸	U C A G

苯氨酸	Phe	F	亮氨酸	Leu	L	异亮氨酸	Ile	I
甲硫氨酸	Met	M	缬氨酸	Val	V	丝氨酸	Ser	S
脯氨酸	Pro	P	丙氨酸	Ala	A	酪氨酸	Tyr	Y
组氨酸	His	H	谷氨酰胺	Gln	Q	天冬酰胺	Asn	N
赖氨酸	Lys	K	天冬氨酸	Asp	D	谷氨酸	Glu	E
半胱氨酸	Cys	C	色氨酸	Trp	W	精氨酸	Arg	R
甘氨酸	Gly	G	苏氨酸	Thr	T			

图 2-3　遗传密码表

知识窗　非编码 RNA

随着科学的发展，科学家们发现在遗传信息传递过程中，从 DNA 转录出的 RNA 除了作为模板指导蛋白质合成以外（这类 RNA 称为 mRNA），还有大量 RNA 不被翻译成蛋白质，而是直接以 RNA 的形式行使各自的生物学功能，这类功能性 RNA 被称作非编码 RNA。因此，现代的基因概念是产生一条多肽链或功能 RNA 所需的全部核苷酸序列。除此之外，DNA 中还有很多序列是不被转录的。

三、所有生命形式都是相关的

所有生物，不管是人类、豌豆、酵母、细菌还是病毒，虽然形态、结构、功能差异巨大，但本质上都使用 DNA（部分病毒使用 RNA）作为遗传物质，采用一套相同的遗传密码编码蛋白质，遗传信息被复制和解码的过程都非常相似。这些共同特征表明，地球上所有生命都是从同一个原始祖先进化而来的，这个祖先诞生于 35 亿～40 亿年前。

所有生物的相关性可以从遗传信息的基本单位——基因及其产物蛋白质的比较中明显看到。执行相同功能的蛋白质，即使来自进化上差异巨大的生物，其氨基酸序列也可能高度相似，这种相似本质上源于其基因的核苷酸序列的高度相似。例如，细胞色素 C 蛋白是在细胞能量转移中发挥重要作用的电子传递蛋白，比较不同生物细胞色素 C 蛋白的氨基酸序列，可以看到大部分氨基酸是相同的，但也有少数是不同的（图2-4）。这表明不同生物中编码这种蛋白质的基因高度相似，源于共同的祖先，其中的差异则源于在物种演化过程中不同生物的细胞色素 C 基因发生了碱基突变。尽管发生了碱基突变，但这些基因的功能依然是保守的，在不同物种中发挥着相似的作用。还有一个典型例子，来自对动物眼睛发育关键基因 $Pax6$ 的研究。昆虫和脊椎动物（包括人类）的眼睛形态差异非常大，例如，果蝇的眼睛是由许多小眼组成的复眼结构，而脊椎动物则是球形的"相机式"眼睛。在许多教科书中，眼睛被用作"趋同进化"的例子，即由于自然选择使不同物种出现了结构无关但功能相似的器官，而对 $Pax6$ 基因的研究则颠覆了这种观点。$Pax6$ 基因在不同物种中对眼睛形态和功能均发挥关键调节作用，$Pax6$ 基因突变或缺失会导致人类、小鼠、斑马鱼以及果蝇的眼睛发育异常、眼小甚至眼缺损[2]。科学家将小鼠的 *Pax6* 基因转入果蝇，发现小鼠的 *Pax6* 基因能让果蝇在人为设计的位置（如触角处）长出额外的复眼状眼睛[3]（图 2−5）。由此可见，形态结构差异巨大的不同生物的眼睛可采用同样的基因进行调控，这使得用果蝇这种低等生物作为模型来研究眼睛发育从而探索人类遗传性眼睛缺陷的分子机制成为可能。除了基础研究，基于同样的原理，通过 DNA 操作将一种生物的基因导入另一种生物实现其可控的表达，最终产生人类需要的性状改良生物或产品，就是转基因技术。

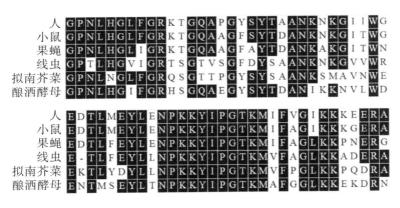

图 2−4 不同生物细胞色素 C 蛋白的部分氨基酸序列相似性比较

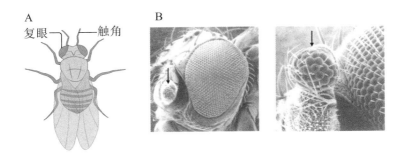

图 2−5 Pax6 蛋白是眼睛发育的关键调控因子

A：果蝇身体结构示意图；B：转入小鼠 *Pax6* 基因使果蝇在触角处长出异位的眼睛[4]（箭头所指，右图为放大图）

第二节　基因决定生物性状的表型

　　从第一节我们知道，基因编码蛋白质，蛋白质决定生物某个性状的表现（称作表型）。我们能够观察到的生物个体的性状是多种多样的，有的是形态特征（如豌豆种子的颜色、形状），有的是生理特征（如人的血型、植物的抗病性），有的是行为方式（如狗的攻击性与顺从性）。但是，一个基因或蛋白究竟是如何决定生物某个性状的表现呢？下面，我们以一些著名的性状为例，看看基因是如何决定生物性状的表型的。

　　有些基因—蛋白—表型的关系比较简单直接，基因突变产生异常蛋白，异常蛋白功能受损直接导致表型的改变。例如，人类红细胞中负责运输氧气的蛋白质是血红蛋白，血红蛋白是由珠蛋白和血红素辅基共同组成，辅基使血红蛋白呈现红色。镰刀型贫血病的典型特征是患者的红细胞呈镰刀状而非正常的圆盘状，因此携带氧的能力只有正常红细胞的一半，临床表现为慢性溶血性贫血。该病发生的主要原因是患者的珠蛋白基因带有一个碱基突变，该突变导致珠蛋白发生某个氨基酸的替换，这种异常的血红蛋白在氧分压下降时会相互作用成为螺旋状多聚体，从而使红细胞扭曲成镰刀型。再比如人类的血友病，绝大多数是由于凝血因子Ⅷ基因发生突变，导致血液中凝血因子蛋白含量减少或结构异常，因此血管破裂后血液不容易凝结，出血难止。

　　然而，大多数基因—蛋白—表型的关系则比较复杂，蛋白对表型的影响是间接的，涉及很多中间过程（生化途径）。例如，孟德尔研究的豌豆种子形状"圆与皱"是由一对基因（R/r）决定的，正常基因 R 产生圆形种子，突变基因 r 产生皱缩种子。在孟德尔时代，人们对基因的认识仅此而已。20 世纪末，遗传学家从分子水平阐明了突变基因 r 导致豌豆种子皱缩的作用机制[5]。R 基因编码淀粉分支异构酶（SBEI），这是一种糖基转移酶，能将直链淀粉催化转变为支链淀粉。突变基因 r 不能产生有活性的淀粉分支异构酶，无法将直链淀粉转变为支链淀粉，这就导致蔗糖在未成熟种子中积累，种子的渗透压增大，加速水分摄入，最终形成具有较高含水量的种子。当这种种子成熟时，水分大量蒸发，最终产生皱缩表型（图 2-6）。在栽培豌豆中，r 基因是很受欢迎的，因为蔗糖的积累使皱缩豌豆比圆豌豆更甜。在这个案例中，R 基因编码的蛋白质是一种酶，催化了一个生化反应，再产生相应的表型。

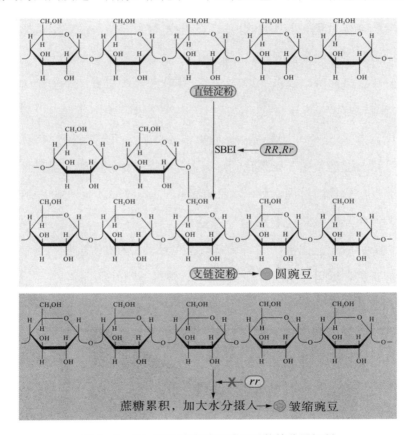

图 2-6　R/r 基因决定豌豆种子形状的分子机制

实际上，基因与表型的联系通常都非常复杂，很多时候不是简单的一一对应关系。一个基因可以影响多个性状，反之，一个性状也会受到多个基因的共同影响。还是以孟德尔研究的豌豆为例，豌豆种子的颜色有黄色和绿色，受 I/i 基因控制，这个基因也控制豌豆叶片的黄色和绿色，由此看来，一个基因可以控制不同的性状。这个基因是如何影响种子和叶片的颜色的呢？其实质是该基因编码的蛋白质对叶绿素降解过程的控制。植物叶片或幼嫩种子因含有叶绿素使其呈现绿色，当植物衰老时，叶片变黄或种子变黄则是由于叶绿素被降解，其中所含的类胡萝卜素的黄色因此显现出来。有功能的 I 基因在植物衰老组织中表达，促进叶绿素的降解过程，而突变基因 i 的产物（源于 2 个氨基酸的插入突变）则阻断了叶绿素的降解过程，所以在衰老叶片及成熟种子中依然含有叶绿素，就能维持绿色表型[6]。因此，这个基因又有一个更形象的名字，"保持绿色"（Sgr）基因，该基因在绿色植物中广泛存在。研究者还发现，如果 Sgr 基因表达水平大大增加的话，则会加速叶绿素降解，植物叶片会提前黄化。如果我们再深入分析，叶绿素降解其实是一个涉及多步反应的代谢过程，每一步都有相应的酶进行催化，最终将叶绿素降解为非荧光叶绿素代谢物（NCCs）[7-8]（图 2-7），至此，叶绿素从绿色被降解成无色化合物。如果编码这些酶的基因发生突变，导致蛋白质功能丧失，就可能阻断叶绿素的降解过程，从而产生相似的"保持绿色"表型。所以，一个性状会受到多个基因的共同影响。特别要指出的是，在基因与表型的关系中，还有一个很重要的影响因素不可忽视，那就是环境的影响，我们将在后面提到。综上所述，最常见的模式为生物的性状表型受多个基因和环境的共同影响。

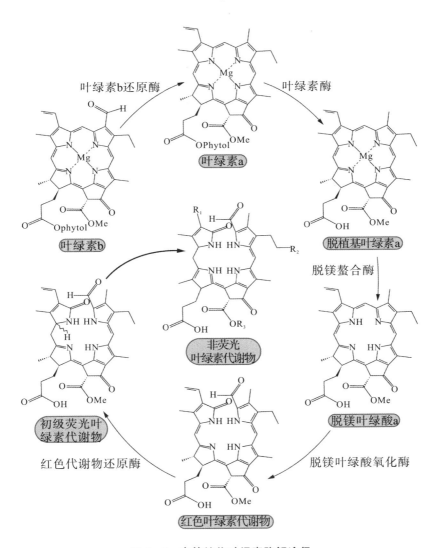

图 2-7　高等植物叶绿素降解途径

注：最近的研究显示，I 基因（或 Sgr 基因）编码脱镁螯合酶[6]。

第三节 突变是遗传多样性的源泉

前面我们看到，豌豆种子的形状表现为圆形或皱缩，颜色表现为黄色或绿色。事实上，生物很多性状的表型是丰富多样的，例如，花的颜色可以是五颜六色的，人类眼睛（其实是虹膜）的颜色有棕色、蓝色、褐色、黑色、绿色、红色、紫罗兰色等 10 多种。如果表型是受基因控制的，或者主要受某个基因的控制，那么基因如何决定这么多样的表型呢？

我们知道，一个基因是由数百到数千个碱基排列而成的一段特定DNA 序列，按照 3 个碱基决定一种氨基酸的方式编码某种多肽或蛋白质。理论上，基因中任意一个碱基都可以发生突变，变成另外 3 种碱基的一个，又由遗传密码表可知，有些碱基的突变会导致氨基酸的改变。蛋白质中某些位置的氨基酸替换不会影响其正常功能，但有些替换则可能导致蛋白质的活性降低或丧失，或者完全不产生这种蛋白质，但也可能赋予该蛋白质新的功能，这些不同的突变最终产生相应的表型多样性。这些可导致表型发生改变的突变基因称为等位基因。由于一个基因可以在不同的位点发生突变导致表型多样性，所以一个基因可以有多个等位基因。一个基因在不同位点发生突变，导致的表型变异可能是相似的，也可能是不同的。例如，目前已经发现人类凝血因子Ⅷ基因的 400多种变异，均导致血友病的表型。而决定老鼠毛色的一个关键基因 A，研究人员在实验室中发现了 A 基因的 14 个等位基因，分别能够产生胡椒面色、黑色、黄色、黑黄相间等不同颜色的鼠毛。这个 A 基因在其他动物中同样存在，并且除了 A 基因，动物的毛色还同时受到其他基因的控制。目前已经明确发现至少有 12 个不同的基因参与控制狗的毛色及斑纹，每个基因又有多个等位基因，这些基因能以不同方式组合，并相互作用，共同决定了狗的毛色及斑纹多种多样的变化。由此可见，突变是新基因的来源，也是遗传多样性产生的源泉。

在生物的长期演化过程中，突变产生新的等位基因，但基因突变大多数时候会产生不利的表型，导致这些突变在选择和进化过程中被淘汰。还是以小鼠毛色为例，虽然在实验室中存在多种毛色变异小鼠，但在自然环境中只有野生型胡椒面色的小鼠，很难看到其他颜色的小鼠。同样的，虽然家养或宠物狗的毛色多种多样，但野狗的毛色则比较单一。其中的原因，一方面是野生动物中，毛色变异个体在择偶和伪装躲避天敌等方面有显著的选择劣势，因此阻止了毛色变异类型在野生物种中的传播，而驯养动物由于人类的干预使大量的毛色变异类型保留了下来。另一方面，这些毛色变异类型很多都存在着某些生理功能的异常，例如实验室中的黄色小鼠会出现肥胖、高血糖等多种疾病，影响其存活力。美国华盛顿国家动物园曾接收过一只白色的孟加拉虎，这只白虎及其后代对传染病有很大的易感性，并大多死于传染病[9]。人类也存在毛色或肤色变异导致的疾病，如白化病，这种疾病是由于皮肤黑色素细胞中黑色素合成障碍所导致的，主要表现为全身皮肤及体毛呈白色或黄白色，患者往往伴随严重的视觉功能障碍，而出现视觉功能障碍是因为黑色素细胞对眼睛及耳朵等感知器官的发育及功能非常重要。不过，在现实生活中我们也看到有些动物中存在大量的白色皮毛个体，如白色的老鼠、兔子等，这些白色动物似乎没有出现功能障碍，这又是为什么呢？一方面可能是有些基因突变的影响在不同动物中存在差异；另一方面，功能障碍的证据在动物中比较难检测或者容易被忽略掉。

虽然基因突变大多数时候是有害的，但少数情况下也可能是无害甚至有益的，这些变异在选择和进化过程中被保留下来并在群体中扩散，最终产生群体的遗传多样性。例如，人类所有有核细胞表面都带有抗原性物质，其中能引起强而迅速排斥反应的称为主要组织相容性抗原，其编码基因是一组紧密连锁的基因群，称为主要组织相容性复合体（Major Histocompatibility Complex，MHC）。人类编码 I 型 MHC 的基因主要有 6 个（A，B，C，E，F，G），每个基因都有多个等位基因，有些甚至高达数千个等位基因[10]。这些基因的复杂组合表达产生人类细胞表面组织相容性抗原的多样性，在人群中没有两个人（同卵双胞胎除外）带有相同的组织相容性抗原。组织相容性抗原的不同赋予每个人自身细胞的独特身份，我们的免疫系统据此区分自我和非我，这就是器官移植产生排斥反应的原因。一些科学家认为，进化上偏爱于产生新的 MHC 基因的等位基因，以确保我们在环境中接触到的大量病原体中没有哪种能破坏整个人类种群，即群体中至少有少数具有特定 MHC 等位基因的个体将不会受到任何特定病原体的侵害。

总的来说，遗传多样性广义上是指地球上所有生物所携带的遗传信息的总和，但通常所说的遗传多样性是指生物种内的遗传多样性，即同一物种内的不同种群或同一种群内不同个体的遗传变异总和[11]。由于遗传信息储存于生物个体的基因之中，因此，遗传多样性也就是生物的基因多样性。一个物种所包含的基因越丰富，对环境的适应能力就越强。生物多样性的核心是遗传多样性，生物多样性的保护归根结底是保护其遗传多样性，因为一个物种的稳定性和进化潜力依赖其遗传多样性，物种的经济和生态价值也依赖其特有的基因组成[12]。由此看来，了解一种生物的遗传物质组成及遗传多样性就具有重要的价值。

第四节 解读生物的基因密码

基因组（genome）一词最早由德国植物学家汉斯·温克勒（Hans Winkler）在 1920 年提出，用于描述一个物种配子中的全部基因和染色体组成。现在的"基因组"一词，更确切地讲是指一种生物配子中所包含的全部遗传信息，或者说全部 DNA 分子的碱基序列。换言之，基因组就是生物（物种）的遗传信息库或生命的蓝图。人的基因组大小为 30 亿个碱基对。1986 年著名生物学家杜尔贝科（Dulbecco）最早提出人类基因组测序的设想，他认为如果能够知道人类基因组的全部 DNA 序列，对癌症的研究将会很有帮助。人类基因组计划（Human Genome Project，HGP）于 1990 年正式启动，按照这个计划的设想，预计花费 15 年时间和 30 亿美元，揭开人类所拥有的 30 亿个碱基对的秘密。共有美、英、日、德、法和中国等 6 个国家参与人类基因组计划项目，这项研究与曼哈顿原子弹计划、阿波罗登月计划并称为 20 世纪人类三大科学计划，被誉为生命科学的"登月计划"，是人类为了探索自身奥秘所迈出的重要一步。

知识窗　中国与人类基因组计划

1990 年人类基因组计划在美国首先启动，英、日、法、德相继参与，组成国际人类基因组计划协作组。1999 年 7 月中国正式申请加入人类基因组计划协作组，负责 3 号染色体短臂约 3000 万个碱基对（占整个基因组的 1%）的测序任务，因此被称为"1%项目"。也许"1%

项目"对整个项目而言有些微不足道，但它在这个人类科技史的重要里程碑上刻下了"中国"二字，更重要的是它的实施给我国基因组学发展带来重大而深远的影响，使我国的基因组学研究从此在世界上占有重要地位。

2001 年 2 月，人类基因组"工作框架图"及初步分析结果在学术期刊上正式发表。2003 年 4 月，人类基因组序列草图公布，至此，人类基因组计划宣告完成。事实上，由于技术限制，当时的人类基因组序列草图中仍留下了大约 8％的"空白"间隙未被测序。直到 2022 年 4 月，真正完整的、无间隙的人类基因组序列才被完全解析[13]。根据人类基因组计划研究结果，人类基因组中包含约 2 万个编码蛋白质的基因，这部分区域占基因组的总长度不到 2％。人类基因组其余的绝大部分（约 80％），虽然不编码蛋白质，但也能被转录成 RNA（即非编码RNA），以 RNA 的形式发挥多种生物学功能。人类基因组计划除了开展人类基因组测序，还包括对几种模式生物的基因组进行测序，陆续完成了酿酒酵母（1996 年）、大肠杆菌（1997 年）、线虫（1998 年）、果蝇（2000 年）以及小鼠（2002 年）等基因组测序。这些生物的基因组长度及复杂度比人类基因组要低很多。对这些生物的基因组测序不仅为人类基因组测序提供了技术方法的指导，更为后面的基因功能研究打下了坚实的基础，在比较基因组学研究中扮演了重要角色。

随着 DNA 测序技术的发展，越来越多的物种甚至个体（个人）的基因组完成测序。但仅仅知道基因组的 DNA 序列就像有一套巨大的百科全书，你可以读出每一个字母，却不了解其代表的意义。我们该如何解读这本鸿篇巨著呢？人类基因组测序完成后，揭示人类基因组 2 万余个基因中每个基因的功能，成为比基因组测序更有挑战性的工作。基因功能研究的主要策略是功能获得策略与功能失活策略。简单来说，功能获得策略是指将待研究基因导入某一细胞或个体中，使该基因在机体内表达，观察细胞或个体表型性状的变化，从而鉴定该基因的功能。而功能失活策略正好相反，是指将待研究基因破坏（即基因敲除），观察在基因功能丧失后细胞或个体表型性状的变化，据此来鉴定基因的功能。由于人类的很多基因在进化上具有高度的保守性，因此，采用模式生物进行基因功能研究受到特别的重视。人类基因的结构和功能可以在其他合适的生物中去研究，人类的生理和病理过程也可以采用合适的生物来模拟。

我们以利用斑马鱼来鉴定影响人类皮肤色素沉着的基因为例，说明模式生物在基因功能研究中的应用。斑马鱼是一种小型热带鱼，因为全身布满多条纵向深蓝色条纹而得名，在实验室里很容易饲养，繁殖周期短，能产生许多后代，是一种重要的模式生物。斑马鱼基因组测序在 2013 年完成，斑马鱼的基因和人类有着 87％ 的高度相似性，意味着斑马鱼的实验结果大多数情况下适用于人体。斑马鱼有一种被称为"金色突变"的突变体，源于其细胞中色素沉积较少，科学家推测人类的浅色皮肤可能是由一个类似于斑马鱼金色突变的基因变异引起[14]。利用斑马鱼在实验室中易于操作的优势，科学家研究并找出了导致斑马鱼金色突变的基因。这个基因编码的蛋白质参与了黑色素细胞中黑色素小体对钙的摄取，基因突变后黑色素小体对钙的摄取受到影响，使色素不能有效积累，故而颜色变浅。随后，研究者搜索了所有的人类基因数据库，发现人类基因 SLC24A5 能编码具有相同功能的蛋白质。进一步分析不同人类群体时，发现浅色皮肤的欧洲人通常具有这种基因的一种等位基因，而深色皮肤的非洲人、东亚人和美洲原住民则具有另一种等位基因，由此推测 SLC24A5 基因也影响人类的色素产生。事实上，人类中有一种非典型白化病的病因就源于 $SLC24A5$ 基因突变。当然还有许多其他基因也会影响人类的色素积累，如导致霍皮人白化病的 $OCA2$ 基因突变。大量的比较分析显示，非洲人与欧洲人之间色素沉积差异的 24%～38% 由 $SLC24A5$ 引起。但是，我们应该记住，每种生物都具有其独有的特征，因此，模式生物的研究并不总是准确地反映其他生物的遗传系统。人类基因功能研究是一项长期而充满挑战的工作，到目前为止，研究人员只研究了人类基因组 2 万个基因的极少部分，绝大多数基因的功能我们还完全未知。

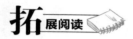

在线人类孟德尔遗传

"在线人类孟德尔遗传"（Online Mendelian Inheritance in Man，简称 OMIM，网址为 https://omim.org）是一个记录人类基因及其控制特征的重要数据库。数据库中收集了人类基因中与特定疾病或性状相关的已知变异，提供关于这些变异的已发表研究论文的链接，并随着新的研究发现每日更新。OMIM 对于疾病基因研究是一个宝贵的资源，这个在线数据库非常有用和容易使用，我们鼓励你自己探索它。

第五节　你的基因序列能告诉你什么？

随着 DNA 测序技术的发展，DNA 测序变得越来越快速，成本也越来越低。现在不仅可以进行个人的基因组测序，也可以利用母亲血液中存在的胎儿游离 DNA 对未出生胎儿进行基因检测。研究者还能从距今几万甚至几十万年前的古生物骨骼残骸中提取已经灭绝生物（如猛犸象、古人类等）的 DNA 进行基因组测序。随着被测序的基因组越来越多，比较基因组学（comparative genomics）应运而生。比较基因组学通常指对同一个物种多个个体的基因组或不同物种的基因组进行比较分析，用以解答相关领域的一些基本问题。例如，进行癌细胞的基因组测序，将其与来自同一个体的健康细胞基因组进行比较，从而找出可能导致肿瘤形成和影响癌症进展的基因突变。而对现代人及古人类基因组序列的比较分析则为人类起源及演化研究提供了全新的视角。

随着人类基因组中部分基因功能被揭示，我们逐步了解了哪些基因能影响某种疾病或性状，哪些突变会导致疾病的发生。因此，不进行全基因组测序，也可以只对基因组中我们关注的某些致病基因或疾病风险基因进行基因检测，分析个体的基因变异类型及其表达功能是否正常。基因检测可以用于疾病诊断和疾病风险预测，还可以帮助医生正确选择药物，避免滥用药物和药物不良反应。目前应用最广泛的基因检测有新生儿遗传性疾病的检测，例如新生儿耳聋基因筛查。耳聋发病率高，每 500 个新生儿中就有 1 例是听力障碍患儿，大多数由遗传因素导致，目前已发现的与耳聋相关的基因有近 300 个。有的基因突变会导致先天性耳聋（如中国最常见的致聋基因 GJB2），有的基因突变与跌倒、撞击等外界因素致聋有关（如 SLC26A4），还有的是药物致聋的敏感基因。对于携带突变基因的新生儿，如果能早诊断，就能针对性地早干预，避免或延缓耳聋发生。此外，具有癌症或多基因遗传病家族史的人，通过基因检测可以知道自己是不是带有疾病风险基因（如乳腺癌基因 BRCA1 和 BRCA2），以便及早发现和预防，尽量避免或降低疾病发生的可能。由于个体遗传基因上的差异，不同人对药物产生的反应会有所不同，基因检测也可以帮助人们正确选择药物，避免滥用药物和产生不良反应。精准医学的主要目标是在治疗前对患者进行基因筛查，以便进行药物选择及剂量评估，制订特定的治疗方案；其终极理想则是可以根据患者的基因变异特征量身定制新的药物，以实现真正的个性化治疗。

人类基因组计划的伦理问题

在享受基因组测序带来的好处的同时，人们也一直担心基因数据信息的收集会暴露太多个人信息，担心它被滥用。例如，基因检测信息可能会导致那些携带致病基因或未来可能有某些疾病风险的人被歧视。关于谁应该获得一个人的基因组序列，也存在争议。亲戚可以吗？他们有相似的基因组，也可能有患一些相同疾病的风险。再如，能不能使用这些信息来选择后代的特定性状等？所有这些担忧都是有道理的，如果我们要负责任地使用基因组测序的信息，就必须加以妥善解决。基因测序在未来发展中势必会伴随着科学、法律、伦理和商业的交织，需要人类智慧地处理。

第六节　解读复杂的生命，
我们的认识远远不够

人类基因组计划的宗旨是测出人类基因组 30 亿个碱基对的序列，破译人类全部遗传信息，从而有助于解码生命，了解生命的起源及生命体生长发育规律，认识疾病产生的机制以及长寿衰老等生命现象，为疾病的诊治提供科学依据。2001 年人类基因组框架图的发表被认为是人类基因组计划的里程碑事件，距今已经过去了 20 多年。很明显，科学家仍然没有完全理解人类基因组 30 亿个碱基对的真正作用和意义，我们对于很多疾病的病因仍然是毫无头绪[15]。

虽然我们可以很快测出病人的全基因组序列，也知道导致遗传病的 DNA 变异就在其中，但不能保证可以找出罪魁祸首。其中一个原因是来自技术上的，没有哪个基因组序列是 100％准确的，所以检测到的某些差异可能是测序误差导致的。而最根本的原因是，虽然人类个体之间基因组序列的差异只有 0.1％，但因为基因组总长度是 30 亿个碱基对，意味着任意两个人的基因组序列在 300 多万个位点具有不同。我们如何分辨这几百万个 DNA 差异中哪些是正常的差异（多态性）？哪些会导致疾病？我们对人类基因组的认识还非常有限，基因组中绝大多数基因的功能我们尚不清楚，而基因组中不编码蛋白质的区域也以不同的方式（例如产生非编码 RNA）发挥着重要影响。因此，在绝大多数情况下，对于很多病因不明或病因复杂的疾病，从病人的基因组序列找到导致疾病的 DNA 变异的可能性其实非常小。

即使找到了可能导致某种疾病的基因突变，带有该突变是否一定会导致疾病的发生呢？现实生活中我们经常发现，携带同样的基因突变，有些人患病而有些人却很健康，这又是什么原因呢？其中的机制很复杂。简单来说，虽然两人携带相同的疾病基因，但他们的整个基因组还有 0.1％的序列差异，其中的某些差异可能就对疾病基因的表达产生不同的影响。此外，生物体是长期进化的产物，当机体中特定基因发生丧失功能的突变时，机体可能通过不同的方式来缓冲有害突变，这种现象称作遗传补偿。生物体是一个高度复杂的有机体系，所以根据一个基因序列预测表型有时候也并不准确。

还有一些表型的改变是不能用基因突变来解释的，例如，同卵双胞胎具有相同的基因序列，但还是具有很多不同的表型，这又是为什么呢？我们把这种现象解释为环境对基因表达的影响，但环境究竟如何产生影响，过去我们不得而知。近年来，对这些现象的研究产生了一个新兴的学科——表观遗传学（epigenetics）。表观遗传学研究基因组中DNA碱基序列不发生改变的情况下，可导致表型变化的基因组改变。现在我们知道，DNA 分子结构中，除了由核苷酸组成的双链结构，DNA 上还带有多种不同的修饰基团，如甲基、磷酸基、乙酰基等，这些修饰基团是机体发育及外界环境在 DNA 上打下的"记号"，会影响被修饰位置基因的表达。这些"记号"有些是短暂可逆的，有些能持续终身甚至传递给下一代。研究者分析同卵双胞胎 DNA 上的甲基化修饰模式发现，50 岁双胞胎之间 DNA 修饰模式的差异远远大于 3 岁双胞胎，暗示随着年龄的增大，环境因素导致的同卵双胞胎之间基因修饰的差异越来越大，最终导致基因表达差异的增加，这似乎能在一定程度上揭示为什么同卵双胞胎越来越不像[16]。此外，研究者调查发现，女性在怀孕早期经历饥荒，会把饥荒的痕迹留在后代的基因上，后代成年后有更大可能患上肥胖、中风和心血管等疾病，这些影响可能源于后代某些基因甲基化修饰模式的改变[17]。科学家利用小鼠开展了大量类似的研究，越来越多的证据表明，在不改变遗传物质 DNA 序列的情况下，上一辈可以将不良营养经历和环境压力产生的某些获得性性状遗传给下一代。虽然获得性性状的遗传很难像经典的基因突变那样持续遗传下去，但不可否认这种遗传方式具有重要意义。我们应该从这些科学研究中，认识到自身的生活饮食习惯、所处环境、心态情绪等可能对下一代造成影响。

随着 DNA 测序技术的发展和人类基因组研究成果的不断丰富，基因检测或个人基因组测序已经走入普通人的生活，也许很快，你就会面临是否需要知道自己基因组序列的选择，你将以一种什么样的心情接受这份如此特殊的礼物——一份可能预测你疾病风险或基因天赋的报告？即将到来的基因和基因组信息泛滥最终意味着什么？医生是根据病人的 DNA 序列信息还是病人的体征、症状、家族史和检查结果来确定最佳治疗方案？这些问题只有等待时间来回答。

回到本讲开篇的故事，音乐作为高雅艺术的重要组成部分，对人类的进化和发展也产生了重要影响：它可以影响人类的适应性，增加生殖机会，加强人类家庭和社会的纽带关系。音乐，作为一种生物现象，必须由基因来塑造。像巴赫这样的音乐家族的血统延续和某些涉及音乐的疾病就是最好的证明。目前，通过连锁分析、全基因组表达分析等方法，研究者发现了一些和音乐性相关的基因和染色体区域，对于绝对音高而言，遗传、环境、表观乃至随机因素都发挥了影响[18]。我们希望本章内容为你提供未来的一瞥，激发你思考遗传和基因组技术将带来的变革。

本讲小结

1. DNA 是生命的遗传信息分子，蛋白质是生命活动的主要承担者，遗传信息流是从 DNA、RNA 到蛋白质。

2. 基因编码蛋白质，蛋白质决定生物性状的表型。

3. 突变是基因多样性产生的源泉，自然或人工选择最终决定物种的遗传多样性。

4. 人类基因组计划的核心是基因组全序列测定，但揭示基因功能仍是艰巨的任务。

5. 基因检测有助于疾病诊断、疾病风险预测以及正确用药。

（王海燕）

【思考与行动】

1. 如果能够做基因检测，你愿意吗？你希望基因检测告诉你什么？

2. 如何看待所谓的"天赋"基因检测？

参考文献

[1] BAHARLOO S, JOHNSTON P A, SERVICE S K, et al. Absolute pitch: an approach for identification of genetic and nongenetic components [J]. The American Journal of Human Genetics, 1998, 62 (2): 224-231.

[2] WASHINGTON N L, HAENDEL M A, MUNGALL C J, et al. Linking human diseases to animal models using ontology-based phenotype annotation [J]. PLoS Biology, 2009, 7 (11): e1000247.

[3] HALDER G, CALLAERTS P, GEHRING W J. Induction of ectopic eyes by targeted expression of the eyeless gene in Drosophila [J]. Science, 1995, 267 (5205): 1788-1792.

[4] GEHRING W J. The master control gene for morphogenesis and evolution of the eye [J]. Genes to Cells, 1996, 1 (1): 11-15.

[5] BHATTACHARYYA M K, SMITH A M, ELLIS T H N, et al. The wrinkled-seed character of pea described by Mendel is caused by a transposon-like insertion in a gene encoding starch-branching enzyme [J]. Cell, 1990, 60 (1): 115-122.

[6] SHIMODA Y, ITO H, TANAKA A. Arabidopsis STAY-GREEN, Mendel's green cotyledon gene, encodes magnesium-dechelatase [J]. The Plant Cell, 2016, 28 (9): 2147-2160.

［7］ JIAO B Z，MENG Q W，LV W. Roles of stay－green（SGR）homologs during chlorophyll degradation in green plants［J］. Botanical Studies，2020，61（1）：1－9.

［8］ HÖRTENSTEINER S. Stay－green regulates chlorophyll and chlorophyll－binding protein degradation during senescence［J］. Trends in Plant Science，2009，14（3）：155－162.

［9］ REISSMANN M，LUDWIG A. Pleiotropic effects of coat colour－associated mutations in humans，mice and other mammals［J］. Seminars in Cell & Developmental Biology，2013，24（6－7）：576－586.

［10］ PUNT J，STRANFORD S，JONES P，et al. Kuby Immunology［M］. 8th ed. New York：Macmillan Learning，2018.

［11］ 刘敏，方如康. 现代地理科学词典［M］. 北京：科学出版社，2009.

［12］ 沈浩，刘登义. 遗传多样性概述［J］. 生物学杂志，2001（3）：5－7，4.

［13］ ZAHN L M. Filling the gaps［J］. Science，2022，376（6588）：42－43.

［14］ LAMASON R L，MOHIDEEN M A P K，MEST J R，et al. SLC24A5，a putative cation exchanger，affects pigmentation in zebrafish and humans［J］. Science，2005，310（5755）：1782－1786.

［15］ Jones K M，Cook－Deegan R，Rotimi C N，et al. Complicated legacies：The human genome at 20［J］. Science，2021，371（6529）：564－569.

［16］ FRAGA M F，BALLESTAR E，PAZ M F，et al. Epigenetic differences arise during the lifetime of monozygotic twins［J］. Proceedings of the National Academy of Sciences，2005，102（30）：10604－10609.

［17］ HEIJMANS B T，TOBI E W，STEIN A D，et al. Persistent epigenetic differences associated with prenatal exposure to famine in humans［J］. Proceedings of the National Academy of Sciences，2008，105（44）：17046－17049.

［18］ SZYFTER K，WITT M P. How far musicality and perfect pitch are derived from genetic factors?［J］. Journal of Applied Genetics，2020，61（3）：407－414.

第三讲

生命万花筒：生物多样性及其保护

地球生命自诞生以来，已经历了约 38 亿年漫长的发展，形成了迄今人们已知的约 200 万种生物及更多未知的物种。如此多样的生物与复杂的环境相适应，构成了一个稳定的生物圈。生物多样性让地球充满了生机，在这里，万物多彩，生命可爱。生物多样性是如何与我们息息相关的？你有留心观察过身边多彩的生命吗？为了共建万物和谐的美丽家园，保护万物生灵，我们应该怎么做？来吧，让我们共同关注生物多样性。

第一节　生物多样性

一、生物多样性的概念及内涵

生物多样性（biological diversity，简称 biodiversity）是指地球上所有的生物（包括动物、植物、真菌、原生生物、原核生物等）与环境所形成的生态复合体（生态系统）以及各种生态过程的总和。生物多样性体现在多个方面、层次和水平，如基因、细胞、组织、器官、种群、物种、群落、生态系统、景观等，其中研究较多、意义较大的主要有遗传多样性（genetic diversity）、物种多样性（species diversity）、生态系统多样性（ecological system diversity）和景观多样性（landscape diversity）。

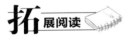

生物多样性概念的由来

生物多样性这一概念由美国野生生物学家和保育学家雷蒙德（Ramond Dasman）于 1968 年在其通俗读物《一个不同类型的国度》（*A Different Kind of Country*）一书中首先使用，是 Biology 和 Diversity 的组合，即 Biologicaldiversity。这个概念并没有得到广泛的认可和传播，直到 20 世纪 80 年代，"生物多样性"的缩写形式（biodiversity）由罗森（W. G. Rosen）在 1985 年第一次使用，并在 1986 年首次出现在公开出版物上，"生物多样性"这一概念才在科学和环境领域得到广泛传播和使用。

（一）遗传多样性

遗传多样性是生物多样性的重要组成部分。其广义的概念是指地球上所有生物所携带的遗传信息的总和，狭义的概念是指种内不同群体间（两个隔离地理种群间）及单个群体（种群）内个体间的遗传变异总和，即基因多样性（gene diversity）。通常情况下，一个物种的遗传多样性是非常丰富的，而人类还可以诱导、积累并丰富物种的遗传多样性。例如目前家犬品种已超过 400 种，观赏菊花则有 3000 多个品种，水稻更是有 5 万多个品种。遗传多样性是评价物种资源状况的重要因素之一，是物种生存与进化的基础，也是物种适应环境能力的重要指标。遗传多样性水平与物种对环境的适应性呈正相关，一个物种所携带的基因越丰富，则该物种对环境的适应能力越强，从而抗逆性也就越强。因此，遗传多样性也是保护生物学研究的核心之一。

遗传多样性通过分子、细胞和个体等多水平来影响生物性状，导致生物体的不同适应性，进而影响生物的分布和演化。遗传多样性的检测方法经历了一个不断完善提高的过程，从形态学、细胞学（染色体）水平、生理生化发展到当前的分子水平，任何一种检测手段在特定的研究领域、研究对象中都有不可替代的作用，需要彼此之间相互印证。遗传多样性是物种进化的本质，也是人类社会生存和发展的物质基础。遗传多样性的研究无论是对生物多样性的保护，还是对生物资源的可持续利用，以及未来对世界衣食住行的物质供应，都有非常重要的意义。

案例讨论 基因多样性给人类带来了哪些福祉？

袁隆平院士利用水稻的基因多样性，将野生水稻与普通水稻杂交，培育出高产杂交水稻品种（图 3-1）。请你查阅、研读文献，再列举 1~2 个实例。

参考资料：

中国人杂交水稻的研究之路充满艰辛。（纪录片《稻之道》第 4 集《稻之人》）

让中国杂交水稻造福世界人民。[辛业芸. 袁隆平：让中国杂交水稻造福世界人民 [J]. 中国新闻发布（实务版），2022（10）：19-22.]

图 3-1　袁隆平院士与杂交水稻

（二）物种多样性

物种是指遗传特征相似、能够繁殖出有生殖能力的后代的一类生物。物种多样性是物种水平上的生物多样性，指一定时空范围内生物物种的丰富性及其形成、发展、演化时空布局和生态分化与适应机制的多样化。物种多样性是生物多样性的核心与关键。物种多样性包括两个方面：一方面是指一定区域内的物种丰富程度，可称为区域物种多样性；另一方面是指生态学方面的物种分布的均匀程度，可称为生态多样性或群落物种多样性[1]。两种含义的区别主要在于研究的层次和尺度不同。前者主要通过区域调查进行物种数量和分布特征的研究，后者通过样方或样点在群落水平上进行研究。物种多样性既是遗传多样性的载体，又是生态系统多样性和景观多样性形成的基础。物种多样性是衡量一定地区生物资源丰富程度的一个客观指标。

物种多样性的研究内容包括物种多样性的现状，物种多样性的形成、演化及维持机制，种群生存力分析，物种的濒危状况、灭绝速率及原因，物种多样性的有效保护与持续利用等。目前，常采用传统的野外样方群落学调查并结合遥感和地理信息技术进行物种多样性的分析。在评估、衡量物种多样性丰富程度以及判断群落或生态系统的稳定性时，常用多样性指数作为指标。多样性指数是关于物种丰富度和均匀度的函数，是用来描述一个群落多样性的统计量。目前使用相对广泛的多样性指数包括 Shannon－Wiener（香农－威纳）多样性指数、Pielou（皮卢）均匀度指数和 Simpson（辛普森）多样性指数等。不同指数含义不同，如 Shannon－Wiener 多样性指数是用来描述物种的个体出现的紊乱和不确定性的指标，不确定性越高，多样性也就越高。Simpson 多样性指数则是指在一个群落中连续两次抽样所得到的个体数属于同一种的概率。Pielou 均匀度指数反映的是物种个体数目在群落中分布的均匀程度，指数值越大代表物种分布越均匀。因此，物种多样性指数分析在比较不同群落的物种多样性时，可依照研究者的不同需要采用不同指数。

（三）生态系统多样性

生态系统是在一定的空间内，生物和非生物成分通过物质的循环、能量的流动和信息传递，相互作用、相互依存而形成的有机整体。生态系统多样性是指生物圈内生境、生物群落和生态过程的多样化，以及生态系统内的生境差异、生态过程变化等的多样性[2]。生境主要指无机环境，生境多样性是生物群落多样性甚至整个生物多样性形成的基本条件。生物群落多样性主要指群落的组成、结构和动态方面的多样性。生态系统的类型变化也是生态系统多样性研究的重要内容。生境多样性是生态系统多样性形成的基础，生物群落的多样化可以反映生态系统类型的多样性，生态过程多样化是生态系统多样性得以维持的保障。生态系统多样性水平越高，生态系统越稳定。

　　研究生态系统主要是研究生态系统中的生产者、消费者和分解者三大功能类群之间的关系。生物群落内部、群落之间以及与环境之间都存在极其复杂的关系。生态系统多样性的研究内容包括生态系统的组成与结构，生态系统多样性的维持与变化机制，生态系统多样性的调查、编目和动态监测等。当前的研究热点主要有生物群落多样性的测度、人类活动对生态系统多样性的影响、生物多样性的长期动态监测。

案例讨论　为什么要保护高山流石滩生态系统？

　　在我国西部高山雪线之下至林线之上存在着一个神奇的地带——高山流石滩（图3-2）。它由碎石构成，滩上植被为零星分布，多呈斑块状、簇状匍匐在地面，虽然数量稀少，却有许多珍稀独特的高山植物，如多刺绿绒蒿（图3-3）、雪兔子等。在高山流石滩生存，植物要有什么"绝技"？在这样的环境下，演化出新物种的概率高吗？为什么目前一些流石滩植物种群数量会下降乃至濒危？

图3-2　高山流石滩（海拔4500 m的
卧龙巴朗山）

图3-3　多刺绿绒蒿
（*Meconopsis horridula*）

（四）景观多样性

景观是以类似方式重复出现的、相互作用的若干生态系统聚合所组成的异质性空间单元，具有明显视觉特征，是处于生态系统之上，兼具经济、生态和美学价值的地理实体。景观结构主要由斑块、廊道和基质三部分组成，它们的时空配置形成的镶嵌格局即为景观结构。景观多样性是指在一定时空范围内景观生态类型的丰富性及各景观生态系统中不同类型景观要素在空间结构、功能机制和时间动态方面的多样化或复杂性（格局和过程）。其复杂性主要表现为斑块在数量、大小、形状，景观的类型、分布及其连接性等结构和功能上的多样性[3]。景观多样性是人类活动与自然过程相互作用的结果，是景观水平上生物组成多样化程度的表征。地球上存在着各种各样的自然或非自然景观，如农业景观、城市景观、森林景观、草地景观、湿地景观、河流景观、海洋景观等。近年来，随着景观生态学的理论和工作实践日渐完善，越来越多的学者认为景观是生物多样性不可或缺的组成部分[4]，景观多样性也成为生物多样性研究中的一个重要层次。景观多样性系统从两种途径体现了现代生物多样性：一是以物种为核心的景观途径，二是以景观元素为核心和出发点的途径。前者首先确定物种，然后根据物种的生态特性来设计景观格局，后者则以各种尺度的景观元素作为保护对象，根据其空间位置和关系设计景观格局。景观系统多样性不但应考虑经济效益和美观性，同时还要考虑生物种类在保护景观系统的多样性以及在生物多样性保护中所起的决定性作用。

上述 4 个层次的多样性既有区别，又有密不可分的内在联系，它们相互依存、相互促进。遗传多样性是生物多样性的基础，是生物多样性的内在形式，代表着物种适应环境变化的能力。物种多样性则是生物多样性最直观的体现，显示了基因遗传的多样性。物种发生突变，经自然选择、人工选育，这些变异保留下来，丰富了遗传多样性，这种遗传多样性又经过各种隔离，再适应进化就可能产生新的物种。物种又是构成生物群落和生态系统的基本单元，地球上生态环境多样，丰富多彩的物种与环境相互作用，必然产生非常复杂的遗传多样性，进而推动了物种的进化与发展。生态系统多样性、景观多样性是生物多样性的外在形式，离不开物种多样性及物种所具有的遗传多样性；而遗传变异、物种多样性与面积、生境多样性、结构异质性、斑块动态和干扰等景观特征密切相关。景观多样性是认识和研究在比物种、种群、群落或生态系统更大尺度上运作的生态过程的框架，体现了现代生物多样性。

案例讨论 **你认为景观多样性是否应该属于生物多样性研究的范畴？**

有学者认为，"景观多样性"主要研究组成景观的斑块在数量、大小、形状和景观的类型分布及其斑块之间的连接度、连通性等结构和功能上的多样性。由此可见，景观多样性与生态系统多样性、物种多样性和遗传多样性，在研究内容和研究方法上均存在不同，明显有异于生物多样性的概念和内涵。它是地理—生态的综合概念，属景观生态学范畴，而应是另类的多样性。因此，把景观多样性作为第四个层次的生物多样性，显然是不确切的。

但又有学者认为，景观是生物多样性存续的重要场所，只有多种生态系统共存，才能保证物种多样性和遗传多样性的生存空间。同时多种生态系统共存，并与异质立地条件相适应，才能使景观的总体生产力达到最高水平。景观多样性不仅在理论上对于认识生物多样性的分布格局、动态监测等具有重要意义，在实践上对于区域规划与管理、评估人类活动对生物多样性的影响等方面均具有广阔的应用前景。因此，景观多样性是生物多样性的重要组成部分。

二、生物多样性的价值

生物多样性是生命的基础，它使地球上的每一个生命有机体都独一无二，不仅是地球上万物欣欣向荣、繁衍生息的重要条件，也是维持生态平衡的重要因素。只有在生态平衡的前提下，人与自然才能和谐发展。生物多样性是整个人类共有的宝贵财富，为人类的生存和发展提供了基本条件，也为生态安全和粮食安全提供保障，生物多样性程度标志着生态文明的水平。保护生物多样性，对于人类经济和社会的发展具有重要意义。

生物多样性的价值主要体现在比较容易觉察和衡量的直接价值和难以直接用货币等显性形式表现的间接价值等方面。

（一）直接价值

生物多样性的直接价值是人们直接收获或使用的产品，被直接用作食物、药物、能源等生活必需品以及工业原料时体现出来的价值。目前人类衣食住行所使用的物种超过 40000 种，人类约 90％的粮食来自 20余种植物，世界上约 80％的药物来自自然资源。除直接为人类提供食物外，野生遗传资源还被用来改良家畜、家禽和农作物。生物多样性还为人类提供各种工业原料，如木材、纤维、橡胶、天然气等。野生生物资源为人类生活作出了巨大的贡献。

（二）间接价值

生物多样性的间接价值是指维持生态平衡和稳定环境的非消费使用

价值。如植物通过光合作用为人类和整个生命世界的生存与发展提供物质、能量的保障。生物多样性可以调节气候、涵养水源、保持水土、净化空气和水体、降解污染、加速物质循环等。生物群落在农林业的害虫防治等方面也发挥着重要作用。

（三）其他价值

此外，生物多样性为人类提供了非物质的其他价值，如具有教育和科学价值。生物多样性也为人类提供了美学价值和休闲价值。花鸟鱼虫、名山大川，构成了令人赏心悦目、心旷神怡的自然美景，不仅可以陶冶情操，保障人类的身心健康，还可以激发创作灵感，展示文化特性，满足精神需求等。

如果生物多样性遭到破坏，提供粮食、纤维、医药、淡水，作物授粉，降解污染物，防止自然灾害等生态系统的服务功能都会面临威胁。当今世界的资源枯竭、能源耗费、人口膨胀、粮食短缺、环境退化和生态平衡失调等问题都与生物多样性的利用与保护有关。人类与自然系统通过能量流动、物质循环、信息交换等自然和人文过程，相互作用，维持生物多样性，形成了地球生命共同体。地球上每个物种都非常重要，缺少任何一个物种，生态系统都难以维持其稳定性。每个物种都有生存的权利，所有物种是相互依存的，人类有责任尊重和保护生物多样性。

第二节　生物多样性保护

地球上的物种纷繁复杂，有 500 万～1400 万种，已经记载命名的生物约有 200 万种。然而，这些物种并不是均匀地分布于世界各地，大约

3/4 生活在热带地区，另外，海洋也蕴藏着极其丰富的物种多样性。巴西、哥伦比亚、厄瓜多尔、秘鲁、墨西哥、刚果（金）、马达加斯加、澳大利亚、中国、印度、印度尼西亚、马来西亚这 12 个多样性特丰国家（megadiversity country）的生物多样性占全世界的 60%～70% 甚至更高。生物多样性是地球生命数十亿年不断演化发展的结果，它是人类生存和发展的基础，保护生物多样性就是保护人类自己。不科学、不合理的人类活动导致地球物种正以惊人的速度灭绝，而且灭绝的速度正在不断加快。许多物种处于濒危状态，生态系统正在大量退化和瓦解，生物多样性面临严重的威胁。

一、生物多样性丧失的原因

除了自然条件自身的改变，人类社会和经济发展所引起的生境丧失与破碎化、资源的过度开发利用、气候变化、生物入侵以及环境污染等是造成全球生物多样性丧失的主要因素。

（一）自然灭绝

自生命在地球上出现以来，物种多样性就维持着一种上升的趋势，但是死亡和灭绝是生命不可避免的历程。一般来说，一个物种只能延续几百万年，然后就会被其他物种取代。这就是物种的自然灭绝。自然状态下平均 1.1 年灭绝一个物种。自从地球上存在生命以来，已经有千百万种植物和动物灭绝或消亡。早期生物多样性丧失的大部分原因是由气候、地理等自然因素引起的自然灭绝。

（二）人为灭绝

随着人类社会的发展和科技的进步，特别是工业革命以来，世界人口的持续增长和人类活动范围与强度的不断增加，人类社会对地球上的生物多样性的影响日益加剧，打破了生物多样性相对平衡的格局。生物多样性面临的直接压力主要包括自然生境丧失、生境碎片化、资源过度开发利用、环境污染、外来物种入侵和气候变化等，这些现象对物种的生存和繁衍构成了严重威胁。在过去的 300 年中，物种灭绝速度人为地提高了 1000 多倍，伴随着干扰的进一步加重，未来的物种灭绝情况会更严重。因此有些学者认为，全球正在面对新一轮的物种大灭绝，其与地质历史时期的大灭绝不同的是，人类活动是本次大灭绝的重要因素[5]。

1. 生境丧失与破碎化

不同地区的生态系统是地球千万年演化形成的物种赖以生存的环境基础，一旦它们遭到破坏，就可能会对当地的物种造成毁灭性打击。早期人类的生存都要依赖可得到的自然资源，人类对环境的影响较小，而环境对人类的影响较大。随着早期农业活动的开展，环境问题很快出现，而工业文明更加剧了对环境的破坏。随着工业化和城市化进程加快以及人口的迅速增长，大规模的开发建设破坏了原有的自然环境。快速的城市化建设将原有的农田、湿地等自然空间变成了人工设施，使得原本生活其中的生物因缺乏生境而数量减少甚至消亡。过度垦殖、放牧造成许多野生动植物栖息地日趋萎缩。大肆兴修水利造成鱼类洄游通道与种群交流被割断。铁路和公路建设使野生动植物的繁衍面临直接威胁。

由于人类不合理的活动，已经有约 75％ 的陆地生态环境和约 66％ 的海洋生态环境被改变。在所有影响生物多样性的因素中，生境的丧失与破碎化被认为是造成生物多样性下降的最主要原因，其产生的危害也最大。生境的破坏、退化与破碎化影响了生态系统的平衡和稳定，限制了动物的活动和植物的扩散，使物种缺乏足够大的栖息和移动的空间，阻碍了基因流动，减少了物种建立种群的机会，降低了生物种群抵御内外干扰的能力，导致区域内生物多样性不可避免地出现下降。例如，历史上大熊猫（*Ailuropoda melanoleuca*）的分布范围很广，由于人口的快速增长和人类活动的干扰，如今大熊猫被分割成了 20 多个孤立种群，这阻碍和限制了大熊猫的扩散与基因流动，加剧了这些小种群的灭绝风险。目前为大熊猫建立绿色廊道，就是为了解决生境破碎化矛盾。

从物种数目来看，生物多样性最丰富的生态系统有热带雨林、珊瑚礁、大型热带湖泊和深海。虽然珊瑚礁只占世界海洋面积的 0.2%，但养育着 25% 的海洋生命。热带雨林地区是地球生物的天堂，虽然只占陆地面积的 7%，但世界上有超过 50% 的物种分布其中。每一公顷的热带雨林土地上有超过 650 种不同种类的树木，而这比整个北美大陆所有树木种类还要多。热带雨林的年平均消失速度为 1%（约 1217 万公顷），由此将造成每年有 0.2%~0.3% 的物种消失。如果世界上的物种总数估计为 1000 万种，那么，每年就有 20000~30000 种，即每天就有 68 种，每小时就有 3 种物种消失。热带雨林特殊的地理位置、温暖湿润的气候非常有利于动植物生存，也因此一旦热带雨林遭到破坏，依附于雨林的大量物种的生存和发展也将遭受毁灭性打击。正如歌德所言："万物相形以生，众生互惠而成。"一个物种的存亡会影响与之相关的多个物种的消长，而对物种最主要的威胁就是生境丧失与破碎化。因此，保护生物多样性最重要的内容就是生境的保护和恢复。

2. 资源的过度开发利用

对野生生物资源进行过度乃至掠夺性开发也是造成生物多样性丧失的主要原因之一。近年来，随着人口数量的增加和社会生产力的不断提高，人们对资源的需求也日益增加。人们错误地把地球资源看成是一个取之不尽、用之不竭的天然宝库，大量的生物资源被过度开发和利用，物种数量大大减少。每年由于偷猎、过度采挖造成各种资源数量大大减少。天然林面积大幅度缩小，导致大量野生生物栖息地消失，许多珍稀动植物数量减少甚至濒临灭绝。单一树种的人工纯林的发展，导致本地乡土树种丧失，森林病虫害也日益严重。全球的商业性野生动植物贸易，包括肉类、旅游纪念品、宠物和药物，不仅造成区域性的物种灭绝，也威胁到全球的物种。因国际贸易受到威胁的物种中，最具代表性的例子就是犀牛。人类对犀牛角无止境的需求，使其价格甚至超过了黄金，从而引起了疯狂的盗猎行为，导致非洲犀牛的数量急剧下降，在个别地区甚至面临灭绝的风险。此外，本身资源丰富、景色优美的自然区域，具有较高的自然潜力，但是大规模的开发、建设却破坏了原有的自然环境，威胁了原生物种的生存；过量游客的观光游览对生物原本正常的活动也造成了干扰，威胁了当地的生物多样性。

由于人类对自然界资源掠夺式的利用和破坏，生物多样性的减少和生态系统功能的退化已成为一种全球性的威胁。生物多样性的丧失不仅直接影响给人类提供的产品和服务，而且间接影响人类福利和社会经济发展。为此，加强对生物多样性的研究和保护，实现可持续利用和发展具有极其重要的意义。

3. 气候变化

在过去的几亿年间，地球经历了多次大的地质和气候变化过程，但仅有 5 次大的物种灭绝事件发生。然而，在工业革命开始仅 200 多年后，地球生物就面临了前所未有的生存危机，危机的原因来自全球气候变暖。全球变暖对许多地区的自然生态系统产生了影响，如气候异常、海平面升高、冰川退缩、冻土融化、河（湖）冰迟冻与早融、中高纬生长周期延长、动植物分布范围向极区和高海拔区延伸、某些动植物数量减少、一些植物开花期提前等。例如，一项关于气候变化对秦岭山系大熊猫分布区主食竹分布的影响研究表明，大熊猫主食竹分布区在未来100 年内将极大退缩，这将严重威胁到该区域内大熊猫的生存[6]。预计到 2050 年，气候变化将成为造成生物多样性丧失和生态系统变化的主要因素，因此，减少温室气体的排放已迫在眉睫。

4. 生物入侵

生物入侵也称外来物种入侵，指外来物种经自然或人为因素进入另一个新的生态环境中迅速扩张，对当地生物多样性、农业生产以及人类健康造成经济损失或引起生态系统发生变化。随着人类社会的发展和经济全球化进程的加快，人类活动造成的外来物种入侵已成为生物入侵的主要方式。外来物种往往具有较强的适应性和竞争力，会抑制或排挤本地物种，破坏入侵地群落的结构和功能。任何地区的生态平衡和生物多样性都是经过了几十亿年演化的结果，这种平衡一旦被打乱，就会失去控制而造成物种多样性锐减和遗传多样性丧失。生物入侵已成为全球共同关注的重要生态学问题。

5. 环境污染

随着人类社会和全球经济的发展，人类在工农业生产以及生活过程中向大自然排放了大量的污染物和废弃物，引发了严重的环境问题。环境污染是一种生态破坏，也是加速物种灭绝的重要因素。污染物通过毒害物种、改变环境以及沿着生态系统的食物链转移并影响后端生物的生存与繁殖，给物种带来了巨大的生存压力。在污染条件下，种群的规模减小或者种群中敏感物种常难以生存而消失，这将降低种群的遗传多样性水平。而生态系统的退化和复杂性的降低，又加剧了生物多样性的减少。目前，除了常见的大气、水、土壤等污染会对生物多样性产生威胁外，一些光、噪声、重金属等新型污染也会对生物多样性产生不可忽视的影响。例如，城市夜间过多、过度的光照不仅会干扰植物的光合作用、休眠和物候，也会增加许多夜行性物种如两栖类动物被捕食的风险，还会使动物的觅食、繁殖、迁徙和信息交流等行为习性在一定程度上被改变。目前，环境污染不仅分布范围广，而且已对多种生物有机体产生影响。人类生存与发展，归根结底，依赖于自然界各种各样的生物。"山水林田湖草沙"一体化保护，既为生物提供一个良好的生存空间，也是在保护人类自己。

6. 生物多样性保护意识缺乏

由于人类对自然资源的无节制掠夺和对生态环境的破坏，全球生物多样性正遭受着前所未有的破坏。为阻止生物多样性进一步恶化，党的十八大报告提出"面对资源约束趋紧、环境污染严重、生态系统退化的严峻形势，必须树立尊重自然、顺应自然、保护自然的生态文明理念"。然而，生物多样性保护意识是人们自然观、环境价值观、道德观、法治观、资源观的综合体现，是文化素质的组成部分，很难自发产生。目前，生物多样性保护多集中在国家公园、自然保护区等远离城市的自然生态系统中，已受到国家和各级政府的重视，而对于城市、城市边缘区及城乡地区生态系统生物多样性的保护并未引起足够的重视，城区内各类公园绿地多以休闲游憩为主要功能，并没有充分发挥科普教育的作用。公众对于生物多样性保护的意识还有待提高。因此，采取有效途径培养和提高广大群众生物多样性保护的意识，让人们真正认识保护生物多样性是利国利民的大事，保护生物多样性才能保护我们赖以生存的环境。只有当生物多样性保护成为人们的自觉行动，人人关心、积极参与、从我做起、从日常生活小事做起，保护工作才能最终取得成功。

二、生物多样性的保护概况与途径

(一)全球生物多样性保护概况

虽然人类活动直接或间接地给生物多样性带来了巨大的灾难，诸多环境问题亟待解决，但是只要全球各个国家秉持人类命运共同体理念，开始"革命性改变"，保护和拯救全球生物多样性依旧为时未晚。1972年6月5日至12日，联合国人类环境会议通过了《联合国人类环境宣言》和《行动计划》，这场在瑞典斯德哥尔摩举行的环境大会旨在号召各国政府、人民参与为保护和改善环境而努力奋斗的事业，它因此成了人类环境保护史上一个重要的转折点。在过去的半个世纪里，全世界各国都在积极响应。为了更加高效地应对生物多样性的丧失，避免其灾难性后果的发生，全球近200个国家共同签署了由联合国环境规划署发起并主导的《生物多样性公约》（CBD）。该公约于1993年12月29日正式生效，其核心目标在于通过全人类的共同努力，保护生物多样性、生物多样性组成成分的可持续利用以及以公平合理地分享由生物遗传资源所产生的惠益。截至2023年，联合国和不同的主办国共举办了15次《生物多样性公约》缔约方大会。第十五次《生物多样性公约》缔约方大会于2021年10月在我国昆明举办，大会的主题是"生态文明：共建地球生命共同体"，这体现了我国政府积极推动保护全球生物多样性的国际责任和意识，为推动全球生物多样性保护以及可持续发展工作继续前进做出的切实行动。

除了在国际和国家层面制定保护生物多样性的公约和行为战略外，也需要社会和政府从生物技术、农业生产、海洋开发、水土保持等多个方面做出根本性改变。在生物技术层面，人类应该在符合科学伦理的基础上积极利用现代生物技术加速濒危动物的人工繁殖工作；在农业生产方面，必须从可持续发展角度全面审视现有的农业生产方式，推动科学的农业生态实践；在海洋开发和利用方面，应加强宏观层面的科学规划和系统管理，在开发利用的同时增加保护区的设立，减少海洋生态的破坏；在水土保持方面，应做好一体化、前瞻性和战略性管理，减少水土流失，积极应对土地的荒漠化问题，建立自我循环的陆地水土生态系统。

生物多样性丧失所带来的灾难性后果绝不是某一国、某一地区的灾难，而是全人类的灾难，保护生物多样性需要全人类共同参与、共同行动，世界各国应该从本国实际出发，切实加深对生物多样性的认识，只有尊重自然，保护生态环境，并制定和推行切实有效的保护生物多样性的公共政策，才能实现人与自然互惠共存。

随着各国政府积极践行《生物多样性公约》，制定短期、中期和长期目标相结合的生物多样性保护策略，并根据实际保护工作中出现的问题不断调整和完善，我们已经取得有目共睹的成绩。在未来的具体实践中，我们还要加强保护区监管力度，积极宣传生物多样性保护知识，通过寓教于乐的手段提高民众意识，推动生物多样性保护的可持续发展。

（二）生物多样性保护途径

关于生物多样性的保护有着不同的观点。一是以物种保护为中心；二是以生态系统保护为中心，同时关注物种和种群结构等方面；三是以景观保护为中心，关注景观系统。三种观点对生物多样性的保护分别对应三种空间模式。以物种为中心的保护强调濒危物种本身的保护，以生态系统为中心的保护强调自然栖息地的整体保护，而以景观为中心的保护强调通过识别关键性的景观局部和空间联系，利用物种自身对空间的探索和侵占能力来保护生物多样性。

目前，生物多样性的保护途径主要有就地保护（*in situ* conservation）与迁地保护（*ex situ* conservation）。就地保护是指通过立法，以保护区和国家公园的形式，将有价值的自然生态系统和珍稀濒危野生动植物集中分布的天然栖息地保护起来，限制人类活动的影响，确保保护区内生态系统及其物种的演化和繁衍，维持系统内的物质循环和能量流动等生态过程。就地保护是保护生物多样性的最有效途径。迁地保护是指在不影响生物物种种群及其自然栖息地的情况下，将濒危物种或者具有重要经济、科研、文化价值的物种迁移到人工环境中或易地实施保护。迁地保护对扩大物种种群数量、拯救濒危物种、保存物种遗传基因起着重要作用。具体实践中，一般采取就地保护为主、迁地保护为辅的结合形式，其最大特点在于能够促进物种在保护地稳定地进化与繁衍，并适应多变的环境条件。

除了就地保护和迁地保护等传统措施外，一些新理念和新方法也开始用于生物多样性的保护。例如，人们认识到维持生物多样性必须考虑其生态系统和生境的整体性。景观生态学的发展为生物多样性的保护提供了新的途径，即以景观生态元素为中心的途径，通过保护各种尺度下的景观多样性，进而保护生物多样性。众多学者先后提出了景观稳定性途径、生态安全格局途径、焦点物种途径、绿色廊道途径、地理学保护方法（Geographic Approach to Protect，GAP）分析途径等一系列保护途径。这些途径的主要差别在于区域尺度与主要关注要素两方面。就区域尺度而言，焦点物种和 GAP 分析途径主要涉及地区或保护区的生物多样性保护，其中 GAP 分析途径更强调自然保护区内的物种保护；绿色廊道途径较适于城市、乡村及城乡尺度范围下的生物多样性保护，而景观稳定性和生态安全格局途径的尺度范围更大，对于大区域尺度下的生物多样性保护更为合适。从关注要素来看，焦点物种、景观稳定性与GAP 分析途径更多地关注区域内的自然要素，如生物及生境，通过对生物及生境特征的相应分析进行生物多样性保护；绿色廊道途径更多强调对景观要素的关注，通过廊道的建设来减少景观破碎化对生物多样性的影响，从而达到生物多样性保护的目的；生态安全格局途径强调通过对土地利用方式及空间布局的研究进行生物多样性保护。上述途径从不同视角提出了在景观层面进行生物多样性保护的方法。每一种方法都有其各自的优缺点，所以在进行生物多样性保护方法选择时，可有针对性地选择一种途径，也可以将多种途径相结合进行综合考虑。

在新一代信息技术革命背景下，人工智能、大数据等现代科技为生物多样性保护带来了新机遇。科技的进步，为生物多样性的保护带来的不仅是便利高效的手段，更带来了保护理念的与时俱进，促进了生物资源的保护、可持续开发利用，也促进人与自然和谐共生。

拓展阅读

遥感技术在生物多样性保护工作中的应用

生物多样性监测，传统方法以地面调查方法为主，重点关注物种或样地水平，但无法满足景观尺度、区域尺度以及全球尺度的生物多样性保护和评估需求。遥感（remote sensing）技术作为获取生物多样性信息的另一种手段，近年来在生物多样性领域发展迅速，能够获取样地—景观—区域—洲际—全球尺度的生物多样性信息，在大尺度生物多样性监测和制图以及预测区域生物多样性变化等方面具有极大优势。随着传感器发展和多源数据融合技术的完善，遥感技术能更好地从多个尺度服务于生物多样性保护和评估。

三、中国生物多样性的特点及保护

（一）中国生物多样性的特点

中国幅员辽阔，复杂的地理条件和气候因素造就了多样化的生态系统类型，孕育了极其丰富的生物多样性，是多种生物的起源中心，也是全球 12 个多样性特丰国家之一。中国生物多样性具有以下特点：

（1）物种丰富。中国物种资源十分丰富，据中国生物多样性国情研究数据，中国有高等植物 3 万余种，占世界总数的 10% 左右，仅次于巴西和哥伦比亚，居世界第三位[7]。其中裸子植物有 291 种，居世界首位，被誉为"裸子植物故乡"。中国有脊椎动物 8000 余种，居世界前列，占世界总数的 13.7%[8]。中国哺乳动物种数 693 种，为世界第一[9]；鸟类 1445 种[10]，也是世界鸟类丰富的国家之一。中国菌物多样性也十分丰富，估计超过 30 万种，目前我国已发现的菌物达 1 万余种，另外还分布有地衣约 3000 种[11]。

（2）特有的属、种繁多。中国生物物种的特有性高。已知脊椎动物有 667 个特有种，占中国脊椎动物总种数的 10.5%。种子植物有 5 个特有科，247 个特有属，1.73 万种以上的特有种，占中国高等植物总种数的 57% 以上，如鹅掌楸、福建柏、油杉、红豆杉、山茶、梅花、月季、栀子、南天竹、牡丹、芍药、蜡梅等。

（3）区系起源古老。由于中生代末期中国大部分地区已上升为陆地，在第四纪冰期又未遭受大陆冰川的影响，中国许多地区都不同程度地保留了白垩纪、第三纪的古老残遗，从而使中国的动植物区系具有独特的格局。如松杉类世界现存 7 个科中，中国有 6 个科。动物中大熊猫

（*Ailuropoda melanoleuca*）、白鱀豚（*Delphinus capensis*）、扬子鳄（*Alligator sinensis*）、金丝猴（*Rhinopithecus roxellanae*）、中华鲟（*Acipenser sinensis*），植物中的银杉（*Cathaya argyrophylla*）、珙桐（*Davidia involucrata*）、银杏（*Cathaya argyrophylla*）、水杉（*Metasequoia glyptostroboides*）、金花茶（*Camellia petelotii*）等都是古老孑遗物种，被誉为活化石。

（4）栽培植物、家养动物及其野生亲缘的种质资源丰富。中国是世界文明古国之一，植物栽培和畜牧业历史悠久，中国人开发利用和培育繁殖了大量栽培植物和家养动物。这些栽培植物和家养动物不仅许多源于中国，而且在中国至今还保有它们的大量野生原型及近缘种。中国是世界上饲养动物品种和类群最丰富的国家，共有 1938 个品种和类群。中国有 600 多种栽培作物，其中有 237 种源于中国，如原产中国的水稻和大豆，品种分别达 5 万个和 2 万个。中国境内已知的经济树种就有1000 种以上。中国的栽培和野生果树种类总数居世界第一位，其中许多主要源于中国或中国是其分布中心。除种类繁多的苹果、梨、李属外，原产中国的还有柿、猕猴桃、荔枝、龙眼、枇杷、杨梅和多种柑橘类果树等。中国有药用植物 11000 多种，牧草 4200 多种，原产中国的重要观赏花卉 2200 多种。这些优良的种和品种都是中国十分宝贵的基因资源。

（5）生态系统丰富多彩。中国不仅有森林、灌丛、草原、草甸、荒漠、流石滩、高山冻原等丰富多彩的陆生生态系统，而且海洋和淡水生态系统类型也很丰富。据初步统计，中国陆地生态系统类型有森林 212类，竹林 36 类，灌丛 113 类，草甸 77 类，沼泽 37 类，草原 55 类，荒漠52 类，高山冻原、垫状和流石滩植被 17 类，总共 599 类（淡水和海洋生态系统类型暂无统计资料）[12]。其中，中国森林面积约 208 万 km²，森林覆盖率达 21.6％，森林资源总量居世界前列。草原有 393 万 km^2，湿地面积达 53.6 万 km^2。复杂多样的生态环境使中国拥有大量特有的物种和野生珍稀物种。

（二）中国生物多样性的保护

中国虽具有高度丰富的物种多样性、生态系统多样性和景观多样性，但是也是生物多样性损失严重的国家之一。生物多样性是人类赖以生存和发展的基础，是生态文明的重要组成部分。生物多样性保护作为国家战略，关系到国家经济社会发展全局，关系到当代及人类未来福祉，对于建设生态文明和美丽中国具有重要意义。为推进全球生物多样性保护、促进人与自然和谐共生，中国在实施保护措施和生态系统修复方面作出了重要贡献。作为最早一批加入联合国《生物多样性公约》的国家，我国积极履行公约义务，率先成立了生物多样性保护国家委员会，统筹全国生物多样性保护工作。《中国生物多样性保护战略与行动计划（2011—2030 年）》和"联合国生物多样性十年中国行动方案"的发布与实施，将各地区生物多样性保护纳入各相关政府部门的计划中。目前，中国政府已实施了大规模的生物多样性保护行动、工程措施，制定了相应的政策与法规制度，如设立保护区、开展大型科普查考类研究、公布稀有动植物名单、完善生物多样性保护机构、加强宣传普及教育等，在社会各界的共同努力下，生物多样性保护逐渐趋于主流化，保护成效显著。

1. 就地保护

为加强生物多样性保护，我国加大自然保护地体系建设和大力推动生态保护红线划定和管理等自然保护创新模式。自 1956 年建立鼎湖山自然保护区以来，中国已经建成以自然保护区及国家公园为主体，风景名胜区、地质公园、森林公园、湿地公园、沙漠公园、海洋特别保护区、农业野生植物原生境保护点（区）、水产种质资源保护区（点）、自然保护小区等各级各类的自然保护地体系。保护地总数达1万多个，总面积占陆地国土面积的19％，超额完成联合国《生物多样性公约》设定的"爱知目标"（到2020年保护17％的土地面积）。"国家公园—自然保护区—自然公园"生物多样性就地保护网络体系，有效地保护了我国90％的陆地生态系统类型、85％的野生动物种群和65％的高等植物群落，以及全国20％的天然林、50.3％的天然湿地和近30％的重要地质遗迹，在保护生物多样性、保护自然遗产、改善生态环境质量和维护国家生态安全方面，发挥了重要作用。

2. 迁地保护

中国已建立195个植物园，收集保存了2.3万种高等植物，占总物种数的65％；建立了230多个动物园和250处野生动物拯救繁育基地；建立了以保护原种场为主、人工保存基因库为辅的畜禽遗传资源保种体系，对138个珍稀、濒危的畜禽品种实施了重点保护；加强了农作物种质资源收集保存库的设施建设，收集的农作物品种资源总数已近50万份；还在中国科学院昆明植物研究所建成了中国西南野生生物种质资源库，保存了1万多种野生生物种质资源[13]。

3. 政策与法规措施

在政策方面，中国已经确立了生物多样性保护的重要战略地位，完善了生物多样性保护相关政策、法规和制度，并推动生物多样性保护纳入国家、地方和部门相关规划，还加强了生物多样性保护能力建设，促进生物资源可持续开发利用，鼓励科研创新和知识产权保护，推进生物遗传资源及相关传统知识的惠益共享，提高应对气候变化、外来种入侵、有害病原体和转基因生物安全的能力，增强公众参与意识，加强国际交流与合作等。

在法规方面，从中央到地方，多层次、多部门法律法规的颁布和实施，对我国生物多样性的保护和管理具有重要的监督和规范作用。据粗略统计，目前我国已颁布实施的涉及生物多样性保护的法律共 20 多部、行政法规 40 多部、部门规章 50 多部。同时，各省（自治区、直辖市）也根据国家法规，结合当地实际，颁布了若干地方法规。云南省于 2018 年发布了《云南省生物多样性保护条例》，这是第一个省级层面的生物多样性保护专门法规，不仅规定了生物多样性保护和可持续利用措施，还第一次涉及了生物遗传资源获取与惠益分享的内容。目前全国实施的"山水林田湖草沙综合治理战略""长江大保护战略""生态保护红线"及"生态补偿"等战略措施都是生物多样性保护的重要途径。

此外，中国不仅积极加入各类国际自然保护组织公约，还重视加强生物多样性国际合作，通过"一带一路"等倡议与中国周边国家及广大发展中国家开展生物多样性保护协作，并进一步加强与联合国机构、国际组织以及非政府组织在生物多样性保护方面的合作。通过多边和双边合作项目，有效地推动了国际交流与合作。

近年来，在生物大数据时代背景下，中国积极推动生物多样性信息数据平台资源的建设、整合与共享。生物多样性大数据资源是国家重要的战略资源，促进了我国生物多样性资源保护和生态安全格局构建，保障国家生态安全，支撑了我国生物多样性交叉学科前沿领域科学发现和产业创新发展。

加强生物多样性保护，是提升生态系统服务功能、提高资源环境承载力、实现永续发展的有力保障；是维持生态平衡、改善环境质量，满足人民群众对良好生态环境期待的重要途径；是维护国家生态安全、加快推进生态文明建设的迫切要求。党中央、国务院高度重视生物多样性保护。建设生态文明，关系人民福祉，关系民族未来，必须树立尊重自然、顺应自然、保护自然的生态文明理念，要实施重大生态修复工程，增强生态产品生产能力，保护生物多样性。"绿水青山就是金山银山"已成为全国人民的共识。绿水青山的本质就是生物多样性，其内涵不仅包含了生态系统的多样性，也包含了构建生态系统的生物物种多样性，以及每个生物物种内蕴藏的基因多样性。生态系统的服务功能和物种及遗传基因的内在潜能将逐渐展现出巨大的经济价值、社会价值和文化价值，成为一座座"金山"和"银山"，为人类的福祉作出长远和持续的贡献。因此，保护了绿水青山就是保护了生物多样性。生物多样性是宝贵的自然财富，是人类社会赖以生存和发展的基石，是生态文明水平的重要标志，加强生物多样性保护与可持续利用，确保长期人类福祉和社会可持续发展，是每一个公民的责任和义务。

本讲小结

生物多样性是指地球上的生物、生物与环境所形成的生态复合体（生态系统）以及各种生态过程的总和。生物多样性包含了多层次的含义，如遗传多样性、物种多样性、生态系统多样性和景观多样性等。各层次间相互区别、相互依存、相互促进。

生物多样性是人类生存发展的基础和条件，是地球生命共同体的血脉和根基。生物多样性为人类提供了丰富多样的生产生活必需品、健康安全的生态环境和独特别致的景观文化。人口极速增长和工业化进程的推进给生物多样性带来了极大的危害，如栖息地丧失和碎片化、对资源的过度开发利用、气候变化、生物入侵以及环境污染等，从而导致物种减少，甚至部分物种处于灭绝的边缘，生物多样性面临严峻威胁。

　　加强生物多样性保护已经成为全世界的共识。生物多样性具有多层次的含义，其保护也要对应多个生物空间等级层次进行。保护生物多样性，最有效的形式是保护生态系统的多样性。目前主要有就地保护、迁地保护和划定生态保护红线等保护途径和措施。

　　生物多样性保护任重道远，生态文明思想是生物多样性保护理念变革的理论依据。我们应坚持人与自然和谐为核心的生态理念和以绿色为导向的生态发展观，按照山水林田湖草沙生命共同体理念，树立尊重自然、顺应自然、保护自然的生态文明理念，从多方面采取措施，推动共建地球生命共同体。

　　让我们像保护我们的眼睛和生命一样保护我们赖以生存的生物多样性吧！

（白洁）

【思考与行动】

　　1. 虽然每个物种都是独一无二的，但是人类倾向于认为自己比地球上其他物种都要聪明、高级，那么你认为人类能够主宰地球吗？

　　2. 为什么说良好生态环境是最普惠的民生福祉，绿水青山就是金山银山？

　　3. 为保护生物多样性你可以做什么？

参考文献

[1] 蒋志刚，马克平，韩兴国. 保护生物学 [M]. 杭州：浙江科学技术出版社，1997.

[2] 马克平，陈灵芝，杨晓杰. 生态系统多样性：概念、研究内容与进展 [C] // 中国科学院生物多样性委员会. 生物多样性研究进展——首届全国生物多样性保护与持续利用研讨会论文集. [出版地不详]：[出版者不详]，1994：

461—467.

[3] 何东进. 景观生态学 [M]. 2 版. 北京：中国林业出版社，2019.

[4] MARGULES C R，PRESSEY R L. Systematic conservation planning [J]. Nature，2000，405 (6783)：243—253.

[5] BARNOSKY A D，MATZKE N，TOMIYA S，et al. Has the Earth's sixth mass extinction already arrived? [J]. Nature，2011，471 (7336)：51—57.

[6] TUANMU M N，VIÑA A，WINKLER J A，et al. Climate－change impacts onunderstorey bamboo species and giant pandas in China's Qinling Mountains [J]. Nature Climate Change，2013，3 (3)：249—253.

[7] REN H，QIN H N，OUYANG Z Y，et al. Progress of implementation on the Global Strategy for Plant Conservation in (2011—2020) China [J]. Biological Conservation，2019，230：169—178.

[8] 王斌，蔡波，陈蔚涛，等. 中国脊椎动物 2020 年新增物种 [J]. 生物多样性，2021，29 (8)：1021—1025.

[9] 蒋志刚，刘少英，吴毅，等. 中国哺乳动物多样性 [J]. 生物多样性，2017，25 (8)：886—895.

[10] 郑光美. 中国鸟类分类与分布名录 [M]. 3 版. 北京：科学出版社，2017.

[11] 中国科学院生物多样性委员会. 中国生物物种名录：2022 年度版 [DB/OL]. (2022—05—26) [2022—07—31]. http://www.sp2000.org.cn/.

[12] 高吉喜，薛达元，马克平，等. 中国生物多样性国情研究 [M]. 北京：中国环境出版集团，2018.

[13] 任海，郭兆晖. 中国生物多样性保护的进展及展望 [J]. 生态科学，2021，40 (3)：247—252.

第四讲

遗传殖民化：生命世界无处不在的病毒

只要谈起病毒，可能就会有人觉得恐惧。2020 年，新冠病毒（SARS-CoV-2）肆虐全球，给世界带来巨大危害。截至 2022 年 5 月，全球感染总数已超过 5 亿人。但病毒真的那么可怕吗？感染病毒就一定会患病甚至丧命吗？事实上，在地球生态系统中，病毒无处不在，只要有生命的地方就存在病毒。比如在你的身体里，正居住着 380 万亿个各种各样的病毒，它们几乎遍布人体的每个角落，皮肤、呼吸道、血液和尿液甚至脑脊液均是病毒的安家之处[1]。听闻数量如此巨大的各种病毒驻扎在我们身体中，你是否很惊讶？这么多的病毒，我们怎么感觉不到？尤其是这些病毒为什么没有破坏我们的机体导致我们产生疾病？

第一节　病毒简史

一、艰难的历程——病毒发现史

由于大多数病毒很小，即使现在，如果不通过电子显微镜或特殊的仪器和技术，我们也发现不了新发未知病毒。那么在历史上病毒是怎样被发现的呢？

在我们的星球上，病毒伴随着生命的诞生而诞生。从有文字记载的历史开始，病毒和其他微生物引起的疾病一直困扰着人类。在埃及金字塔中的一些法老木乃伊脸上，人们发现了类似天花的麻点（图 4-1）。

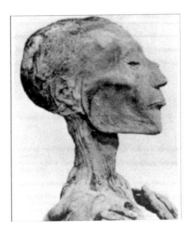

图 4-1　法老拉美西斯五世（Ramses V）的木乃伊[2]

（皮肤上可见类似天花的麻点）

同一时期墓穴上的一些图案显示当时某些人四肢消瘦，其表征很像由脊髓灰质炎病毒导致的小儿麻痹症[2]。在人类漫长的进化过程中，始终有种类繁多、数量巨大的微生物与人类相伴相生。人们虽然能感受到甚至能在生产生活中应用某些微生物，但是由于缺乏科学仪器和相应技术，人类根本无法识别微生物。1665 年，英国科学家罗伯特·胡克（Robert Hooke）制造出了复式光学显微镜，用来观察软木塞的小切片。此后不久，荷兰学者列文虎克（Leeuwen Hoek）第一次用自制显微镜观察到了微生物，他发现在死水潭、病人身上甚至他自己的嘴里，几乎每个地方都存在微生物。由于病毒颗粒太小了，以纳米尺度计量，而光学显微镜放大倍数有限，人们仅能在光学显微镜下观测到细菌等微生物，仍然观察不到病毒。正是因为光学显微镜仅能观察到细菌，当时人们不知道还存在比细菌更小的"病毒"，因而形成了传染病皆由细菌或其毒素引起的认知。近代微生物学的奠基人法国科学家路易斯·巴斯德（Louis Pasteur）和德国细菌学家罗伯特·科赫（Robert Koch）也由此提出了著名的细菌致病学说。该学说成了 19 世纪末至 20 世纪初的主流学说。

在 19 世纪下半叶的欧洲，人们发现种植的部分烟草叶片上经常存在浅绿色斑纹的病害，影响了烟叶的产量和质量。1886 年，在荷兰工作的德国农艺化学家阿道夫·迈尔（Adol Mayer）将烟草叶子上的这种疾病命名为"烟草花叶病"（tobacco mosaic disease）（图 4-2）。他把患病烟草叶片上的汁液注射到健康植株的叶脉中，结果健康的烟草也生病了，因此迈尔证明了这是一种传染病。由于深受巴斯德、科赫等的细菌致病学说影响，迈尔认为烟草花叶病是由细菌引起的，不过他始终没能从感病叶片中分离培养到致病菌，而且他使用当时最先进的光学显微镜也未观察到假想的致病菌。1892 年，俄国植物学家迪米特里·伊万诺夫斯基（Dimitri Ivanovsky）首先仔细地重复了迈尔的实验，然后他又用当时最先进的细菌滤器做实验，发现烟草花叶病"致病因子"居然能穿过当时各种细菌都无法通过的细菌滤器。他的这个实验及结果在病毒发现史上占有十分重要的地位，表明烟草花叶病的致病因子比任何一种细菌都小，致病因子应该不是细菌。但是很遗憾，伊万诺夫斯基也是细菌致病学说的盲从者，他认为之所以有这样的结果可能是滤器的质量存在问题或者致病因子是细菌分泌的毒素，并坚信烟草花叶病仍然是由细菌引起。1898 年，荷兰微生物学家贝杰林克（Beijerinck）也重复了这个实验，他认为引起烟草花叶病的致病因子是一种无法用普通显微镜看到，不能在人工细菌培养基上生长，却能通过最细小的滤膜并能在活的植物体组织中繁殖的有机体。他把这种有别于细菌的有机体称为"virus"，从而打破了人们普遍认为是真理的细菌致病学说。同时代也有研究者发现了狂犬病和口蹄疫并不是细菌导致的疾病，这些疾病的致病因子要比细菌小得多，研究者也将其称作"virus"。因为病毒能够在人体内活动，与细菌一样导致人患病，当时的科学家认为病毒也是一种生命。

图 4-2　患烟草花叶病的烟草叶片示意图

20 世纪初，科学家成功分离纯化了酶并使酶结晶，从而发现了酶的本质是蛋白质。那病毒会不会也是一种蛋白质呢？1935 年，美国生物化学家温德尔·斯坦利（Wendell Stanlcy）带着疑问，借助当时最先进的酶蛋白质结晶技术成功地分离得到烟草花叶病毒结晶［1946 年，斯坦利由于烟草花叶病毒结晶蛋白的研究与诺思罗普（J. H. Northrop）和萨姆纳（J. B. Sumner）一起荣获诺贝尔化学奖］，因此他指出"烟草花叶病毒是一种具有自我催化能力的蛋白质"，即病毒就是一种化学物质。这个病毒概念的提出又与当时人们对生命和物质的认识相冲突。1936 年，英国科学家鲍登和皮里证明烟草花叶病毒中除含有大量的蛋白质外，还含有少量的 RNA，虽然当时他们并不知道 RNA 就是病毒的遗传物质。1939 年，德国科学家考施（G. A. Kausche）第一次在电子显微镜下直接观察到了烟草花叶病毒的形态，这是一种直径 15nm、长 300nm 的长杆状颗粒（图 4-3）[3]。从此以后，人类直观地看到了多姿多彩的病毒世界。

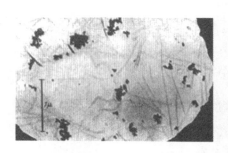

图 4-3　考施于 1939 年拍摄的烟草花叶病毒的电镜照片[3]

　　从远古到近代，人类经历了上万年，才认识到一些疾病是由微生物引起的。细菌致病学说的建立得益于近代科学的发展，该学说促进了当时医学等科学的发展，但同时也阻碍了病毒的发现。从最初判断烟草花叶病毒为能通过细菌滤器的病原体，到最终用电子显微镜看到该病原体的实体，科学家们花了 41 年时间。在研究烟草花叶病毒的过程中，很多科学家都做了很多工作。这些科学家对科学的态度都非常严肃认真，也获得了一些符合事实的、准确的、有价值的结论，但是他们的论文或报告中都存在着这样或那样的错误，实验结果都不全面，只观察到事物的某一方面或某些方面，因而没有一位科学家构建的病毒概念是完全正确的。在这一阶段，很多科学家的研究及其结论都对病毒概念的形成产生了严重的误导。从中我们可以感悟到科学不是绝对真理，人的认识是有局限性的，即使到了今天，我们对自然和宇宙的认识仍然还非常肤浅，正如我们对病毒的认识也还远远不够深入、全面。因此，在科学上，我们对权威和已有的学说不能盲从。如果我们把学术大家奉若神明，把已发表的论文当成真理推崇备至，则不利于我们对客观自然世界的正确认识，不利于科学的发展，甚至会阻碍科学的发展。

二、不完整的生命形式——病毒的结构

病毒个体非常微小，计量病毒大小的单位一般是纳米（nm），因此大多数病毒在光学显微镜下无法观察。按直径，过去一般将病毒分为三种类型[2]：大型病毒（如牛痘苗病毒），约 200～300 nm；中型病毒（如流感病毒），约 100 nm；小型病毒（如脊髓灰质炎病毒），仅 20～30 nm。进入 21 世纪，科学家相继发现了拟菌病毒（Mimiviruses）、潘多拉病毒（Pandoravirus salinus）等多种巨型病毒（Giant virus）[4]。这些病毒体积大，直径>300 nm，如潘多拉病毒长度达到 1 μm，直径达到 0.5 μm，其基因组达到 2.5 Mb（250 万个碱基对），已经超过了过去以大小区分病毒的标准，其体积和基因组大小甚至与很多原核和真核生物相当，可以通过光学显微镜观察到[5]。巨型病毒的发现再次颠覆了人类对病毒的认知。

病毒的形态多种多样，主要有：球形，如腺病毒；杆形，如烟草花叶病毒；蝌蚪形，如大部分噬菌体（图 4-4）。虽然病毒的形态多种多样，但最基本的结构一般是由内外两个部分组成：毒粒中心主要是由一个或多个核酸分子（DNA 或 RNA）组成的基因组，毒粒外面主要是蛋白质构成的衣壳，较复杂的病毒外边还有由脂质和糖蛋白构成的包膜。通俗地讲，核酸是病毒的“大脑”或病毒生命的“蓝图”，决定病毒生长、繁衍以及感染等生命活动的遗传信息都储存在其核酸长链中；而衣壳是病毒的皮肤或衣服，它起着保护病毒的作用，同时也决定着侵染宿主的特异性。在 20 世纪，科学家还发现了一类感染性蛋白质，人和动物感染了该类蛋白质后会引起某些疾病，如震惊世界的疯牛病，这类蛋白质常常被称为朊病毒（prion virus）。朊病毒仅仅是由蛋白质构成的感染性因子，虽然传染性强，但是其不含核酸，因此我们认为朊病毒不

是严格意义上的病毒。

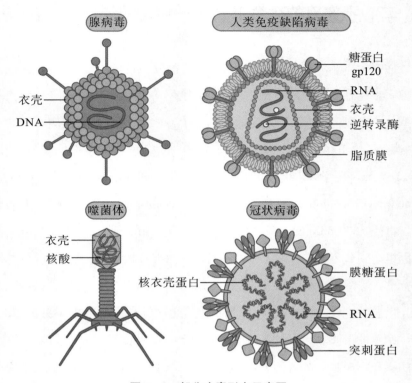

图 4—4　部分病毒形态示意图

　　根据核酸的组成和存在形式，病毒又可以分为以下几种：单链 DNA 病毒，如小 DNA 病毒；双链 DNA 病毒，如腺病毒、疱疹病毒、痘病毒；（＋）单链 RNA 病毒，如冠状病毒、披膜病毒；（－）单链 RNA 病毒，如正黏病毒、炮弹病毒；双链 RNA 病毒，如呼肠孤病毒；单链 RNA 逆转录病毒，如人类免疫缺陷病毒；双链 DNA 逆转录病毒，如乙肝病毒。此外，现已发现有些病毒在缺失了核酸和蛋白质两种成分之一后仍然具有病毒的某些功能，这些有结构缺陷的病毒被称为亚病毒，主要有类病毒、卫星病毒和朊病毒等[2]。

　　从上述病毒的一般结构可知，简单地说，病毒就是由蛋白质包裹

DNA/RNA核酸分子而构成的颗粒。该颗粒没有细胞结构，不存在细胞中代谢和生存所需的细胞器，尤其是缺少蛋白质合成机器——核糖体，不能够独立合成蛋白质。我们知道细胞是生命的基本单位，故很多科学家认为病毒不属于生命。但如果我们把生命看作是遗传信息的表现形式，那么病毒的形态结构以及生命活动均由病毒储存的遗传信息决定，从这个角度看病毒也应该属于生命，是一种非细胞形态的生命形式。

三、遗传殖民化——病毒的生活史

病毒没有自己的新陈代谢机器，只能寄生在宿主细胞内，一旦离开宿主细胞，就无法进行生命活动，也不能独立自我繁殖。但病毒非常聪明，当它进入宿主细胞后，马上把自己的蓝图（核酸）提供给宿主，让宿主细胞按照蓝图——病毒核酸所储存的遗传信息，利用宿主细胞的各种细胞器和各种资源、生化原料来生产病毒的核酸分子和蛋白外壳，最后组装产生和入侵病毒一样的新一代病毒。新病毒从原宿主细胞中释放，继续感染下一个宿主，从而开始一个新的生命周期。

让我们来看看冠状病毒的生活史。冠状病毒借助包膜上的刺突糖蛋白（spike protein）识别并结合宿主细胞表面受体，介导病毒包膜与细胞膜融合，融合后将病毒的蓝图即核酸注入细胞内。冠状病毒的核酸为正链单链RNA，被感染的宿主细胞会以病毒基因组RNA为翻译模板，表达出病毒RNA聚合酶，再利用这个酶完成负链亚基因组RNA（sub-genomic RNA）的转录合成、各种结构蛋白mRNA的合成以及病毒基因组RNA的复制。结构蛋白和基因组RNA复制完成后，将在宿主细胞内质网处装配生成新的冠状病毒颗粒，并通过高尔基体分泌至细胞外，完成其生命周期（图4-5）。从这个过程可知，在侵染细胞过后，病毒仅仅提供了一份病毒的蓝图，然后指挥宿主细胞完成病毒遗传信息的复制、转录、翻译、蛋白的修饰、病毒颗粒的包装、分泌等一系列任务。这个过程就是典型的遗传殖民化（genetic colonization）。

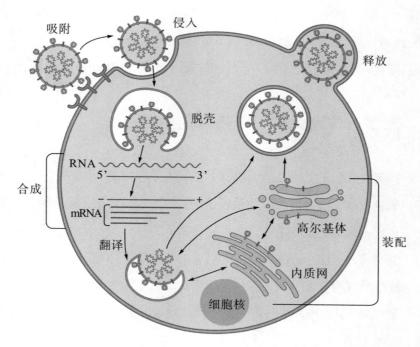

图4-5 冠状病毒的生活史

由于冠状病毒的核酸是正链 RNA，侵入细胞后，RNA 分子之间常常发生重组，导致 RNA 序列发生变化，即病毒的蓝图被修改了。蓝图被修改后导致编码蛋白的氨基酸序列发生改变，氨基酸序列改变可导致蛋白抗原性发生改变，而抗原性发生改变的结果是原有疫苗失效，免疫失败。面对抗原性发生改变的病毒，必须开发新的疫苗。如果病毒变异速度过快，那么相应的疫苗开发就很困难。

有些病毒感染了宿主，例如人类免疫缺陷病毒（艾滋病病毒），会把自己的蓝图嵌入宿主基因组中，然后依据病毒蓝图指挥宿主细胞完成病毒的复制（图 4-6）。

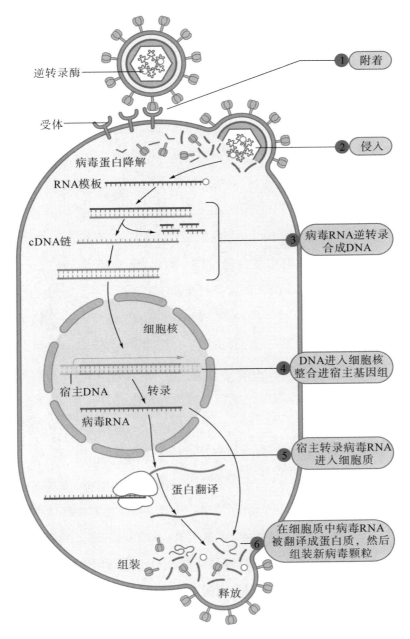

图 4-6　逆转录病毒的生活史

一旦病毒基因整合进宿主基因组，即会导致宿主基因组一定程度的变异。如果病毒核酸序列不小心插入宿主基因组的错误的地方，就有可能引起某些宿主基因异常表达或某些宿主基因的突变，最终促使宿主细胞癌变。其中，有些病毒基因会成为宿主基因组的一部分，在长期进化过程中被保留下来。我们人类基因组中有大约8%的序列源于病毒。这些病毒相关序列是在人类漫长的进化过程中，病毒感染人体后与人类基因组长期磨合而留存。这些序列中的大部分曾被认为是基因组中的垃圾序列，但现在越来越多的研究显示，这些序列参与了人体内重要的生物学功能，还与某些疾病如肿瘤的发生息息相关。在这8%的序列所编码的基因里，最有名的例子就是胎盘形成的关键基因——合胞素（syncytin）基因，它原本就是病毒的包膜（env）基因。不仅是人类，所有哺乳动物都含有合胞素基因。可能在亿万年前，哺乳动物的祖先被病毒感染，从而获得了最早的合胞素蛋白基因，进化产生了最早的胎盘。该基因在胎盘外层细胞中表达产生合胞素，合胞素能让细胞黏着在一起，从而让分子在细胞之间顺畅地流通，这样胚胎就可以从母亲血液中吸收营养。该基因异常表达可导致宫内发育迟缓、病理性胚胎、肿瘤和多发性硬化症等疾病[4]。此外，自然界中很多基因也借助了病毒在不同生物间的侵染，搭乘病毒这个便车来传播扩散自己（图4-7），以便更充分地在生命世界表达，实现基因的自我价值，比如抗生素的抗性基因可以借助噬菌体在不同细菌间传递，使细菌由抗生素敏感菌型转变成抗性型[6]，从而实现了抗生素抗性基因的自我价值，因此病毒也是基因在生物之间横向传递的重要载体。科学家也正是利用了病毒的这一特点，把某些病毒改造成转基因技术的重要载体工具。如果我们将视野放在整个地球生命世界，放在几十亿年的生命演化史中，那么病毒的传播促进了基因在生物之间的交流，使宿主获得了新的基因、新的性状和新的功能，因而病毒的传播也推动了生命的进化！

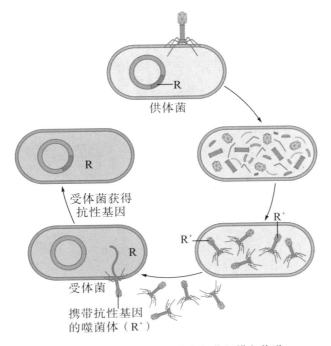

供体菌

受体菌获得
抗性基因

受体菌

携带抗性基因
的噬菌体（R⁺）

图 4-7　基因通过噬菌体在细菌间横向传递

第二节　病毒的利与弊

一、病毒在生态系统中的作用

　　由于一般病毒颗粒小，光学显微镜不能观察（巨型病毒除外），加之病毒又属于细胞内寄生，离开细胞不能培养繁殖，因此以前发现的病毒相对较少，一般都是通过疾病才发现的，比如新型冠状病毒（SARS-CoV-2）就是通过该病毒引起的特殊肺炎病症而发现。随着现代分子生物学技术和手段的应用，尤其是宏基因组学的应用，发现的病毒种类和数量已大大突破了人们的传统认知。目前，人们发现地球生态系统中存在海量的病毒。据估计，仅仅在海洋中就存在 10^{30} 数量级的病毒，每一升海水里有 1000 亿数量级的病毒[7]；每平方米的大气层里有八亿个病毒，在大气层的边缘，每天沉降的病毒为 $0.26 \times 10^9 \sim 7 \times 10^9$ 个/m^2 [8]。我们机体内也存在海量的病毒，在你的身体里，正居住着 380 万亿个各种各样的病毒，其数量是细菌的 10 倍，许多噬菌体能穿过人的肠道、肺部、肝脏、肾脏甚至脑部的黏膜，最后找到适宜的定居位点，它们几乎遍布人体的每个角落，皮肤、呼吸道、血液和尿液甚至脑脊液均是病毒的安家之处[1]（图 4-8）。

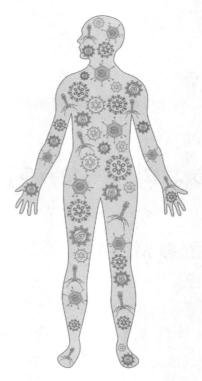

图 4-8 人体中的病毒

最近，特雷弗·劳莱（Trevor Lawley）等通过全球 28060 个人的肠道宏基因组和 2898 个培养的人类肠道细菌基因组，建立了一个含 142809 种噬菌体的肠道噬菌体数据库（GPD），其中一半以上是新发现病毒[9]。从低等到高等，从原核到真核，从细菌到真菌，从植物到动物，不管任何生物，细胞内外均存在病毒的身影。如果单从遗传信息的数量来估算，病毒遗传物质的数量位居我们这个星球之冠。

拓 展阅读

宏基因组

宏基因组［metagenome，也称微生物环境基因组（microbial environmental genome）］，指环境中全部微小生物（病毒、细菌、真菌以及其他微生物）基因组的总和，尤其是包括了未知的和不可培养的微生物基因。宏基因组学（metagenomics）是以环境中宏基因组为对象，以功能基因筛选和/或测序分析为研究手段，研究微生物多样性、种群结构、进化关系、功能活性、相互协作关系及与环境之间关系的一门科学。宏基因组研究使人们摆脱了物种界限，可以揭示地球生态系统中更高、更复杂层次的生命运动规律。

生态系统中存在着海量的病毒，那么病毒的作用是什么？是生态系统的破坏者还是建设者？根据目前的研究，自然界中海量的病毒具有广泛的生物多样性，在所有生态尺度上都自然地嵌入全球生态系统中。病毒与宿主相互作用、相互影响，共同作用于地球生态系统。病毒可导致宿主个体行为的改变，从而影响繁殖力；也可通过改变宿主的出生率和死亡率直接影响宿主种群数量，从而抑制宿主种群，防止物种过度开发环境，进而稳定食物链结构；还能利用捕食者—猎物相互作用（如超捕食）和种间竞争，抑制捕食者种群并阻止他们过度猎杀猎物，从而防止猎物局部灭绝。这些都会对宿主群落结构产生影响，最终影响生态系统的恢复力和功能，同时宿主的生态状况也能反过来影响病毒丰富度和多样性（图 4-9）。

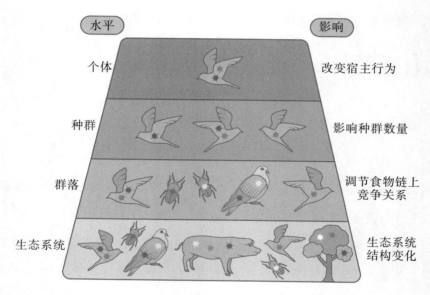

图 4-9　病毒影响生态系统的可能方式[10]

19 世纪 90 年代，坦桑尼亚牛瘟大流行导致了角马和水牛数量减少，未被食草动物消耗的牧草增加，繁茂的牧草经常导致大火，火灾抑制了树木的生长，结果使某些森林生态系统转变成了稳定的草原生态系统。20 世纪 60 年代，当通过接种疫苗根除牛瘟后，角马数量不断增加，火灾不断减少，草原生态系统又逐步恢复到原来的森林生态系统[10]。这个例子很好地说明了病毒如何对整个生态系统产生重大影响。此外，病毒在生态系统的物质循环和能量流动中也起着关键作用，尤其在全球生物地球化学循环，特别是碳循环中功不可没。因此，具有多样性的海量天然病毒在保持生态系统平衡和健康方面起着十分重要的作用。

　　一般都认为病毒会给宿主物种造成重大疾病，特别是某些病毒经跨物种传播（宿主跳跃）之后，常常给新的宿主以毁灭性伤害。然而宏基因组研究表明，与海量的病毒数目相比，导致宿主明显患病的病毒数量却非常少，很多病毒对宿主无害甚至有益。因此在看待病毒时，我们不能习惯性地把病毒仅仅作为病原体来看待，而应该把病毒看成是生命世界不可或缺的元素，是地球生态系统的重要组成部分。只有这样，才有助于人类在致病病毒的起源、演化和患者的治疗等方面获取更全面的认知。

二、协同进化中的互惠与斗争——病毒与疾病

　　宿主细胞是病毒的栖息地，那病毒为什么要破坏栖息地导致宿主产生疾病呢？从前面的介绍可知，病毒也是一种生命形式，其存在的目的就是实现其基因的价值，因而会进行基因的表达，会进行自身的繁衍。但病毒没有细胞结构，没办法独立实现自我价值，只能依赖宿主。宿主细胞是病毒的家园，是病毒生存和实现自我价值的依靠。病毒侵染宿主后，与宿主的关系是一对矛盾，两者相互作用，相互影响，互惠而斗争，并协同进化。如果病毒在每一个宿主细胞内都大量繁殖，过度掠夺宿主细胞资源，只顾自我价值的实现，其结果是宿主物种和该病毒均会消亡。因此从自身利益出发，病毒对宿主一般不会产生强烈的破坏性作用，这种病毒是温和的（温和性病毒）。当基因突变或宿主衰弱时，病毒为了生存和实现自身基因的价值而大量繁衍，从而转变成烈性病毒，这时则导致宿主产生疾病。病毒的基因组在不断变异进化，温和与烈性

是可以相互转化的，因此病毒致病强弱也是随着病毒的演化而变化的。另外，有些病毒与宿主本是和平共生的关系，但是在跨物种传播（宿主跳跃）之后，与新宿主关系可能不够协调，就会导致严重疾病，例如严重急性呼吸综合征、中东呼吸综合征等。另外我们也应该知道，导致宿主产生疾病还与个体免疫功能相关。无论是原核生物还是真核生物，宿主一般都有对抗病毒入侵和繁衍的免疫系统。免疫系统就相当于一个国家的国家机器，即国家的军队、警察和监狱等。免疫系统强，就能控制或消灭入侵的病毒或者体内突变的肿瘤细胞；免疫系统弱，则控制不了病毒，任由病毒泛滥从而产生了疾病。因此，我们必须拥有强壮的身体，以健康的体魄、客观的认识、积极的心态去面对病毒。

根据是否危害宿主，我们可以把病毒分成三类：一类是对宿主有害，导致宿主患病，如乙肝病毒、人类免疫缺陷病毒、SARS 病毒等；第二类是对宿主无害，绝大多数病毒属于此类，如在大多数人口腔里存在的罗斯洛韦病毒（Roseoloviruses）以及体内的噬菌体（crAssphage），这些病毒安静地生活在体内，可能与人类共存了数百万年了，至今也没发现它们和某种疾病有关；第三类是对宿主有利，如多分 DNA 病毒（Polydna-virus，PDV），这种病毒共生在膜翅目姬蜂科和茧蜂科寄生蜂体内，黄蜂就是其受益者之一。黄蜂常常利用病毒浓缩液使得毛毛虫乖乖地成为蜂卵的"育儿床"，若没有 PDV 的帮助，寄生蜂的卵就不能存活。再比如 C 亚型的 GB 病毒（GBV-C），它感染人类后不仅不会让人产生疾病，反而能帮助感染者抵抗其他病毒的感染，例如人类免疫缺陷病毒阳性患者感染 GBV-C 后寿命显著延长[2,4,11]。

由于病毒对宿主细胞是一种寄生关系，属于遗传殖民化，其基因结构特征与宿主细胞相同，其基因表达过程也是借助宿主体内的细胞机器而实现的，这样就难以筛选到病毒特异性靶点的药物，因此针对病毒性疾病，一般很难通过药物治愈，如艾滋病、乙肝等。我们正常的机体都具有较强的免疫系统，能够抵抗一般的病毒入侵，故对于很多病毒性疾病，机体均能自愈。

三、趋利避害——病毒服务于人类

地球上海量的病毒应是今后人类开发不尽的资源。由于绝大多数病毒并不会让人患病，仅有少数病毒会威胁我们的健康，因此，我们必须正确认识生命世界的病毒，趋利避害，利用有益病毒为人类服务，抑制或控制致病病毒，保护人类和畜禽健康，维持生态系统的稳定。

目前，在医药、农业、食品、环境以及生命科学基础研究的某些领域，病毒均得到了很好的开发利用。下面是部分应用的例子。

1. 噬菌体可以作为防治某些疾病的特效药

当前由于抗生素的滥用，细菌耐药性日益严重。据"联合国抗生素耐药性特设机构间协调小组"发布的报告，全球每年至少有 70 万人死于耐药菌感染。美国疾病控制和预防中心（CDC）的数据显示，在美国至少有 23000 人死于抗生素耐药菌的感染，欧洲约有 33000 人死于耐药菌的感染。预计到 2030 年，致病菌的抗生素耐药性可能迫使多达 2400 万人陷入极端贫困，到 2050 年，耐药菌感染每年可能造成 1000 万人死亡，对经济的破坏可能与 2008—2009 年的全球金融危机相当[12]。

1917 年迪惠尔（D. Herelle）和沃特（Twort）首次报道发现噬菌体后，人们就希望通过噬菌体治疗细菌感染，但随着抗生素的应用，噬菌体疗法逐渐被人们遗忘和放弃。近年来，由于耐药菌的不断衍生导致抗生素越来越无法有效治疗细菌感染，抗生素治疗耐药菌疾病的医疗成本增高，死亡率不断攀升，噬菌体疗法又重新引起人们重视。早在

1958 年，上海的一名钢铁工人邱财康不幸被严重烧伤，感染了铜绿假单胞菌，在他生命垂危之际，我国微生物学奠基人之一余㵾教授利用噬菌体成功挽救了邱财康的生命[13]。2014 年，美国国立卫生研究院（NIH）认可了噬菌体可作为抵抗耐药菌的手段之一。2016 年，加利福尼亚大学圣迭戈分校医学院的精神病学教授汤姆·帕特森（Tom Patterson）因感染超级细菌鲍曼不动杆菌（Acinetobacter baumannii）而出现多器官衰竭，他的妻子斯蒂芬妮·斯特拉思迪（Stefanie Strathdee）是加州大学圣迭戈全球健康研究所所长兼传染病流行病专家，她遍寻各种治疗方法，尝试了几乎所有的抗生素均无效，绝望中她想到了用细菌的"天敌"——噬菌体来治疗。最终她利用美国军方从污水等环境中分离的一些噬菌体成功挽救了帕特森教授的生命[1]。2019 年，戴德里克（Dedrick）等报道了一名肺移植并患有多种疾病的 15 岁女孩感染了罕见结核分枝杆菌后，在多种手段治疗效果均不佳的情况下，接受了噬菌体疗法。采用基因工程改造后的噬菌体定向地消灭了感染她的细菌，将她从死神面前拉了回来[14]。2020 年 9 月 2 日，上海市公共卫生临床中心在国内率先成立超级细菌治疗科，希望通过噬菌体有效对抗耐药细菌感染。这个科室在此之前即已在临床上治疗了近三十位超级细菌感染患者。

2. 噬菌体在畜禽及水产养殖中的应用

与人类疾病的防治类似，噬菌体同样可以用于畜禽及鱼虾的细菌感染性疾病的治疗、诊断和预防。2006 年，美国食品药品监督管理局（FDA）批准了针对产气荚膜梭菌的噬菌体制剂，以消除养殖禽类的细菌感染。由于动物用噬菌体治疗制剂应用的准入门槛较人用制剂低，动物用噬菌体治疗制剂研制所承担的风险更小、成本更低，因而研制动物用噬菌体制剂具有广阔的应用前景[13]。

沙门氏菌、产气荚膜梭菌、大肠杆菌、金黄色葡萄球菌、链球菌、李斯特菌等均是畜禽中重要的感染性病原体。这些病原体引起的畜禽感染性疾病的死亡率很高，严重影响畜禽生产。在鱼虾的水产养殖中，假单胞菌、杀鲑气单胞菌、嗜水产气单胞菌、发光弧菌、哈维弧菌、爱德华菌、嗜冷水螺菌常常是鱼虾的重要病原体，对水产养殖危害很大。为保证畜禽及水产品的产量，人们往往使用大量的抗生素，这些抗生素带来的耐药性扩散以及抗生素残留严重危害着人类健康。因此，使用噬菌体来防治畜禽和鱼虾的细菌感染性疾病是一个值得开拓的领域[13]。

3. 利用病毒开发绿色生物农药

草原毛虫是青藏高原上草原的主要牧草害虫。四川大学生命科学学院刘世贵教授课题组在 20 世纪 80 年代开发的核型多角体病毒杀虫剂，对草原毛虫具有良好的防治效果，在川西北草原得到了大面积推广应用，产生了巨大的社会经济和生态效益[15]。植物病害很多是由细菌引起的，噬菌体对于植物根际和叶际病原菌具有很好的防控潜力。2005 年，美国即批准了噬菌体制剂用于控制黄单胞菌和丁香假单胞菌引起的番茄和胡椒的斑点溃烂病[16]。利用噬菌体开发控制农作物细菌病害的生物农药具有广阔的应用前景。

4. 病毒还可作为基因治疗的载体

腺相关病毒（Adeno－Associated Virus，AAV）具有安全性好、宿主范围广、免疫原性低、可同时感染分裂期与非分裂期细胞、携带的治疗基因可在宿主细胞内长期表达等优点，近年成为基因治疗载体研究的热点，部分以 AAV 为载体的基因治疗研究已进入临床试验阶段和临床治疗阶段[17]。

5. 病毒可以作为精确制导药物的载体

早在 20 世纪 50 年代，美国国立癌症研究所就采用不同血清型的野生型病毒治疗宫颈癌，半数病人肿瘤被抑制，而且没有发现明显毒性。现在我们可以通过基因工程将某些病毒改造成具有肿瘤靶向性的溶瘤病毒。溶瘤病毒是一种具有抗肿瘤药物的靶向性载体作用的病毒，可以选择性地在肿瘤细胞中进行感染和复制，最终裂解肿瘤细胞并释放。释放的病毒可以感染更多的肿瘤细胞而不伤及其他正常细胞。目前已有溶瘤病毒进入临床试验[18]。

6. 利用植物病毒和昆虫病毒生产蛋白药物

因为植物病毒和昆虫病毒不会侵染哺乳动物细胞，因此可以将植物病毒和昆虫病毒改造为表达外源蛋白的载体，将植物和昆虫作为生物反应器大量生产安全性的蛋白药物和疫苗。目前，利用植物生产的新型冠状病毒疫苗（COVIFENZ©）已实现商业化生产，该疫苗是世界首个治疗性的蛋白药物。利用植物生产的流感病毒疫苗也已完成了 3 期临床试验[19]。在昆虫病毒方面，杆状病毒 DNA 已被成功改造为外源蛋白的表达载体，商业化的杆状病毒载体 Ac－Bacmid（源于苜蓿丫纹夜蛾核型多角体病毒基因组）和 Bm－Bacmid（源于家蚕核型多角体病毒基因组）现已被广泛应用于目标蛋白的生产[20]。

7. 病毒在发酵及食品加工业中的应用

在发酵工业中，细菌污染常导致发酵失败，给企业造成严重损失。使用噬菌体控制发酵过程中的污染，早已在发酵工业中成功应用。食品变质主要是由微生物繁殖引起，因此微生物病毒在食品保鲜方面可以发挥独特的优势。食源性感染是公共卫生健康的主要威胁。世界卫生组织（WHO）报告每年死于食物污染和水源性腹泻者约 200 万人。食源性疾病导致美国每年约 100 亿~830 亿美元的经济损失。噬菌体制剂可用于控制食品中的细菌生长，使得食品得以保鲜，并控制食源性疾病的发生[13]。目前，美国 FDA 已经批准了相关噬菌体制剂可以作为食品储存添加剂使用，国外一些食品加工企业（如水果、蔬菜、鱼、肉类等）也开始通过生物防控即利用噬菌体来控制整个食品生产过程中发生在不同阶段的相关细菌污染[21]。

8. 病毒在生命科学基础研究中的应用

仙台病毒含有细胞表面受体的结合位点，可以促使不同细胞凝聚和相互融合，因而可以作为细胞融合的助融剂，被广泛用于培育杂种细胞。近年在植物分子生物学研究领域，开发了一种病毒诱导的基因沉默（Virus-induced gene silencing，VIGS）技术，可以利用病毒载体进行未知基因的功能鉴定，现已被广泛应用于植物抗病抗逆、生长发育以及代谢调控等生理途径相关基因的功能鉴定[22]。

拓 展阅读

2022 年 2 月 24 日，生物制药公司 Medicago 和葛兰素史克（GSK）宣布，加拿大卫生部批准了其生产的新型冠状病毒疫苗（商品名为 COVIFENZ®），该疫苗是世界上首个获批的植物源人体疫苗。COVIFENZ® 通过模式植物本生烟生产，抗原为刺突蛋白组成的病毒样颗粒，与 GSK 的大流行佐剂共同使用。该疫苗通过两次肌肉注射进行接种，间隔 21 天，单次免疫剂量为 3.75 μg。疫苗贮存条件为 2~8℃。COVIFENZ® 抗原将在加拿大和美国的北卡罗来纳州进行生产。

在全面了解病毒后，我们似乎听到了病毒的呐喊——人们一般只看到病毒消极的一面，没有看到积极的一面，而积极的一面才是病毒在生态系统中的主流。病毒生活在我们体内，就好像我们生活在这个星球上一样。在人类发展过程中，有时我们也可能不自觉地破坏地球环境，但是我们也在觉醒，为了人类自身的未来，我们会自觉主动地保护地球环境。我们离不开地球环境，病毒也离不开我们的机体。愿我们与病毒相生相伴，相互促进，共同推动地球生命系统向着更协调、更美好的未来演化。

本讲小结

1. 病毒是由蛋白质包裹 DNA/RNA 核酸分子构成的颗粒，个体体积非常微小，一般光学显微镜不能观察。

2. 生命世界存在海量的病毒，但导致人类患病的病毒种类极少。

3. 病毒是生命世界不可或缺的元素，是地球生态系统的重要组成部分。

4. 地球上海量的病毒是今后人类开发不尽的战略资源。

5. 我们必须正确认识生命世界的病毒，趋利避害，利用有益病毒为人类服务，抑制或控制致病病毒，保护人类和畜禽健康，保护生态系统的稳定。

（赵云）

【思考与行动】

1. 从病毒的发现史中，我们可以得到什么启迪？

2. 列举出一些由病毒导致的人类、动物和植物常见疾病及其危害。

3. 在一个生态系统中，有一种病毒会引起一种野生动物患病，常年导致该物种具有一定的死亡率。有野生动物保护组织为了保护该野生动物，正在想办法根除野生动物疾病以减少动物的痛苦并降低其死亡率。你是否同意他们的做法？请说出自己的观点。

参考文献

[1] PRIDE D. The viruses inside you [J]. Scientific American, 2020, 323 (6): 46-53.

[2] TAYLOR M W. Viruses and man: a history of interactions [M]. Berlin: Springer International Publishing, 2014.

[3] 周程. 病毒是什么? ——人类发现首个病毒的过程考察 [J]. 工程研究——跨学科视野中的工程, 2020, 12 (1): 92-112.

[4] WITZANY G. Viruses: essential agents of life [M]. Dordrecht: Springer, 2012.

[5] OLIVEIRA J S, LAVELL A A, ESSUS V A. et al. Structure and physiology of giant DNA viruses [J]. Current Opinion in Virology, 2021, 49: 58-67.

[6] CALERO-CÁCERES W, MAO Y, BALCÁZAR J L. Bacteriophages as environmental reservoirs of antibiotic resistance [J]. Trends in Microbiology, 2019, 27 (7): 570-577.

[7] DANOVARO R, DELL'ANNO A, CORINALDESI C, et al. Major viral impact on the functioning of benthic deep-sea ecosystems [J]. Nature, 2008, 454 (7208): 1084-1087.

[8] RECHE I, D'ORTA G, MLADENOV N, et al. Deposition rates of viruses andbacteria above the atmospheric boundary layer [J]. The ISME Journal, 2018, 12 (4): 1154-1162.

[9] CAMARILLO-GUERRERO L F, ALMEIDA A, RANGEL-PINEROS G, et al. Massive expansion of human gut bacteriophage diversity [J]. Cell, 2021, 184 (4): 1098-1109.

[10] FRENCH R K, HOLMES E C. An ecosystems perspective on virus evolution and emergence [J]. Trends in Microbiology, 2020, 28 (3): 165-175.

[11] 李婷华, 陈倩, 郭晓奎. 病毒与宿主互利共生的研究 [J]. 中国微生态学杂志,

2016，28（8）：988—990.

[12] LIN D M，KOSKELLA B，LIN H C. Phage therapy：An alternative to antibiotics in the age of multi－drug resistance［J］. World Journal of Gastrointestinal Pharmacology and Therapeutics，2017，8（3）：162—173

[13] 胡福泉. 噬菌体的过去，现在与未来［J］. 西南医科大学学报，2021，44（5）：417—424.

[14] DEDRICK R M，GUERRERO－BUSTAMANTE C A，GARLENA R A，et al. Engineered bacteriophages for treatment of a patient with a disseminated drug－resistant *Mycobacterium abscessus*［J］. Nature Medicine，2019，25（5）：730—733.

[15] 刘世贵，杨志荣，伍铁桥，等. 草原毛虫病毒杀虫剂的研制及其大面积应用［J］. 草业学报，1993，2（4）：47—50.

[16] VU N T，OH C S. Bacteriophage usage for bacterial disease management and diagnosis in plants［J］. The Plant Pathology Journal，2020，36（3）：204—217.

[17] 杨小娟，李振昊，苟元凤，等. 腺相关病毒介导的基因治疗在肿瘤中的研究进展［J］. 基础医学与临床，2021，41（4）：573—577.

[18] 周立，何婉婉，朱桢楠，等. 溶瘤腺病毒靶向癌症治疗的临床研究进展［J］. 中国生物工程杂志，2013，33（12）：105—113.

[19] FAUSTHER－BOVENDO H，KOBINGER G. Plant－made vaccines and therapeutics［J］. Science，2021，373（6556）：740—741.

[20] 唐琦，邱立鹏，李东，等. 杆状病毒表达载体的应用现状［J］. 微生物学通报，2018，45（2）：442—450.

[21] BARDINA C，SPRICIGO D A，CORTÉS P，et al. Significance of the bacteriophage treatment schedule in reducing Salmonella colonization of poultry［J］. Applied and Environmental Microbiology，2012，78（18）：6600—6607.

[22] 宋震，李中安，周常勇. 病毒诱导的基因沉默（VIGS）研究进展［J］. 园艺学报，2014（9）：1885—1894.

第五讲

看不见的魔术师：微生物

　　智人凭借自身的智慧在万年的时光中不断征服自然，看起来已成为地球的"霸主"。然而在地球以亿年计的漫长历史中，微生物曾经是地球上唯一的生命形式。它们通常以群落形式存在，占据着陆地、天空、水体的每一个角落，并通过多种多样的代谢活动，改变着地球上的元素价态、大气与海洋的成分，促进矿物岩石风化、土壤及矿藏形成，创造生物圈，促使地球形成了今天适宜生命居住的环境。因此，从某种意义上讲，微生物是地球的"管家"，我们人类不仅来得晚，而且对地球家园的"肆意妄为"更像是举止粗鲁的"客人"。微生物伴随着人类生命的进化而进化，与人类相生相杀，对人类命运产生着巨大的影响。

第一节　微生物概述

一、微生物的定义

　　"微生物"并非一个正式的分类学上的名词，而是所有那些肉眼难以看清，需要借助光学显微镜或电子显微镜才能观察到的微小生物的总称。细菌、病毒、真菌和少数藻类等都是微生物的代表。

二、微生物的特点

微生物大多具有以下五个特点[1]。

（一）体积小、比表面积大

微生物的大小通常以微米（μm）计，但不同微生物的大小和形状差异很大（图5-1）[2]。例如，细菌的大小就能相差8个数量级：在肾结石的磷酸钙中心部位发现的致病纳米细菌直径不到80 nm[3]；而被誉为"纳米比亚硫黄珍珠"的世界最大细菌，其直径最大可达750 μm（图5-2）[4]。微生物的微小体积带来了较大的比表面积（表面积/体积），这是微生物与一切大型生物相区别的关键，赋予了微生物营养吸收强、代谢快、环境信息接收面广等特性。

拓展阅读

目前世界上体型最大的细菌

2009年，科学家奥利维尔·格罗（Olivier Gros）在加勒比海的红树林沼泽中发现了一种白色丝状物，最初误以为是真菌。美国能源部联合基因组研究所科学家琼玛丽·沃兰（Jean-Marie Volland）利用各种显微镜及基因组测序技术，表征其为"巨型"硫氧化细菌（命名为*Thiomargarita magnifica*）。这种细菌的最大长度可达1 cm，比正常细菌大5 000倍，比大多数细菌多3倍基因，成为目前世界上体型最大的细菌。2022年6月24日，《科学》（*Science*）杂志报道了这一发现[5]，该结果挑战了关于细菌细胞大小的传统观点。

（二）吸收多、转化快

微生物通常具有极其高效的生物化学转化能力，为它们的高速生长繁殖和产生大量代谢产物提供了充分的物质基础。如 3 g 的地鼠每天分解、转化与体重等重的粮食；1 g 的闪绿蜂鸟每天消耗两倍于体重的粮食；而发酵乳糖的细菌在 1 小时内就可以分解相当于其自身重量 1000～10000 倍的乳糖来产生乳酸；1 kg 酵母菌体，在一天内可发酵几千千克的糖生成酒精。

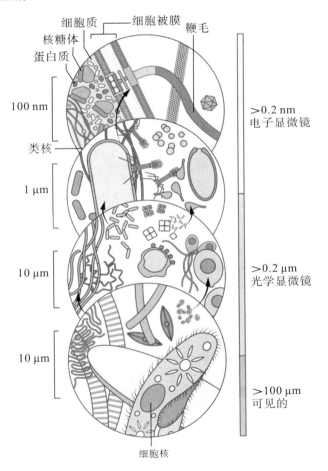

图 5－1 大小和形状多变的微生物

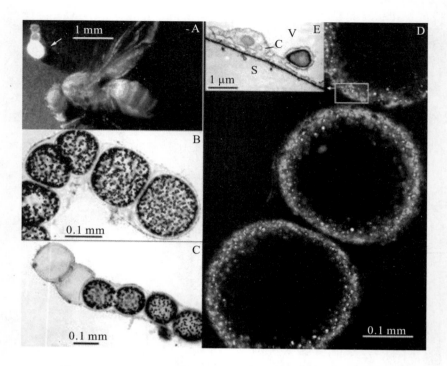

图5-2　1999年在纳米比亚海底沉积物中发现的一种硫黄细菌

(*Thiomargarita namibiensis*)[4]

A：白色箭头位置为*Thiomargarita*的单个细胞（宽为0.5 mm），因体内形成硫黄颗粒故而发白光，其相邻上方为两个死细胞；B：光学显微镜下，*Thiomargarita*细胞相互连接呈链状；C：长链左末端具有两个空的黏液鞘；D：共聚焦激光扫描显微图片显示，*Thiomargarita*的细胞质被荧光染料染成了绿色，散射的白光来自硫黄颗粒，多数细胞的中心填充有大液泡；E：透射电子显微镜图也可观察到薄薄的细胞质层（C）、液泡（V）及鞘（S）。

（三）生长旺、繁殖快

相较于大型动物，微生物具有极高的生长繁殖速度，表5-1为若干有代表性微生物的代时及每日增殖率。例如大肠杆菌能够在12.5～20分钟内繁殖1次，若按20分钟分裂一次计算，48小时则可产生2.2×10^{43}个后代。微生物的这一特性使其在工业上有广泛的应用，如实现发酵工业的短周期、高效率生产。但事实上，由于各种条件的限制，如营养缺失、竞争加剧、生存环境恶化等原因，微生物无法完全达到这种指数级增长。

表 5-1 几种微生物的代时* 及每日增殖率

微生物名称	代时	每日分裂次数	培养温度/℃	每日增殖率
乳酸菌	38 min	38	25	2.7×10^{11}
大肠杆菌	18 min	80	37	1.2×10^{24}
根瘤菌	110 min	13	25	8.2×10^{3}
枯草杆菌	31 min	46	30	7.0×10^{13}
光合细菌	144 min	10	30	1.0×10^{3}
酿酒酵母	120 min	12	30	4.1×10^{3}
小球藻	7 h	3.4	25	10.6
念珠藻	23 h	1.04	25	2.1
硅藻	17 h	1.4	20	2.64
草履虫	10.4 h	2.3	26	4.92

* 代时即微生物细胞分裂一次所需的平均时间，也等于群体中的个体数或者生物量增加一倍所需的平均时间。

（四）分布广、种类多

微生物分布极广。地球上除了火山的中心区域，从生物圈、水圈直至大气圈、岩石圈，到处都有微生物的足迹。其中，土壤是微生物聚集最多的地方。每克肥沃的土壤含有约 20 亿个微生物，即使是贫瘠的土壤，每克土也含有 3 亿～5 亿个微生物。空气中悬浮的无数细小的尘埃和水滴，它们也是微生物在空气中的藏身之地。微生物种类繁多，很可能是地球上物种最多的一类。据保守估计，地球微生物约有 300 万种，因此具有极大的种类多样性、代谢多样性及代谢产物多样性。然而，受微生物培养方法及培养条件的限制，人类能在生产和生活中开发利用的微生物数量不到其总数的 1%。

地球微生物组计划

（Earth Microbiome Project）

2010 年，美国阿贡实验室的杰克·吉尔伯特（Jack Gilbert）教授启动了地球微生物组计划，即建立统一采样、测序、分析的全球最大标准化环境微生物组数据库，以促进人们理解地球微生物群落的形成、分布以及互动规律。这一计划已覆盖了从北极到南极的七大洲和 43 个国家，取样环境的多样化有助于证实局部环境对微生物组的影响程度。根据第一阶段公布的数据，人们已经获得一些很有意思的发现，如自由生活的微生物组（水体、土壤等）要比宿主相关的微生物组（人体或动物）具有更大的多样性；人类作为活动范围最广的生物，人类皮肤微生物组可能对地球微生物迁移具有非常重要的作用等[6]。

（五）适应强、易变异

微生物对营养、温度和 pH 等条件的适应性很强，使其对环境，尤其是恶劣的"极端环境"具有惊人的适应力。如高盐（质量分数为 32% 的饱和食盐水）、高温（250～300℃）、低温（−196℃的液氮）、强酸（pH＝0.5）、强碱（pH＝10）等环境仍有微生物生存，此外它们还具有抗干燥、抗辐射、耐缺氧、耐压力等超强适应性。由于结构简单，比表面积大，容易受环境条件的影响，微生物能主动或被动地发生基因结构的改变，从而产生变异体。据统计，自然条件下微生物个体变异概率为百万分之一。利用微生物易变异的这一特性，人们可以进行微生物诱变，筛选出具有某种目标性状的微生物菌株来提高工业产量。例如，天然青霉素生产菌的产量在 1943 年为每毫升发酵液含 20 单位青霉素，经人工变异育种后，在一些发达国家，青霉素发酵水平已超过每毫升 5 万单位，甚至接近 10 万单位。

第二节　微生物对人类健康的影响

一、引发传染病的流行

微生物对人类最重要的影响是可以导致传染病的流行，如 14 世纪的鼠疫造成 2500 万人死亡，18 世纪的天花使 150 万人丧生，20 世纪的流感让死亡人数高达 4000 万。21 世纪的今天，虽然我们基本上摆脱了任由病原微生物宰割的被动局面，但一些死灰复燃的疾病（如结核病）以及新出现的疾病依然严重威胁着人类健康，其中尤其以细菌和病毒诱发的传染病危害最大（表 5-2）[7]。约有 50％的人类疾病是由病毒引起的，如我们熟知的天花病毒、流感病毒、人类免疫缺陷病毒、冠状病毒等，它们的流行给人类社会带来了巨大的损失。目前，大量的病毒性疾病仍然缺乏有效的治疗药物。此外，一些分节段的病毒之间可以通过重组或重配发生变异，最典型的例子就是流感病毒。每次引起流感大流行的流感病毒都与前次导致感染的病毒株型不同，这种快速的变异给疫苗的设计和疾病的治疗造成了很大的困难。世界卫生组织的资料表明：传染病的发病率和病死率在所有疾病中占据第一位；全世界每年死亡的 5200 万人中，有三分之一是由传染病造成的。因此可以这样说，人类的历史就是与各种各样的传染病不断斗争的历史。

表 5-2　当前严重威胁人类的微生物传染病

疾病名称	每年死亡人数/万	病原微生物
急性下呼吸道感染	370	细菌、病毒、原生动物、真菌
结核病	290	细菌
痢疾	250	细菌、病毒
艾滋病	230	病毒
疟疾	150～270	原生动物
肝炎	100～200	病毒
麻疹	22	病毒
细菌性脑膜炎	20	细菌
百日咳	10	细菌
阿米巴痢疾	4～10	原生动物
狂犬病	3.5	病毒
黄热病	3	病毒
非洲睡眠病	>2	原生动物

二、对抗生素耐药[7-8]

抗生素是由细菌、霉菌或其他微生物产生的次级代谢产物或人工合成的类似物，主要用于治疗致病性微生物感染类疾病。自 1928 年第一种抗生素——青霉素发明后，曾经危害人类健康数千年的致病菌感染类疾病得到了有效的控制，人类的平均寿命也得到了显著延长。随着大环内酯类抗生素和氨基糖苷类抗生素的问世，曾有人断言，人类战胜细菌的时代已经到来。20 世纪五六十年代，全球每年死于感染性疾病的人数约为 700 万。但是，这一数字在 21 世纪初猛增至 2000 万。这与大量广谱抗生素的滥用（包括超时、超量、未对症或未严格规范使用），细菌进化和繁殖速度加快，抗生素药效下降和开发速度放缓（图 5-3）有着直接的关系。世界卫生组织推荐的抗生素院内使用率为 30％，欧美发达国家的使用率仅为 22％～25％，而 2011 年我国患者的抗生素使用率达 70％，但真正需要使用抗生素的不到 20％。2013 年，中国使用了16.2 万吨抗生素，占到全世界使用量的一半。抗生素的滥用对致病菌造成了强大的环境选择压力，使致病菌产生了超强的变异及进化能力，耐药菌、多重耐药菌、超级细菌不断地冲击着抗生素所筑起的防线。表5-3 为 12 种最高优先级的超级细菌名单，其中，最著名的超级细菌是耐甲氧西林金黄色葡萄球菌（MRSA），它对许多抗生素都有耐药性。20 世纪 70 年代，我国 MRSA 院内感染分离率还不到 5％；而到了 2005年，MRSA 在医院内感染的分离率已高达 60％以上，它已成为医院内感染的重要致病菌。MRSA 以惊人的速度在世界范围内蔓延，MRSA感染与艾滋病、乙肝一起成为世界三大最难解决的感染性疾病。因此，抗生素耐药性被列为威胁人类安全的严重公共卫生问题，正让人类失去治疗的手段。2016 年，世界卫生组织引用了英国吉姆·奥尼尔（Jim O'Neill）发表的《全球抗生素耐药回顾》报告，发表文章呼吁世界各国应对全球耐药性问题。文章指出，如今每年有 70 万人死于抗生素耐药，如果目前的情况得不到改善，至 2050 年，抗生素耐药每年将会导致 1000 万人死亡，耐药感染的医疗费用将占到全世界 GDP 的 1.1％～3.8％。如今，细菌还在不断地进化，如果一旦耐多黏菌素的细菌和能抵抗其他抗生素的细菌结合起来，演变出能够对抗所有抗生素的"超级细菌"，那攻破抗生素的最后一道防线或许只是时间问题了。

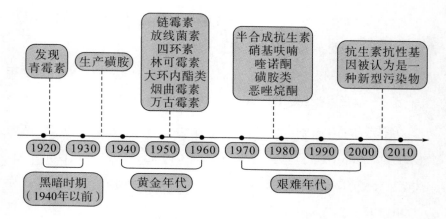

图 5-3　抗生素的开发历史[9]

表 5-3　世界卫生组织首次发布的 12 种最高优先级的超级细菌名单

优先级*	超级细菌名称	耐药情况
重要	鲍曼不动杆菌 绿脓杆菌 肠杆菌	碳青霉烯类耐药 碳青霉烯类耐药 碳青霉烯类耐药
十分重要	屎肠球菌 金黄色葡萄球菌 幽门螺杆菌 弯曲菌属 沙门氏菌 淋病奈瑟氏菌	万古霉素耐药 甲氧西林耐药、万古霉素中间体耐药 克拉霉素耐药 氟喹诺酮类耐药 氟喹诺酮类耐药 头孢菌素耐药、氟喹诺酮类耐药
中等重要	肺炎链球菌 流感嗜血杆菌 志贺氏菌属	青霉素不敏感 氨苄西林耐药 氟喹诺酮类耐药

　* 按照细菌耐药性强弱、细菌传播难易程度和需新型抗生素的迫切性划分优先级。

拓展阅读

后抗生素时代

根据世界卫生组织在 2014 年 4 月 30 日发表的一项报告，在某些地区超过半数的感染都是由一类细菌引起的，这些细菌大多具有碳青霉烯类抗生素耐药性，而该抗生素被认为是目前人类最后的抗生素武器。该报告指出，人类将进入后抗生素时代，即当今有越来越多的细菌对抗生素产生耐药性，严重威胁着人类的生存和健康。全球将面临药品无效，好像又回到了以前没有抗生素的时代。为了提高全球各国对抗生素耐药性的认识，每年 11 月的第三周被世界卫生组织确定为"世界提高抗菌药物认识周"。

三、构成"人类第二基因组"[10-23]

生物学家曾认为，人体是一座自给自足的"生理之岛"，完全可以自行调控身体内部的运转。但是过去十多年的研究发现，人体主要的生态部位（如皮肤、生殖器、口腔、肠道等）定植了数以万亿计的微生物，包括细菌、病毒、古细菌和真菌，其中以细菌数量最多且占主导地位。最初估计人体内共生的细菌细胞数量是人体细胞的 10 倍，现保守修正平均比值为 1.3∶1（39 万亿∶30 万亿），因此人类也被喻为"行走的微生物"[10]。这些微生物，部分是暂时停留于人体体表及与外界相通的通道，而大部分与人类长期相互适应后形成了伴随终生的共生关系，对人类生命活动的影响巨大。其中，人体的肠道因为表面面积大

（面积可达 200 m²），含有丰富的营养物质，成为微生物生存的理想环境。因此，肠道微生物的数量最多，约占人体微生物总量的 90%，包含有 1000～1150 种不同的细菌。人类基因组计划（Human Genome Project）已证实：所有人的 DNA 有 99.9% 都是相同的。而肠道菌群拥有约 330 万个基因，为人体基因的 150 倍，且以各种方式参与人体的发育、代谢、免疫等过程。它们对人类个体的健康、行为造成的影响，可能远胜于我们自己的基因，因此也被称为"人类第二基因组"。近年来，肠道微生物已成为微生物学、医学、基因学等领域最引人关注的研究焦点之一。

（一）肠道微生物的来源及组成

有学者形容肠道微生物就像一个人的身份证，即每个人的肠道微生物就像人的指纹各不相同，甚至双胞胎都有各自的肠道微生物。所有人 1/3 的肠道微生物是相似的，而受遗传、环境、种族和生活习惯等因素的影响，2/3 的肠道微生物是个人特有的。但肠道菌群并不是人与生俱来的。胎儿在子宫里处于无菌状态，新生儿的肠道菌群主要来自母体产道、粪便及体表微生物菌群的垂直传递。《自然》（Nature）的一项医学研究指出，人类体内的微生物与出生方式有关，并证实了人类在生命最初几周内，分娩方式才是决定肠道菌群的主要因素，自然分娩的婴儿比剖宫产婴儿具有更多"友好"的微生物。此外，新生儿肠道定植的微生物与喂养方式也有关。若新生儿每日摄入 800 mL 人乳就可同时摄入 $10^5 \sim 10^7$ 个细菌，从而帮助肠道微生物的定植，而如果从人乳转为牛乳喂养，可改变婴儿肠道微生物构成。随着年龄增长儿童肠道微生物种类增加，至 3～5 岁时肠道微生物基本稳定，其结构组成也逐渐达到成人水平，优势菌群主要为拟杆菌门、厚壁菌门、放线菌门及少部分的变形杆菌门，从而形成一个非常复杂的生态系统。

虽然肠道菌群种类繁多，但大致可以划分为三种类型：

（1）有益菌：主要有拟杆菌、梭菌、双歧杆菌、乳酸杆菌，这类细菌占到了肠道菌群的99%以上，可以辅助人类消化多种食物，并保护我们的肠道。有研究指出，体魄强健的人肠道内有益菌的比例达到70%，普通人是25%，便秘人群则减少到15%，而癌症病人肠道内的有益菌比例只有10%。如图5-4所示，随着年纪的增加，人体内的有益菌数量也会逐渐减少，其中以双歧杆菌的变化最大。

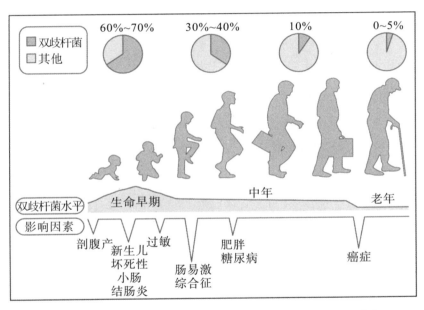

图5-4 肠道中双歧杆菌受年龄及生活事件影响的变化趋势[13]

（2）中性菌：顾名思义是指具有双重作用的细菌，如大肠杆菌、肠球菌等，它们属于肠道里的不稳定因素。当肠道健康时，有益菌群占压倒性优势，中性菌就很安分；如果肠道菌群被破坏了，中性菌容易增殖失控引发多种肠道疾病，因此也被称为机会致病菌。

（3）致病菌：比如沙门氏菌、致病大肠杆菌等，它们是健康的破坏者。

因此，人体的健康与肠道菌群结构息息相关。肠道菌群在长期的进化过程中，通过个体的适应和自然选择，菌群中不同种类之间，菌群与宿主之间，菌群、宿主与环境之间，始终处于动态平衡状态，最终形成一个互相依存、相互制约的系统。

拓 展阅读

肠　型

2011 年，以德国的欧洲分子生物学实验室为首的科学家们对人类粪便样本进行了测序，发现所有个体肠道细菌的种类和数量可以划分为 3 种不同的类型，且不受年龄、性别、文化背景和种族的影响，因此首次提出了"肠型"（enterotype）的概念。每一种肠型对应着一种微生物指示类群，如肠型 1（或 ET B）以拟杆菌（Bacteroides）为主，肠型 2（或 ET P）以普氏菌（*Prevotella*）为主，肠型 3（或 ET F）以厚壁菌（Firmicutes）的瘤胃球菌（*Ruminococcus*）为优势类群。此发现被当年《科学》（*Science*）杂志评为 2011 年度重大科技突破事件，此后的大部分研究也证实了肠型的存在。虽然肠型分类的标准化仍是一个巨大的挑战，但其仍具有潜在的临床意义，即可作为疾病诊断指标及治疗措施的指导。如普氏菌属丰度的增长与长期抗生素使用、风湿性关节炎、2 型糖尿病等相关。

（二）肠道微生物与人体代谢

在肠道微生物与人类共生的过程中，人体为微生物的生存提供了丰富的营养物质以及保护环境，而微生物则帮助人类进行营养物质分解（表5-4）、维生素合成。研究表明，肠道微生物基因组中富含许多人体自身不具备但是生命活动所需的基因，比如与碳水化合物、甲烷、氨基酸、维生素和短链脂肪酸代谢有关的基因，说明肠道微生物是人体代谢的重要参与者，并且效率远远超过肝脏。例如，多形拟杆菌的基因，能合成260多种消化植物成分的酶，从而帮助人体高效地从碳水化合物中提取营养素。结肠中细菌通过分解代谢活动为我们提供的能量，可以占到食物总能量的15%，这对早期人类的生存至关重要。食物中的纤维素不能被小肠直接消化，却能被结肠里的细菌分解成短链脂肪酸（如乙酸、丙酸、丁酸等），该类物质对人体的消化、体重管理、心脏健康及血糖控制起作用。部分肠道微生物还可以合成人体自身无法合成的B族维生素，它们是人体细胞能量代谢必需的辅助因子，且参与氨基酸、核酸等物质的合成。此外，肠道内微生物还能够合成维生素K，虽然这对微生物自身作用不大，却能够帮助人类进行凝血，这也是微生物与人类共同进化的一个证明。

表5-4　肠道微生物分解多糖、蛋白质及膳食多酚的代谢产物[16]

代谢产物	参与分解的肠道微生物
乙酸	*Akkermansia muciniphila*，Bacteroides spp.，*Bifidobacterium* spp.，*Prevotella* spp.，*Ruminococcus* spp.，*Blautia hydrogenotropphica*，*Clostridium* spp.，*Streptococcus* spp.
丙酸	*Coprococcus catus*，*Eubacterium hallii*，*Megasphaera elsdenii*，*Veillonella* spp.，Bacteroides spp.，*Dialister* spp.，*Phascolarctobacterium succinatutens*，*Veillonella* spp.，*Roseburia inulinivorans*，*Ruminococcus obeum*，*Salmonella enterica*
丁酸	*Coprococcus comes*，*Coprococcus eutactus*，*Anaerostipes* spp.，*C. catus*，*E. hallii*，*Eubacterium rectale*，*Faecalibacteerium prausnitzii*，*Roseburia* spp.

代谢产物	参与分解的肠道微生物
短链脂肪酸	*Acidaminococcus* spp.，*Acidaminobacter* spp.，*Campylobacter* spp.，*Clostridia* spp.，*Eubacterium* spp.，*Fusobacterium* spp.，*Peptostreptococcus* spp.
犬尿素及衍生物	*Lactobacillus* spp.，*Pseudomonas aeruginosa*，*Pseudomonas fluorescens*，推测：*Pseudomonas* spp.，*Xanthomonas* spp.，*Burkholderia* spp.，*Stenotrophomonas* spp.，*Shewanella* spp.，*Bacillus* spp.，Rhodobacteraceae 成员，Micrococcaceae 科和 Halomonadaceae 科
吲哚	*Achromobacter liquefaciens*，*Bacteroides ovatus*，*Bacteroides thetaiotamicron*，*Escherichia coli*，*Paracolobactrum coliforme*，*Proteus vulgaris*
吲哚类衍生物	Bacteroides spp.，*Clostridium* spp.（*Clostridium sporogenes*，*Clostridium cadaveris*，*Clostridium bartlettii*），*E. coli*，*Lactobacillus* spp.，*E. halli*，*Parabacteroides distasonis*，*Peptostreptococcus anaerobius*
色胺	*C. sporogenes*，*Ruminococcus gnavus*
血清素	产孢子的细菌，以 *Clostridium* spp. 和 *Turicibacter* spp. 为主
组胺	*E. coli*，*Morganella morganii*，*Lactobacillus vaginalis*，*Fusobacterium* spp.（推测）
咪唑丙酸	*Aerococcus urinae*，*Adlercreutziae equolifaciens*，*Anaerococcus prevotii*，*Brevibacillus laterosporus*，*Eggerthella lenta*，*Lactobacillus paraplantarum*，*Shewanella oneidensis*，*Streptococcus mutans*
多巴胺	*Enterococcus* spp.，*Lactobacillus brevis*，*Helicobacter pylori*
对甲酚	实验证实：*Blautia hydrogenotrophica*，*Clostridioides difficile*，*Olsenella uli*，*Romboutsia lituseburensis* 预测：*Acidaminococcus fermentans*，*Anaerococcus vaginalis*，*Anaerostipes* spp.，Bacteroides spp.，*Bifidobacterium infantis*，*Blautia* spp.，*Citrobacter koseri*，*Clostridium* spp.，*Eubacterium siraeum*，*Fusobacterium* spp.，*Klebsiella pneumoniae*，*Lactobacillus* spp.，*M. elsdenii*，*Roseburia* spp.，*Ruminococcus* spp.，*Veillonella parvula*

（三）肠道微生物与人体免疫

人类的免疫系统能识别和消灭外来病原菌，却允许肠道微生物的存在。这说明在与人体共同进化的几百万年时间里，肠道微生物已经与人体的免疫系统形成了密切关系。一方面，这些微生物覆盖在肠道黏膜组织表面，形成一层起占位性保护作用的生物屏障，同时肠道有益菌如乳酸菌等还能分泌抗菌物质，与肠道上皮黏液、消化液等一起组成肠道的化学屏障，这两类屏障共同有效阻止外来致病性微生物的入侵。另一方面，肠道微生物的组成及代谢产物不仅可以促进宿主"肠黏膜免疫系统"和"全身免疫系统"的发育，而且对免疫球蛋白 A 的诱导、T 细胞调节、抗菌肽的表达有重要作用，能够刺激肠道免疫系统发生抗原抗体反应，提高肠道的免疫活性及防御能力。动物实验也显示，缺乏肠道微生物群的无菌小鼠会有严重的免疫缺陷，如缺乏黏膜层、免疫球蛋白 A 分泌改变等。总体而言，微生物菌群有助于强化肠道的整个免疫系统。

（四）肠道微生物与人体疾病

正常生理状态下，肠道微生物菌群处于动态平衡状态，一旦该平衡被打破，出现菌群失调，就可能会引发一系列疾病，如癌症、代谢性疾病、感染性疾病和神经性疾病等（表 5-5），同时也会影响药物的治疗效果。

表 5-5　肠道微生物及相关疾病

微生物	疾病	分子机制
拟杆菌等	肥胖	降低血清中谷氨酸浓度，促进脂肪的分解和氧化，减少脂肪堆积
具核酸杆菌、拟杆菌	结直肠癌	增加细胞的存活，促进肿瘤血管趋化因子（cxcl1）的表达，增加结直肠癌风险
混合益生菌	肿瘤、炎症	增加益生菌的丰度，释放抗炎因子 IL-10，抑制炎症和肿瘤的发生

续表5—5

微生物	疾病	分子机制
幽门螺杆菌	胃癌	幽门螺杆菌利用肠道内的氢气，将细胞毒素相关基因（*cagA*）注射到细胞中，引发胃癌
幽门螺杆菌、柠檬酸杆菌、表皮葡萄球菌等	乳腺癌	诱导细胞的DNA双链断裂，导致癌症的发生
乳酸杆菌	高血压	乳酸杆菌减少，Th17细胞数量增加，血压升高
脑膜炎双球菌	脑膜炎	入侵喉咙的黏膜组织，同时以乳酸作为信号分子，促进脑膜炎双球菌脱离原组织传播到全身，加速感染
粪拟杆菌、变异梭状芽孢杆菌、大肠埃希菌、脱硫弧菌属	糖尿病	胰岛素改变肠道微生物菌群的组成，从而影响了肠道黏膜的稳定性，参与糖尿病的发生

1. 肠道微生物与癌症

肠道微生物菌群的干扰可以直接导致癌症的发生，如结直肠癌、乳腺癌、肝癌等。研究发现，晚期原发性肝癌患者的粪便中变形杆菌及厚壁菌门明显高于健康对照组及早期原发性肝癌患者组，而从属于两个菌门的促炎细菌的增多正是菌群失调的指标。

2. 肠道微生物与代谢性疾病

代谢综合征是指机体内的糖类、蛋白质和脂质等发生代谢异常而导致的一组代谢紊乱症候群，包括非酒精性脂肪肝病、肥胖及糖尿病等。有研究表明，非酒精性脂肪肝病人的肠道微生物多样性远低于健康人，其中变形菌门和梭杆菌门数量异常增多，但普氏菌属含量较低；肥胖者的肠道中厚壁菌门数量增加，而拟杆菌门细菌数量急剧减少。且动物实验也发现，高脂肪喂养的肥胖大鼠存在肠道菌群失调的现象，而低脂肪喂养的大鼠肠道菌群正常。营养不良儿童的肠道厚壁菌门偏低，而多形杆状菌及罗斯菌含量偏高。

3. 肠道微生物与感染性疾病

研究发现，患感染性疾病（如炎症性肠病、细菌性阴道炎、沙眼衣原体感染、胃肠道疾病）的患者体内均存在不同程度的肠道菌群失调。

4. 肠道微生物与神经性疾病

目前越来越多的研究表明，肠道微生物多样性与孤独症、抑郁症、帕金森病、阿尔茨海默病等神经系统疾病有着重要的联系。虽然其中机制尚未明确，但普遍认为"微生物—肠—脑"轴是肠道微生物与大脑进行双向沟通的渠道，包括神经、内分泌、免疫、代谢等途径。大脑可以通过这种渠道来改变肠道微生物的结构和多样性，肠道微生物也可通过它来影响宿主的精神和神经状况。因此，肠道微生物也被称为人的"第二大脑"。例如，已证实拟杆菌门的丰度与抑郁症呈正相关，厚壁菌门与抑郁症成负相关，二者的比例会导致抑郁症的发生。因此，正常肠道菌群的多样性下降、组成和功能的改变均与上述疾病存在密切的关系。

（五）肠道微生物与个人心情及行为

前面已经阐述了肠道微生物通过"微生物—肠—脑"轴影响宿主的神经功能，因此它们也对个人的心情及行为（如消沉、焦虑、社会行为）产生影响。肠道微生物通过调节神经递质（如血清素）、脑源性神经营养因子、突触素和突触后致密蛋白（PSD－95）及其代谢产物（如短链脂肪酸）的水平来影响人类的大脑和行为。具体的作用机制尚不清楚，但可能包括以下原因。

1. 影响血脑屏障通透性

血脑屏障是由毛细血管内皮细胞、周皮细胞和星形胶质细胞构成的复杂结构，能有效阻止有害物质由血液进入脑组织，从而维持大脑内环境的相对稳定。某些肠道微生物的减少会使血脑屏障的通透性增加，并引起神经元形态和数量的变化。

2. 影响成年后海马神经发生

有研究推测肠道中某些正常的菌群能够抑制成年后海马神经发生，从而降低人类的学习和记忆以及调节焦虑和应激反应的能力。

3. 通过影响免疫系统间接地与神经系统交流

肠道微生物通过开启微生物相关分子模式，来激活免疫系统产生各种促炎性细胞因子，这些因子作用于神经元和神经胶质细胞表达产生的受体，从而改变受体的活性状态和生理状态。

粪便微生物移植

粪便微生物移植（Fecal Microbiota Transplantation，FMT）是指将健康人粪便中的功能菌群，通过灌肠或口服胶囊等方式，移植到患者肠道内，重建新的肠道菌群生态，实现肠道及肠道外疾病的干预治疗。FMT 目前主要用于治疗艰难梭菌（*Clostridiodes difficile*）感染和炎症性肠病。未来需要进一步考虑 FMT 技术的标准化、粪便微生物移植的潜在风险、伦理及监管问题。

FMT 研究的重要事件：

我国古代医书《肘后备急方》（东晋葛洪著）和《本草纲目》（明代李时珍著）中均记载，黄汤（粪便悬浮液）可治疗食物中毒、严重腹泻等疾病。

1958 年，美国首次报道了粪便灌肠用于重度伪膜性结肠炎患者。

1983 年，瑞典报道了首例 FMT 用于复发性艰难梭菌感染的治疗。

2013 年，美国食品药品监督管理局（FDA）将肠菌移植治疗复发艰难梭菌感染正式纳入临床指南，并入选了时代杂志当年的"十大医学突破"。

2019 年，中国《生物医学新技术临床应用管理条例（征求意见稿）》将肠菌移植列为中低风险生物医学新技术。

2020—2021 年，肠菌移植治疗癌症成为研究热点，越来越多的研究证据支撑了其在肿瘤治疗中的应用价值。

第三节　微生物对人类社会的影响

微生物由于种类繁多、体积微小、体表面积大、吸收多、转化快、自身生长繁殖迅速、易于大规模培养等优点，在人类生活的不同领域（农业、工业、能源、环保等）均发挥着重要的作用。

一、微生物与农业生产[24-25]

微生物在自然界参与物质循环，可提高土壤肥力、改进作物特性和促进粮食增产。随着现代农业的飞速发展，微生物饲料、微生物农药、微生物肥料等新型"绿色农业"技术的研究和开发利用取得了长足进步，为缓解我国的粮食危机作出了重要贡献。

1. 微生物饲料

微生物饲料是利用微生物及复合酶的代谢活性，将饲料原料转化为微生物菌体蛋白、生物活性小肽类氨基酸、微生物益生菌、复合酶制剂等生物发酵饲料。该产品不但可以弥补常规饲料中容易缺乏的氨基酸，同时能使其他粗饲料原料营养成分迅速转化，达到增强消化吸收利用的效果，从而有效解决人畜争粮的问题。

2. 微生物农药

微生物农药是 21 世纪农药工业的新产业，是指利用微生物自身（细菌、真菌、病毒）或其代谢产物（抗生素、信息干扰素等）做成的具有杀虫防病作用的生物源农药，包括以菌治虫、以菌治菌、以菌除草等类别。微生物农药具有选择性强、对人畜及生态环境非常安全、不易产生抗性等优点。目前，研究最多、用量最大的微生物农药是苏云金芽孢杆菌（*Bacillus thuringiensis*，简称 Bt），全世界已有 60 多种 Bt 制剂进入工业化生产。该菌在生成芽孢时菌体中可形成一个或多个具有强烈杀虫作用的蛋白晶体（称为内毒素），能有效防治菜青虫、小菜蛾、棉铃虫等 150 多种害虫。其他微生物农药，如白僵菌、核多角体病毒、C 型肉毒梭菌外毒素等也取得了明显的经济及生态效益。

3. 微生物肥料

微生物肥料是指含有可繁殖微生物，并能分泌植物激素、促进植物吸收营养元素、增强植物虫害抗性的一类活体制品。通常，微生物肥料可分为三大类：①人工挑选一种或几种微生物经扩大培养后，直接使用或者添加其他储存载体制成的微生物菌剂，如根瘤菌接种剂、光合细菌菌剂；②微生物和其他必需营养元素如氮、磷、钾等混合制成的复合微生物肥料；③微生物和有机肥如动植物残体、秸秆等混合制成的生物有机肥。与化学肥料相比，微生物肥料具有生产时所耗能源少、生产成本低等优点，缺点是肥效不稳定、肥力释放缓慢，不能完全取代化肥来施用。研究表明，微生物肥料配合化肥施用可以有效提高植物对化肥

50％以上的利用率。

二、微生物与工业生产[26-30]

微生物涉及冶金、石油、皮革、轻纺、食品、制药等行业。不同行业中运用的微生物种类及功能也大不相同。

1. 微生物与冶金

中国是世界上最早采用生物冶金技术的国家。其原理为利用微生物的催化氧化作用将固体矿物中有价金属元素以离子的形式溶解到浸出液中并加以回收。与传统矿冶工艺需在高温、高压、强酸、强碱等苛刻条件下制备金属相比，微生物冶金具有反应温和（常温常压）、易控制、能耗低、污染小、应用广（包括难以开发利用的贫矿、尾矿、废矿等）、效果好等优势。冶金微生物主要为嗜酸性铁、硫氧化细菌，应用最广的三种微生物包括氧化亚铁硫杆菌、氧化硫硫杆菌和嗜铁钩端螺旋菌，可以实现铁、铜、铀、金、锰、铅、镍、铬、钴、钒、锡、锌、铝、银、锗等几乎所有硫化矿的浸出。

2. 微生物与采油

微生物采油通常是指向油藏注入合适的菌种及营养物，使菌株在油藏中繁殖，以提高石油采收率的过程（图5-5）。具体的作用原理包括：①改善原油组分。微生物利用原油进行生长繁殖，使得原油碳链断裂发生组分变化，从而降低原油在油层中的流动性。②改变油藏条件。微生物产生表面活性剂、生物气（甲烷、二氧化碳、氢气等）、有机酸、生物聚合物等代谢产物，进而改变油藏的湿润度、黏度、压力、油水流度比等条件，使原油更容易被采出地面。③微生物直接作用。微生物能黏附到岩石表而，在油膜下生长，最后把油膜推开，使油释放出来。此外，油井开采中容易出现井壁结蜡的现象。科学家们发明了微生物清防蜡技术，即利用微生物降解、吸附石蜡的作用，有效地降低了采油难度。

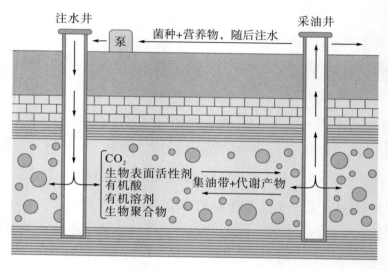

图5-5　微生物采油示意[29]

3. 微生物与食品

虽然微生物容易引发食品变质和腐败，但食品生产中处处都有微生物应用的身影。食品中应用微生物最广泛和直接的是食用菌，如木耳、蘑菇、灵芝等。此外，微生物细胞含有极其丰富的蛋白质，利用某些细菌及酵母菌发酵各类原料，就可以得到丰富的单细胞蛋白，从而用于人造肉、人造鱼、人造面粉等食品制作。此外，以益生菌为代表的微生物制品，对人体健康具有重要作用。利用微生物的代谢产物可以生产十分丰富的食品，如调味品（食醋、酱油、醋、味精等）、饮料（白酒、红酒、啤酒等）、乳制品（酸奶、奶酪等）、日常食物（腐乳、面包、泡菜等）、有机酸（乳酸、苹果酸、柠檬酸等）等。细菌、霉菌及酵母菌生产的酶可参与上述食品的生产过程，不同类群的微生物生产的同一种酶可能具有不同的用途。如细菌蛋白酶可用于改善苏打饼干质量，而霉菌蛋白酶可用于改善面包口味和蛋品加工。

4. 微生物与制药

作为工业微生物重要的组成部分，微生物制药在近年来的药品研发中占据了越来越大的比例，尤其是在抗感染、抗肿瘤、降血脂和抗器官移植排异方面具有不可替代的作用。微生物转化制药（如青蒿素、甾体激素）、菌体制药（如益生菌）、代谢产物制药（如抗生素、维生素）、酶制药（如链激酶、青霉素酶、蛋白酶、脂肪酶）是微生物制药的常见类型。疫苗也是典型的微生物制品，它是将病原微生物（如细菌、立克次氏体、病毒等）及其代谢产物，经过人工减毒、灭活或利用转基因等方法制成的用于预防传染病的自动免疫制剂。就传染病的防控而言，一般人群中需要有约 2/3 的人接种疫苗后才会形成免疫屏障。以全球人口数量为 80 亿计，全世界对疫苗的需求数量将是一个天文数字。此外，生物大分子药物（如蛋白质或核酸药物）在体内输送是一个复杂过程，需要克服人体一系列的生理屏障。病毒尺寸远远大于蛋白质，却可以轻易地进入细胞。因此，科学家利用仿生学原理，通过模拟病毒进入人体和细胞的方式，设计了高效药物输送方法，为药物递送提供了新思路。

三、微生物与能源危机[31]

化石能源日益枯竭，各国都在大力开发可再生的生物资源。凭借来源广、成本低、受地理因素影响小等优势，微生物已经成为制备生物能源的主要参与者。

1. 生物柴油

作为典型的"绿色能源"，生物柴油具有环保性能好、发动机启动性能好、燃料性能好等优点。通常，生物柴油由各种动、植物油脂经酯化或转酯化工艺制成。微生物油脂又称单细胞油脂，是酵母、霉菌、细菌和藻类等微生物在适宜条件下，利用价格低廉的碳水化合物、碳氢化合物和普通油脂原料，甚至工业废水废气等作为碳源，在菌体内产生的大量油脂。微生物油脂的组成与植物油非常接近，某些微生物产生并储存的油脂甚至可占其生物总量的20%以上。美国国家可再生能源实验室特别指出，利用微生物油脂替代植物油脂，可能是生物柴油产业和生物经济的重要研究方向。

2. 燃料乙醇

细菌、丝状真菌和酿酒酵母等微生物可将糖、谷类淀粉以及自然界广泛存在的纤维素转化为燃料乙醇。燃料乙醇不仅是优良的燃料，同时也是优良的燃油品改善剂。与汽油按一定比例混合后（汽油与乙醇体积比通常为10∶1），燃料乙醇可以使汽油提高氧含量（充分燃烧）及辛烷值（高抗爆性），达到安全、节能和环保的要求（表5-6）；还可以有效降低芳烃、烯烃含量，降低炼油厂的改造费用。据估计，我国年产植物秸秆多达5亿~6亿吨，仅将其中的10%进行水解和微生物发酵，就可生产700万~800万吨燃料乙醇。

表5-6 汽油增氧剂的含氧量及对辛烷值的提升能力

汽油增氧剂	含氧量/%	研究法辛烷值*	备注
甲基叔丁基醚	18.2	117~121	因污染地下水，美国全面禁用
乙基叔丁基醚	15.7	117	成本高，欧盟部分地区使用
甲醇	50	129~134	毒性大、腐蚀发动机，欧盟和美国禁用
正丁醇	21.6	94	成本高、少用

汽油增氧剂	含氧量/%	研究法辛烷值*	备注
固体甲基环戊二烯三羰基锰	—	添加量万分之一，可提高2～3个辛烷值	会排放颗粒物，造成三元催化剂中毒，禁止在国V汽油中使用
固体四乙基铅	0	添加量千分之一，可提高2～3个辛烷值	有剧毒，损害三元催化器，全球范围已被禁用
乙醇	34.8	～128	可再生环保，全球大范围推广使用

* 研究法辛烷值是表示汽油抗爆性的指标，它是汽油最重要的质量指标，优质汽油一般为96～100，普通汽油为90～95。

3. 微生物制沼气、制氢

微生物制沼气是指在水解发酵菌、酸化菌、产氢产乙酸菌以及产甲烷菌的共同作用下，将复杂有机物厌氧分解生成甲烷和二氧化碳的过程。农作物秸秆、畜禽粪便、有机废水等都可作为微生物制沼气的原料，这种方式既可获得能源又能保护环境，生成的沼气还可就地发电，是解决我国农村能源问题及用电紧张的重要手段。

此外，氢能作为理想的清洁能源，近些年一直是研究的热点。微生物能利用多种底物在固氮酶或氢酶的作用下将底物分解制氢，具体方法包括：①光解水。光解水制氢是微藻及蓝细菌以太阳能为能源，以水为原料，通过光合作用及其特有的产氢酶系，将水分解为氢气和氧气的过程。②暗发酵。异养型厌氧细菌利用碳水化合物等有机物（包括工业废水和农业废弃物），通过暗发酵作用产生氢气。③光发酵。光合细菌利用有机物通过光发酵作用产生氢气。④光发酵和暗发酵耦合制氢技术。上述4种制氢方法中，前两种制氢技术以产氢量大、易于工业化生产等优点被广泛而深入地研究。

4. 微生物发电

微生物发电指微生物在电池组中利用糖类、金属甚至有机废水等原料，释放电子并使其向阳极运动而产生电流的过程。基于细菌的发电原理，目前研究最多的是微生物燃料电池。这是一种以产电微生物为阳极催化剂，将有机物中的化学能直接转化为电能的装置，在废水处理和新能源开发领域具有广阔的应用前景。目前已发现的产电微生物包括希瓦氏菌、地杆菌、克雷伯氏杆菌等。近期，有科学家发现部分地杆菌的细胞外部含有长长纤细的丝，是微生物纯天然的"电线"，即电流可以流经这些细丝。这表明细菌不仅可以脱离电极进行发电，而且可以实现远距离发电。

四、微生物与环境保护[32—34]

微生物由于其代谢类型的多样性，几乎能降解/转化环境中存在的各种天然物质，尤其是有机物。微生物净化则是利用微生物的这一"清道夫"功能，通过人工措施来创造有利于微生物生长和繁殖的条件，从而提高环境中污染物的降解/转化效率。

1. 微生物在水污染治理中的应用

水体中的污染物通常分为有机物和重金属两大类。微生物可以直接作用于有机污染物，其实质是微生物本身含有降解/转化该有机物的酶及编码基因。即使无相关的降解酶，它们也能通过自发或人工诱导进行基因重组产生新的降解酶系，或者在有其可利用的碳源存在时，对原来不能利用的污染物进行共代谢分解。因此，微生物几乎能降解人类面临的所有水体有机污染物，包括石油、农药、合成洗涤剂、多氯联苯、合成染料、有机氰化物、黄曲霉毒素等。水体中的重金属则通过微生物的生命活动，即沉淀、吸附、转化、絮凝等作用达到重金属脱毒、脱除的目的。

2. 微生物在大气污染治理中的应用

利用微生物处理气态污染物时，污染物首先要经由气相到液相的传质过程，然后在液相中被微生物吸附降解。微生物在大气污染治理中的应用主要包括以下四个方面。①氮氧化物（NO_x）的微生物净化技术：利用脱氮菌在外加碳源的环境下，将大气中有害气体 NO_x 还原成无害气体 N_2，氮净化率最高可达 99%。②微生物烟气脱硫技术：利用氧化亚铁硫杆菌的特性，吸收大气污染中的硫氧化物 SO_x，同时使吸收液中 Fe^{2+} 和 Fe^{3+} 进行相互转化。由于 Fe^{3+} 具有较强的氧化性，其浓度越高脱硫速度也就越快。研究表明，现在的氧化亚铁硫杆菌的脱硫率已能达到 95% 以上。③微生物除臭技术：工业气体污染物中通常含有很多臭气，微生物除臭技术是先将臭气溶于水中，然后利用微生物对臭气的吸附及分解作用，达到脱臭的目的。④二氧化碳的微生物固定技术：二氧化碳是典型的温室气体，使用微生物进行碳的固定，不仅能减少二氧化碳的含量，而且会附加产生许多有利的物质，如有机酸、多糖、维生素、氨基酸等。常见的固碳微生物有螺旋藻、小球藻、真养产碱杆菌等。

3. 微生物在固体废物堆肥中的应用

堆肥是指利用自然界广泛存在的微生物（如细菌、真菌、放线菌），有控制地促进固体废物中可降解有机物转化为稳定的腐殖质的生物化学过程。在堆肥过程中，有机碳被微生物呼吸代谢因而碳氮比降低，所产生的热量可使堆肥温度达到 60~70℃，能杀灭病菌、虫卵及杂草种子，实现固体废物的无害化。经过堆积后肥料较松软而利于撒布，制成堆肥后不仅没有臭味而且具有泥土的芳香。各种有机废物，如农作物、秸秆、杂草、树叶、泥炭、有机生活垃圾、餐厨垃圾、市政污泥、人畜粪便、酒糟、菌糠以及其他废弃物等原料，均可经通过堆制腐解而成为有机肥料。

4. 微生物在环境监测中的应用

环境监测是了解环境污染现状的重要手段，它包括化学监测、物理监测和生物监测三种方式。微生物由于长期生活在自然环境中，能够对多种污染作出综合反映，能反映出受污染的历史状况，因此比物化监测更能直观准确地指示污染状态。微生物用于环境监测主要有以下几个方面：①用细菌总数及粪便污染指示菌（大肠杆菌、克雷伯氏菌）检测水体受粪便污染情况；②用鼠伤寒沙门氏菌检验污染物的致突变性及致癌性；③利用发光细菌的灵敏性快速检测环境中的毒物；④通过测定水中藻类（常用硅藻、栅藻、小球藻等）的生长量来进行水质监测或物质的毒性检测。

本讲小结

1. 微生物包括细菌、病毒、真菌和少数藻类等。大多数微生物肉眼难以看清，需要借助光学或电子显微镜才能被观察到。

2. 微生物大多具有五个共同特点，即体积小、比表面积大，吸收多、转化快，生长旺、繁殖快，分布广、种类多，适应强、易变异。

3. 微生物比人类更早出现在地球上，它伴随着人类的进化而进化，对人类健康和人类社会产生了重要影响。

（苟敏）

【思考与行动】

1. 如果微生物全部消失了，地球和人类会怎么样？

2. 后抗生素时代是否真的会到来？如果是，我们有什么应对措施？

3. 关于决定人类肠道微生物菌群的因素，你觉得环境和宿主遗传谁的作用更大？

4. 2022年7月，首都医科大学校长饶毅就华大基因首席执行官尹烨宣传"益生菌"产品的功效提出批评，你如何看待？

参考文献

1. 周德庆. 微生物学教程 [M]. 4版. 北京：高等教育出版社，2019.

2. MADIGAN M，BENDER K，BUCKLEY D，et al. Brock biology of microorganisms [M]. 15th ed. New York：Pearson，2017.

3. KAJANDER E O，ÇIFTÇIOGLU N. Nanobacteria：an alternative mechanism for pathogenic intra－and extracellular calcification and stone formation [J]. Proceedings of the National Academy of Sciences，1998，95（14）：8274－8279.

4. SCHULZ H N，BRINKHOFF T，FERDELMAN T G，et al. Dense populations of a giant sulfur bacterium in Namibian shelf sediments [J]. Science，1999，284（5413）：493－495.

5. PENNISI E. Largest bacterium ever discovered has an unexpectedly complex cell. [EB/OL].（2022－02－23）[2022－08－22]. https：//www. science. org/content/article/largest－bacterium－ever－discovered－has－unexpectedly－complex－cells.

6. THOMPSON L R，SANDERS J G，MCDONALD D，et al. A communal catalogue reveals Earth's multiscale microbial diversity [J]. Nature，2017，551（7681）：457－463.

7. 人类生存的头号杀手——传染病 [EB/OL].［2022－07－16］. http：//www. kepu. net. cn/gb/lives/microbe/microbe _ health/200310170063. html.

8. 邹健. 抗生素滥用是怎样造成的？［EB/OL].（2018－10－31）[2022－07－16].

http://jysh. people. cn/n1/2018/1115/c404390−30402846. html.

9. 沙国萌，陈冠军，陈彤，等. 抗生素耐药性的研究进展与控制策略 ［J］. 微生物学通报，2020，47（10）：3369−3379.

10. ABBOTT A. Scientists bust myth that our bodies have more bacteria than human cells ［EB/OL］.（2016−01−08）［2023−05−06］. https://doi. org/10. 1038/nature. 2016. 19136.

11. 方圆，潘元龙，朱宝利. 人体肠道微生物组与疾病研究：现状、机遇与挑战 ［J］. 协和医学杂志，2022，13（5）：713−718.

12. TURNBAUGH P J，LEY R E，HAMADY M，et al. The human microbiome project ［J］. Nature，2007，449（18）：804−810.

13. 黎海芪. 微生物与人类健康息息相关 ［J］. 临床儿科杂志，2020，38（7）：558−560.

14. BÄCKHED F，ROSWALL J，PENG Y Q，et al. Dynamics and stabilization of the human gut microbiome during the first year of life ［J］. Cell Host & Microbe，2015，17（6）：690−703.

15. COSTEA P I，HILDEBRAND F，ARUMUGAM M，et al. Enterotypes in the landscape of gut microbial community composition ［J］. Nature Microbiology，2018，3（1）：8−16.

16. KRAUTKRAMER K A，FAN J，BÄCKHED F. Gut microbial metabolites as multi−kingdom intermediates ［J］. Nature Reviews Microbiology，2021（19）：77−94.

17. 段云峰. 晓肚知肠：肠菌的小心思 ［M］. 北京：清华大学出版社，2018.

18. 康永波，孔祥阳，张晓芳，等. 肠道微生物与免疫的研究进展 ［J］. 浙江大学学报（农业与生命科学版），2016，42（3）：282−288.

19. 陈利，伍海英，陈丽丽. 人体微生物菌群与疾病关系 ［J］. 生命的化学，2020，40（4）：555−560.

20. 靳会丽，高雪梅，张文睿，等. 人体微生物与人类健康及生理机制［J］. 生理科学进展，2019，50（5）：353－357.

21. 张银，闻俊，周婷婷. 肠道微生物多样性与神经系统疾病［J］. 中国药理学通报，2019，35（5）：597－602.

22. 冯丽娜，李从荣. 肠道微生物对大脑和行为的影响［J］. 检验医学与临床，2016，13（13）：1889－1892.

23. STEPHEN M V, CHRISTINA M S. Fecal microbiota transplantation［J］. Gastroenterology Clinics of North America，2017，46（1）：171－185.

24. 吴海燕，孙淑荣，刘春光，等. "白色农业（微生物农业）"与农业可持续发展［J］. 微生物学杂志，2006（1）：89－92.

25. 缑晶毅，索升州，姚丹，等. 微生物肥料研究进展及其在农业生产中的应用［J］. 安徽农业科学，2019，47（11）：13－17.

26. 石若夫. 应用微生物技术［M］. 北京：北京航空航天大学出版社，2020.

27. 宋执. 微生物冶金技术的应用及研究综述［J］. 黑龙江科技信息，2015（11）：52－53.

28. 徐杨. 微生物采油技术研究与发展综述［J］. 广东化工，2016，43（1）：93－94.

29. 何苗，康德灿，赵佳英，等. 开发微生物资源新型食品的近况探索［J］. 现代食品，2018，5（10）：1－2.

30. 陶阿丽，苏诚，余大群，等. 微生物制药研究进展与展望［J］. 广州化工，2012，40（16）：17－19.

31. 张薇，李鱼，黄国和. 微生物与能源的可持续开发［J］. 微生物学通报，2008，35（9）：1472－1478.

32. 李宝玉，杨映洁. 微生物在环境保护中的应用研究进展［J］. 现代农业科技，2017（12）：187－188，197.

33. 姜琪. 微生物在环境保护中的应用及前景［J］. 农业网络信息，2011（7）：

120—122.

34. 房春娟，孙燕，李治. 微生物在处理水体污染中的应用［C］//陕西省环境保护局，陕西省卫生厅，陕西省毒理学会，西北大学生命科学学院，中国毒理学会毒理学史专业委员会. 2008 陕西省环境与健康论坛论文集.［出版地不详］［出版者不详］，2008：133—136.

第六讲

改造生命：关于转基因技术的理性思考

对于"转基因"这一网络热搜词，我们既熟悉又陌生。1973年科学家成功地将抗青霉素基因转到大肠杆菌体内，从此拉开了转基因技术应用的序幕。从首例转基因植物烟草的成功培育（1983年），到转基因番茄的大面积商业化种植（1996年），转基因技术已渗透人们生活的方方面面。然而从转基因技术产生之时起，伴随的争议就没有停止过。但无可辩驳的事实是，人类早已进入转基因时代，转基因生物及其制品（特别引人注目的是转基因食品），已经存在于人类生活的方方面面。那么，我们应当如何理性地看待转基因技术与转基因作物/动物及转基因食品呢？

第一节　转基因概述

前已述及，"基因"是 gene 的音译，指含有特定遗传信息的脱氧核糖核酸（DNA）序列，也是记录遗传信息的最小功能单位。

基因通过转录、翻译等过程，指导生物体内蛋白质的合成。基因有两个特性：通过"忠实"地复制自己，保持生物性状的相对稳定；又通过可能发生的随机突变，遗传给后代产生新性状[1]。生物的生命活动和性状，如植物的开花结实、人的高矮胖瘦等，都与基因密切相关。

一、什么是转基因技术?

转基因技术是指把一种生物的一段 DNA 移植并重组到另一种生物体内，让后者具有前者的特定生理功能。该技术作为一种全新的育种技术已应用几十年，被称为人类科技史上应用速度最快的技术。

严格来说，以上定义是狭义的转基因技术，也是本讲讨论的主要内容。广义的转基因技术是指涉及基因改造、转移、重组和表达及应用的技术，包含了转基因育种技术、全基因组选择、基因编辑、合成生物和人工智能等[1]。

二、什么是转基因作物?

广义的"转基因作物"泛指用生物技术改变了基因、改善了生产性状的农作物。如将昆虫病原细菌苏云金芽孢杆菌（Bt）的抗虫基因转入棉花、水稻或玉米，培育出对棉铃虫、卷叶螟及玉米螟等昆虫具有抗性的转基因棉花、水稻或玉米。

自 1996 年转基因作物商业化以来，该产业经历了技术成熟期、产业发展期，现已进入战略机遇期。转基因作物为解决全球粮食问题、能源问题、环境问题等起到了技术支撑作用[1]。

三、什么是转基因动物？

转基因动物是指利用细胞重组技术、细胞融合技术、基因工程、染色体工程和遗传物质转移技术等将外源基因导入受体动物的受精卵或胚胎中，使之稳定整合于动物基因组并能遗传给后代的一类动物[2]。

1980 年，科学家首次通过显微注射法培育出世界上第一个转基因小鼠。此后转基因牛、转基因猪和转基因鱼等相继问世。转基因动物在生命科学研究、人类疾病模型、异种器官移植、动物品种改良、食品药品生产等方面起着重要作用，对社会发展和人类健康意义重大，但该项技术在应用过程中仍存在一些问题。动物转基因技术已成为生命科学领域的研究热点，随着理论和技术不断向前推进，它必将对人类的疾病治疗、生产生活、社会发展等方面产生巨大的影响。

四、什么是转基因食品？

转基因食品是指以转基因生物为原料制作加工而成的或直接鲜食的食品[3]。直接以转基因作物为食品的有转基因番茄、转基因甜椒等；以转基因作物作为原料加工出来的食品有以转基因大豆生产的豆奶、食用油等。

时至今日已有三代转基因食品。第一代是以提高农作物的抗逆性为目标，如抗病虫害等。第二代以增加食品营养、改善食品品质为主要特征，如高油酸转基因大豆，其能减少人体对饱和油脂的摄入量，有效预防心血管疾病。第三代则是以增加食品的免疫功能和食品中的功能因子为目标。

第二节　转基因技术的前世今生

一、人类赖以生存的作物和动物都是从野生生物驯化而来

人类驯化野生动植物、改良作物的历史和人类文明史一样源远流长。大约在公元前 8000 年，人类开始驯化野生动植物[1]，在驯化的过程中，生物的基因组和表型相对野生祖先会发生巨大的变化。

我国是水稻的起源地。新石器时代的先民已开始种植水稻，经过漫长的栽培过程，将易落粒、长芒及褐色谷粒具休眠期的野生稻驯化成今天高产优质的栽培水稻[4-5]（图 6-1）。

8000 多年前，黄河流域的先民将狗尾草驯化成我们今天吃的小米。也就是说，现在世界各地所栽培小米的野生种就生长在我国黄河流域[6-7]（图 6-2）。马铃薯（土豆）源自秘鲁南部的野生祖先[8]，通过驯化，栽培马铃薯相比野生祖先的块茎大了几十倍（图 6-3）。

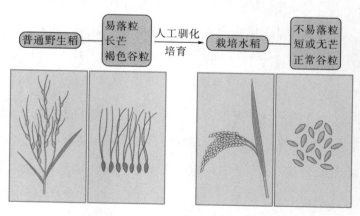

图 6-1　普通野生稻驯化成栽培水稻

图6-2 小米是从狗尾草驯化而来

图6-3 马铃薯野生祖先种和栽培马铃薯对比

　　绵羊是较早被人类驯化的动物物种之一。最早的绵羊源自一万多年前的伊朗西北部，可能是由盘羊驯化而来，其雄羊以角大成螺旋形为特征。猪的驯化从新石器时代就开始了，中国是世界上最早养猪的国家。基因组研究表明，约9000年前，家猪经历了两次独立驯化[1]。

　　完全依靠天然杂交，自然进化的速度是非常缓慢的。自然作物经过人工驯化变成人类种植的作物需要经过很长时间。怎样加快速度呢？采取有目的的人工干预，可以明显加快品种改良的进程。

二、杂交：转基因的"前世"

杂交是通过不同基因型的个体之间的交配而获得某些双亲基因重新组合的个体的方法，是最重要的传统育种方式。杂交现象在自然界中也是普遍存在的，是物种形成的重要方式。

研究发现，六倍体普通小麦来自三个物种的天然杂交（图6-4）。

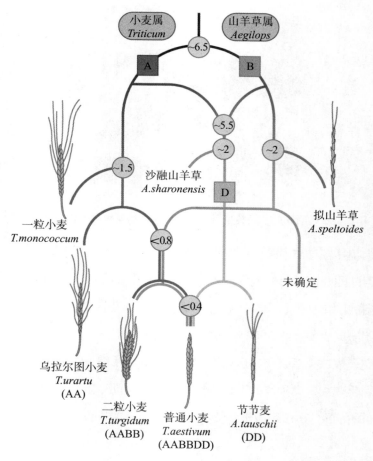

图6-4 六倍体普通小麦来自三个物种的天然杂交

人类利用这个大自然的馈赠，将普通小麦培育成主粮。遗传物质的大规模变异，也造成了大量的表型变异。

杂交育种是在有性生殖过程中通过基因的分离和自由组合，再经过定向筛选，实现好的基因在子代中的积累。从18世纪中叶起，育种工作者们开始将同一物种的不同品系进行人工杂交，甚至进行种间、属间杂交。他们从杂交后代中寻找有所需性状的植株。要想获得具有优良性状且能稳定遗传的植株，需大量的人力物力。一个品种的选育需几年甚至长达十年以上的时间。

尽管杂交育种耗时费力，但经过一代代育种工作者的不懈努力，人类已培育出许多的优良品种。杂交至今仍是作物育种的主流方法。

三、转基因的"今生"

驯化与杂交在本质上都是改变生物的基因组，只不过它们发生在同类物种或近缘物种之间。远源亲本难以杂交，即使能杂交也难以从性状分离的后代群体中选择到理想的性状。后来人们尝试把两个不同类的物种的基因进行替换或重组，使物种获得更大的变化，这就发展成了现在的转基因技术。

20世纪后半叶，在对基因有了深入的了解和研究以后，一种新的育种技术——转基因技术问世。1973年，美国科学家科恩等将大肠杆菌的抗四环素质粒和抗新霉素、抗磺胺质粒经剪切拼接成的杂合质粒转入大肠杆菌，获得具双重抗菌性的重组大肠杆菌，从此开启了转基因技术的研究。

1983年，世界上第一例转基因作物（烟草）问世。1994年，延熟保鲜转基因番茄在美国批准上市。2000年，全球转基因作物种植面积达到 4420 万公顷。2001 年，在有激烈争议的情况下，转基因作物种植面积仍比上年增加 19％，达到 5260 万公顷。其中转基因大豆种植面积为 3330 万公顷，占转基因作物总面积的 63％；其次为玉米，占转基因作物总面积的 19％。2019 年，转基因作物（大豆、玉米和油菜）在世界五大转基因作物种植国的平均应用率不断增长，其中美国 95％、巴西 94％、阿根廷接近 100％、加拿大 90％、印度 94％。29 个国家/地区种植了 1.904 亿公顷的转基因作物。总计 71 个国家/地区应用了转基因作物，其中 29 个国家/地区种植转基因作物，其余 42 个国家/地区进口转基因作物[9]。

我国于 1986 年 3 月启动实施了"高技术研究发展计划"（863 计划），把转基因生物技术列入国家发展重点，在这之后转基因生物技术走向了国家整体战略规划位置。1997 年，我国第一例转基因耐贮存番茄获准商品化生产，其种植面积很小；2001 年，中国农业科学院研制的抗虫棉种植面积达 900 万亩（60 万公顷）。截至 2013 年，我国共批准了 7 种转基因植物安全证书。在我国发展转基因技术的 30 多年来，转基因技术取得了丰硕成果，多种优良的转基因农作物相继从实验室走向了市场。2017 年，转基因作物产业化推广已正式列入国家"十三五"科技创新计划[10]。经过数十年的研究，我国农业生物技术已跃入国际前沿行列，在农业功能基因组和生物基因工程领域引领国际潮流，为利用新技术保障我国粮食安全奠定了科技基础。

目前，全球已经大规模商业种植的转基因作物主要有大豆、玉米、棉花、油菜、木瓜等。美国转基因大豆产量占其大豆总产量的 95％以上。我国作为世界第 6 大转基因作物种植国，转基因作物的种植面积有 400 多万公顷，主要集中在棉花、木瓜、白杨等经济作物和林木上。

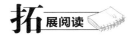

转基因技术拯救木瓜

木瓜环斑病毒（papaya ring－spot virus）可以在 10 年内让全球木瓜产量减少 90％。目前 99％以上的木瓜都是转基因抗病毒木瓜，转的是病毒的外壳蛋白基因。中国的转基因木瓜种植面积接近 1 万公顷（2017 年）。

转基因植酸酶玉米能大大提高磷的利用效率

磷是动物不可缺少的营养元素。玉米、大豆等饲料中总磷含量丰富，但 65％以上的磷是以不能为动物吸收利用的植酸磷形式存在的。植酸酶能分解植酸磷，让磷能够被动物吸收。能产生植酸酶并稳定遗传的转基因玉米，能大大提高磷的利用率。这是中国持有的转基因技术专利。

相比转基因植物，转基因动物的发展相对滞后。1980 年，戈登（Gerdon）等将重组质粒直接注入小鼠受精卵原核中，获得了第一只转基因小鼠。1982 年，帕尔米特（Palmiter）等利用显微注射法成功地将人的生长激素基因注射到小鼠受精卵雄原核中，获得表达生长激素基因的转基因超级"硕鼠"。相比普通小鼠，其生长速度快 2～4 倍，体形大 1 倍。1987 年，西蒙斯（Simons）等把羊的乳球蛋白基因导入小鼠基因组中，使阳性小鼠乳腺中分泌出了这种蛋白，产生了"家畜乳腺生物反应器"。2004 年，美国科学家宣布培育出了世界上首只转基因猴，为人类最终战胜糖尿病、乳腺癌、帕金森症和艾滋病等顽症带来了希望。目前国外已成功制备了转基因鼠、兔、羊、猪、牛、鸡、鱼和鹌鹑等动物[11]。

中国是世界上较早开展转基因动物研究与开发的国家之一。1984年，陆德裕等将人 β-珠蛋白基因注入小鼠受精卵，得到了转基因小鼠。1985 年，我国首次在国际上成功获得了转基因鱼。1990 年，中国农业大学农业生物技术国家重点实验室等科研机构攻关建立了动物乳腺生物反应器和体细胞克隆技术平台，成功通过动物乳腺生产了疫苗和干扰素，标志着转基因动物研究与产业化在中国形成。

如今，转基因动物的应用及产业化的速度非常迅猛，全球有以动物转基因技术为核心的公司上百家，该产业已成为 21 世纪生物技术领域的重要产业。

第三节　转基因技术的生物安全问题及伦理争议

转基因技术是人类科技和经济史上首例尚未产业化即被广泛关注并纳入严格监管的新技术。

一、阿西洛马会议[12-13]

基于对重组 DNA 技术领域可能存在的风险以及各种非自然发生的生物危害的高度关注，在伯格、罗伯特·波洛克等著名科学家的建议下，1975 年 2 月，全球首次"重组 DNA 生物安全性"国际会议在美国加利福尼亚阿西洛马会议中心举行，有 100 余名科学家参加了本次会议。会议对重组 DNA 技术发展初步达成共识：未来的研究和实践或许将表明多数潜在的生物危害比我们预想的程度和发生的可能性小。会议确立了重组 DNA 实验研究的指导方针或准则：在实验设计阶段就应该考虑其潜在的生物危害等风险，明确相应的控制措施；在国家层面采取行动以形成针对已知的或潜在的生物危害的实验行为的规范体系；依据新科学知识的进步对相关问题进行持续的再评估是至关重要的。

阿西洛马会议作为人类生物技术规制史上具有里程碑意义的一次国际会议，其对当代生物技术研究的规制决策和诸多理论与现实问题的探讨具有重要的参考价值。同时，阿西洛马会议也表明科学家比公众更早关注转基因的生物安全问题。

二、生命伦理学的基本原则

伦理学又称道德哲学，是对人类行动社会规范进行研究的科学。应用伦理学是应用普通规范伦理学的原则解决特定领域的伦理问题，而应用于生命科学技术和医疗保健领域的就是生命伦理学[14]。伦理学的基本原则主要是四个：不伤害、效用、尊重和公正原则[15]。这四个原则将有助于我们分析判断转基因等生物技术可能带来的伦理问题。

（一）不伤害原则

不伤害原则的基本内涵是个人或集体的行为不应对其他人或其他集体造成不必要的伤害。不伤害的义务包括有意的伤害、无意的伤害和伤害的风险。在许多情况下，个人或集体有意识地做了某些自己事先知道会对他人或集体造成的伤害，或恶意甚至无意造成的伤害，均违反了不伤害原则。技术的滥用或不尊重他人的权利往往就是一种有意伤害他人或其他生命而违背不伤害原则的典型表现，如用核技术制造的原子弹用于非正义战争，利用基因技术生产针对特定人群的基因武器等。有意的伤害在伦理学上一般得不到辩护，而受到的是道德的谴责甚至法律的制裁。

无意的伤害是人们无意地违反了这一原则而给他人或其他生命造成的伤害。无意的伤害一般是由于人的工作疏忽、粗心大意、操作失当、不遵守相关规则或误用技术等造成，如人们在研究和发展转基因生物时，无意地给人类健康和生物多样性带来伤害等。一般来讲，我们要尽量避免故意的伤害，或更准确地说，故意的伤害是应禁止的。在伤害不可避免的情况下，我们要有"未雨绸缪、防患于未然"的风险防范意识和小心谨慎的负责态度，尽量将伤害降到最低或消灭在萌芽状态。

（二）效用原则

我们的行动不仅不能伤害人和其他生命客体，而且还要使我们的行动尽可能地有利于人和其他生命客体的发展，尽可能地取得最大的效用。效用就是指我们的行动或决策所带来的利益与伤害。效用原则可对各种社会需要进行排序，并且可作为解决不同社会需要间的冲突的手段。当人们在达成目的的各种手段间进行权衡时，效用原则是必不可少的。效用原则要求我们的行动或决策能获得最大可能的好处而带来最小可能的害处，也就是要求我们的行动或决策应尽可能地取得最大的正效用和最小的负效用，追求收益最大化、代价最小化。

（三）尊重原则

"尊重"主要是指"尊重人"。尊重人包括尊重其自主性、自我决定权，贯彻知情同意，保护隐私和保密等内容。尊重人也包括尊重人或人类生命的尊严。尊严源于人或人类生命的内在价值及对其的认同。人具有主体性，人不是物体和东西，他或她不仅仅是客体，不能只当作工具、手段对待，如转基因产品的标识就是尊重消费者或使用者的知情同意权、自主选择权的体现。

（四）公正原则

给予每个人应得的物质或精神的意愿就是公正概念的一个重要和普遍有效的组成部分。公正包括"分配公正""回报公正"和"程序公正"。"分配公正"指在一个由证明合理的规则所决定的社会中进行公平、公正以及合理的分配。简单地说，就是指利益和负担的公平分配，其范围包括分配各种收益和负担，如财产、资源、税收和机会等。分配公正在公正原则中最为重要，也最难实现。回报公正的核心是赏罚公正，即做好事应受到奖励，有过错应受到惩罚。程序公正旨在保证我们采取的行动有正当程序，可以指导我们应该如何做。

三、转基因食品/作物的安全性问题[16-17]

（一）食品安全问题

传统食品经过了人类长时间的食用，绝大部分已表明其是安全可靠的。转基因食品是现代生物技术的产物，关注其安全性是情理之中的事。转基因食品是否含有毒素？是否含有过敏原？抗生素标记基因是否有危险？对人体有何长期效应？这些均是人类十分关切的问题。

一部分人认为转基因食品是安全的，其理由包括：

（1）至今为止未发现一例危害人体健康的例子；

（2）转基因食品经严格把关，不会含有毒素；

（3）转基因食品含过敏原的概率极小；

（4）抗生素抗性标记基因的水平转移可能性很小。

上述观点固然有一定道理，但也需要进一步论证。转基因食品商业化已有 20 多年的时间（1994 年至今），确实还未发现对人体健康有害的案例，但也不能就此认定所有转基因食品都是安全的，这一点也许还需更长时间来观察。关于毒素问题，如何严格把关，还需进一步探讨。至于过敏原问题，传统食品同样存在，转基因食品因过敏原清楚，该问题是可避免的。至于抗生素抗性标记基因转移的问题，抗生素标记基因已有技术可删除，不会进入人体。

拓展阅读

普斯泰（Pusztai）事件[18]

1998 年，英国洛维特（Rowett）研究所普斯泰（Pusztai）用转雪花莲凝集素基因的马铃薯饲喂大鼠，声称大鼠食用后"体重和器官重量减轻，免疫系统受到破坏"。此事引起国际轰动，绿色和平组织（Green peace）、国际地球之友（Friends of the Earth International）等环保组织把这种马铃薯说成是"杀手"，策划了焚烧破坏转基因作物试验地、阻止转基因产品进出口、示威游行等一系列活动。1999 年 5 月，英国皇家学会组织了同行评议，指出 Pusztai 的实验存在六方面的错误：不能确定转基因和非转基因马铃薯的化学成分有差异；对食用转基因马铃薯的大鼠未补充蛋白质以防止饥饿；供试动物数量少，饲喂几种不同的食物，且都不是大鼠的标准食物，缺乏统计学意义；实验设计不合理，未作双盲测定；统计方法不当；实验结果无一致性等。同行评议认为 Pusztai 无法从中得出转基因马铃薯有害生物健康的结论。

也有一部分人认为转基因食品是不安全的，其理由包括：

（1）转基因食品打破了自然界的物种界限和生物进化的规律，可能破坏自然界的完整性和统一性，潜在危害还没表现出来；

（2）存在过敏原与毒素，对特定人群可能有不良后果；

（3）特定基因的转入增强了作物的某种性能，这可能打破食品中的营养平衡，对人体健康不利。

上述观点同样有一定道理。按照伦理学的不伤害原则，转基因产品不应对人类健康造成危害，否则就是伤害了人类。从尊重原则来看，人类要尊重大自然，尊重自然界的发展规律，否则会受到大自然的惩罚。食品作为一个有机整体有其自身的营养特性和化学结构，转入新的基因可能会破坏其营养结构，从而给人体带来不良影响。以上这些可能性是存在的，需探索更完善的评价体系。

知识窗

虫子吃了转基因抗虫（Bt 蛋白）棉或玉米会死，人吃了会没事？

Bt 蛋白只与鳞翅目靶标昆虫肠道上皮细胞的特异性受体结合，致使其肠穿孔死亡，其他的非靶标昆虫吃了没事。哺乳动物和人类肠道细胞没有该蛋白的结合位点，因此不会对人体造成伤害。

Bt 蛋白来源于苏云金芽孢杆菌，该菌作为杀虫剂使用已有 70 多年的历史，应用于转基因玉米和棉花也已超过 20 年，无任何危害健康案例报道。

（摘引自林敏主编的《转基因技术》，中国农业科学技术出版社，2020 年版）

（二）生态安全问题[13]

转基因食品/作物的生态安全问题主要有：转基因作物是否会导致基因污染？是否会演变成超级杂草？是否会破坏生态平衡？

支持者认为转基因作物是安全的，不仅不会破坏环境，还会减少环境污染。推广转基因作物的种植，可减少农药和化肥的使用，从而减少对环境的污染。转基因技术创造的新物种，能够增加生物多样性。

反对者认为转基因作物扩散到近缘野生物种，可以产生超级杂草。基因污染的可能性是存在的。

生态系统是经过长期进化形成的，一种外来物种有可能不能适应新的环境，也有可能成为入侵者，打破生态平衡，破坏环境。

从公正原则来看，增强转基因作物的某种性能，可能对其他物种构成威胁，对其他物种是不公平的。发展和应用技术应该以保护环境、维护生态平衡为原则，这也是我们的义务和责任。

拓展阅读

斑蝶事件

1999 年 5 月，康奈尔大学的一个研究小组在《自然》（Nature）杂志上发表文章，声称其用带有转基因抗虫玉米花粉的马利筋叶片饲喂大斑蝶，导致 44% 的幼虫死亡，由此引发转基因作物环境安全性的争论。实验是在实验室完成的，并不反映田间情况，因而缺乏说服力，且没有提供花粉量的数据。现在对这个事件的结论是：玉米的花粉大而重，扩散不远，在玉米地以外 5 米，每平方厘米马利筋叶片上只找到一粒玉米花粉。2000 年开始在美国 3 个州和加拿大进行的田间试验证明，抗虫玉米花粉对斑蝶并不构成威胁，在实验室用 10 倍于田间的花粉量来喂大斑蝶的幼虫，也没有发现对其生长发育有影响。后来研究已经证实，斑蝶减少的真正原因是农药的过度使用和大斑蝶越冬地的墨西哥生态环境遭到破坏。

墨西哥玉米事件

2001 年 11 月，美国加州大学伯克利分校的两位研究人员在《自然》（*Nature*）杂志上发表文章，声称在墨西哥南部瓦哈卡（Oaxaca）地区采集的 6 个玉米地方品种样本中，发现有 CaMV35S 启动子及 *Novartis* Bt 11 抗虫玉米中的 *adhl* 基因相似序列。有环保组织借此大肆渲染墨西哥玉米已经受到了"基因污染"，甚至指责墨西哥小麦玉米改良中心的基因库也可能受到了"基因污染"。该文章发表后受到很多科学家的批评，被指出其在方法学上有许多错误。所谓测出的 35S 启动子，经复查证明是假阳性。所称 Bt 玉米中的 *adhl* 基因已经转到了墨西哥玉米的地方品种，则是"张冠李戴"。因为转入 Bt 玉米中的基因序列是 *adhl* −S 基因，而作者测出的是玉米中本来就存在的 *adhl* −F 基因，两者的基因序列完全不同。显然作者没有比较这两个序列，审稿人和 *Nature* 编辑部也没有核实。对此，*Nature* 编辑部发表声明，称"这篇论文证据不足，不足以证明其结论"。墨西哥小麦玉米改良中心也发表声明指出，经对种质资源库和从田间收集的 152 份材料的检测，在墨西哥任何地区都没有发现 35S 启动子。

四、转基因生物及产品的安全性评价及法规管理

以重组 DNA 技术为代表的转基因技术，在为农业生产、人类生活

和社会进步作出贡献的同时，也可能对生态环境和人类健康产生潜在的风险。公众对转基因技术安全性的担忧始终存在。科学评价和管控风险才能确保其安全应用。

（一）安全性评价的内容

（1）环境安全性：指转基因后引发植物致病的可能性，生存竞争性的改变，基因漂流至相关物种的可能性，演变成杂草的可能性，以及对非靶生物和生态环境的影响等。

（2）食品、饲料安全性：主要包括营养成分、抗营养因子、毒性和过敏等。

安全性评价要以科学为基础、以科学数据为依据，经得起历史的考验，这是安全性评价必须遵守的基本原则。一个产品被批准上市一般需经过 6~7 年时间的评估。评估应对人体健康和生态环境的安全性做出实事求是的科学评价。

（二）转基因生物及产品安全

转基因生物及产品在美国是通过农业部、食品与药物监督管理局和环保局的安全评价后才允许商品化生产；欧盟则是通过安全评价后才批准国内外的转基因产品投放市场；日本是通过农林水产省的安全评价后才许可转基因农产品进口。

在我国，原国家科委颁布了《基因工程安全管理办法》。1996 年 7 月 10 日，国家农业部颁布了《农业生物基因工程安全管理实施办法》，成立了农业生物基因工程安全委员会和农业基因工程安全管理办公室。1997 年，国家农业部开始受理在中国境内从事基因工程研究、试验、环境释放和商品化生产的转基因植物、动物、微生物的安全评价与审批，对转基因生物及其产品的商品化生产进行了严格的安全评价，包括：

（1）新基因产品的特性的研究；

（2）分析营养物质和已知毒素含量的变化；

（3）潜在致敏性的研究；

（4）转基因食品与动物或人类的肠道中的微生物群进行基因交换的可能及其影响；

（5）活体和离体的毒理和营养评价。

（三）转基因食品的标识问题与知情选择[19]

转基因食品标识是指对转基因食品要进行明确的说明，即说明该商品是转基因食品或含有转基因成分，供消费者自主选择。转基因食品标识主要分为强制性标识和自愿性标识两种。针对转基因食品标识，人们也持有两派观点。

1．支持者的理由

（1）尊重消费者的知情选择权。

消费者有权知道转基因食品转入的基因和各种成分，有权知道转基因食品里化学变化可能带来的风险，有权选择是否购买。

（2）可以让消费者回避特定物质。

有些转基因食品含有特定的过敏原，消费者可根据自身情况购买或回避。

（3）尊重某些特殊群体的宗教信仰。

不同宗教信仰的人群有各种饮食禁忌。不同国家和不同民族的消费者有不同的宗教信仰、风俗习惯、饮食习惯等。对转基因食品进行标注是对他们的尊重。

2．反对者的意见

（1）转基因食品与传统食品一样安全，没必要进行标识。

转基因食品的生产者和销售者不希望进行标识。他们认为传统食品不要求标识，转基因食品也不应该标识。如果对转基因食品进行标识，会误导消费者，暗示其不安全。

（2）实行标识制度，会增加转基因食品成本，增加消费者负担。

（3）转基因食品标识会使转基因农业处于危险之中。

从伦理学的不伤害原则和尊重原则来看，要求对转基因食品进行标识的目的就是尊重消费者的知情选择权，避免给消费者带来不必要的伤害。从效用原则来看，从长远利益来分析，要让消费者接受转基因食品，就要消除消费者对安全性的担忧。

实际上，在美国实行转基因标识制度之前，转基因支持者普遍担心如果实行标识制度，会让人们进一步妖魔化转基因。然而，率先强制执行标识制度的美国佛蒙特州的实践表明，转基因的强制标识制度提升了消费者对转基因食品的接受度。这可能是因为在明确了哪种食品为转基因食品后，消费者反而要调动其知识储备来衡量是否购买转基因食品，进而增强了对转基因技术的了解。

转基因技术是社会生产力发展到一定阶段的产物，创造了巨大的经济效益和社会效益。科学的探索永远充满了未知，这造就了转基因食品的优势和风险并存。让转基因产品在发扬其优势的同时避免造成伤害，是人们共同的心愿。为此，正确引导人们客观认识转基因技术是必要的。在面对新技术给人类带来的巨大便利的同时，必须看到转基因产品的潜在风险，不要让利益摧毁冷静的头脑。鉴于转基因食品的不可预知性，对待转基因食品应该谨慎，但绝不能夸大其风险。应该重视道德规范，充分发挥伦理道德的价值导向作用，加强安全监督，完善政策法规和健康管理制度，使人类真正从中受益。

本讲小结

本章介绍了转基因技术的由来、发展转基因技术的意义及发展概况，并在此基础上客观分析了转基因作物/食品存在的生物安全问题及由此带来的争论。我们应理性看待转基因技术及产品，发挥伦理道德的价值导向作用，加强安全监督，完善政策法规和健康管理制度。

（唐琳）

【思考与行动】

1. 通过本讲的学习，你对转基因技术及转基因作物/食品是否有了更多的了解？谈谈你的想法。

2. 你是否支持转基因食品商业化？

3. 在超市购买食品时，留心观察一下：哪些可能是转基因食品？它们的标识情况如何？

参考文献

[1] 林敏. 转基因技术 [M]. 北京：中国农业科学技术出版社，2020.

[2] 胡慧宇，李忠慧. 转基因动物安全性评价 [J]. 当代畜牧养殖业，2020（11）：35－36.

[3] 陈扁，李绍清. 科学理性看待现代农业中的基因工程 [J]. 广东蚕业，2018，52（10）：8，10.

[4] JIN J，HUANG W，GAO J P，et al. Genetic control of rice plant architecture under domestication [J]. Nature Genetics，2008，40（11）：1365－1369.

[5] KOVACH M J，SWEENEY M T，MCCOUCH S R. New insights into the history of rice domestication [J]. TRENDS in Genetics，2007，23（11）：578－587.

［6］ZHANG G Y，LIU X，QUAN Z W，et al. Genome sequence of foxtail millet (*Setaria italica*) provides insights into grass evolution and biofuel potential ［J］. Nature Biotechnology，2012，30（6）：549－554.

［7］JIA G Q，HUANG X H，ZHI H，et al. A haplotype map of genomic variations and genome－wide association studies of agronomic traits in foxtail millet (*Setaria italica*)［J］. Nature Genetics，2013，45（8）：957－961.

［8］XU X，PAN S K，CHENG S F，et al. Genome Sequence and analysis of the tuber crop potato ［J］. Nature，2011，475（7355）：189－195.

［9］国际农业生物技术应用服务组织. 2018 年全球生物技术/转基因作物商业化发展态势 ［J］. 中国生物工程杂志，2019，39（8）：1－6.

［10］黄毓骁. 转基因技术对中国农业发展的影响分析与建议 ［J］. 经济观察，2019（24）：12－13.

［11］吴易雄. 转基因动物的伦理问题和公共政策研究 ［D］. 长沙：中南大学，2008.

［12］李建军，唐冠男. 阿希洛马会议：以预警性思考应对重组 DNA 技术潜在风险 ［J］. 科学与社会，2013，3（2）：98－109.

［13］李朋飞. 转基因技术的环境伦理问题探讨 ［D］. 广州：广州中医药大学，2014.

［14］翟晓梅，邱仁宗. 生命伦理学导论 ［M］. 2 版. 北京：清华大学出版社，2020.

［15］沈铭贤. 生命伦理学 ［M］. 北京：高等教育出版社，2003.

［16］蔡飞. 转基因食品的潜在风险与伦理思考 ［J］. 现代食品，2018（8）：7－9.

［17］王子骞，陈彦宇，齐俊生. 转基因食品的安全性探讨 ［J］. 农业与技术，2020，40（21）：175－177.

［18］马中良，袁晓君，孙强玲. 当代生命伦理学——生命科技发展与伦理学的碰撞 ［M］. 上海：上海大学出版社，2015.

［19］佩汉，弗里斯. 转基因食品 ［M］. 陈卫，张灏，等，译. 北京：中国纺织出版社，2008.

第七讲

复制生命？克隆技术的是是非非

1996 年 7 月 5 日，英国爱丁堡罗斯林研究所的维尔穆特（Wilmut）科研小组，利用克隆技术培育出了一只雌性小羊（取名多莉）。这是世界上第一只用已经分化的成熟体细胞（乳腺细胞）克隆出的羊，是科学界克隆成就的一大飞跃。科学家们普遍认为，多莉的诞生标志着生物技术新时代的来临。继多莉出现后，克隆，这个以前只在科学研究领域出现的术语变得广为人知。克隆猪、克隆猴、克隆牛……纷纷问世，一夜之间，克隆时代已来到人们眼前。克隆羊多莉的诞生，引发了世界范围内关于动物克隆技术的激烈争论。那么，什么是克隆？怎样克隆？能不能克隆人？

第一节　克隆的概念

"克隆"一词源于希腊语中的 klon，意为"植物的无性繁殖"，是个园艺学名词。《现代汉语词典》对克隆的解释为"生物体通过体细胞进行无性繁殖，复制出遗传性状完全相同的生命物质或生命体"。世界卫生组织对克隆的定义为遗传上均一的机体或细胞系的无性生殖。也有人认为克隆是现代人类社会发展的技术产物，只有人工诱导的无性繁殖方式才可以称为克隆（如多利羊的诞生）；而自然界本就存在的复制现象不能称为克隆（如细菌的繁殖）[1]。因而从狭义上讲，克隆（cloning）应指利用现代生物技术对生命体进行无性繁殖的操作技术。

克隆也指个体、细胞、基因等不同水平上的无性增殖物，通过无性增殖而产生的遗传上均一的生物群，即具有完全相同的遗传组成的一群细胞或者生物的个体。

在植物的无性增殖中，植物器官等由同一个体通过营养繁殖而增长的个体群均被视为克隆。采用组织培养方法可使植物细胞培养发育成完全的个体（或愈伤组织），采用这种方法得到的具有相同基因型的个体群，也被称为克隆。

在动物的无性增殖中，典型的例子是采用核移植实验方法，把分化细胞的核移植到一个事先去核的卵中，让其发育并得到克隆动物。克隆技术不需要雌雄交配，不需要精子和卵子的结合，只需从动物身上提取一个单细胞，用人工的方法将其培养成胚胎，再将胚胎植入雌性动物体内，就可孕育出新的个体。这种以单细胞培养出来的克隆动物，具有与单细胞供体完全相同的特征，是单细胞供体的"复制品"。克隆动物具有均一的遗传性质，在研究环境条件对发育、分化的影响以及药物的检测方面都是重要的实验材料。

第二节　神奇的克隆技术

《西游记》里孙悟空拔毫毛变猴子的故事可谓家喻户晓。这些猴子与孙悟空长得一模一样，一次又一次帮助孙悟空打败妖魔鬼怪。仔细想想这不就是克隆吗？当然这是神话故事，是人们的幻想而已。与生物进化的历史一样，克隆技术从细胞到分子、从植物到动物不断发展，特别是哺乳动物的克隆成功，标志着生物技术进入了崭新的阶段。

一、自然界存在克隆现象

其实在日常生活中我们也会见到"克隆"现象，如发霉的面包。细菌、低等动物和植物，它们确实可以以自身细胞为模板，复制出新的个体，这在生物学上称为无性繁殖。细菌（图7-1）可由母体的一部分直接产生子代进行繁殖；草履虫（图7-2）身体的中间部位能一分为二，分裂出与母体一样的虫体。

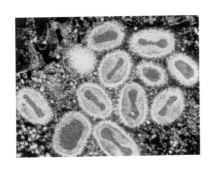

图7-1　细菌

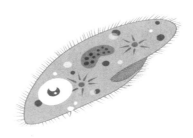

图7-2　草履虫

　　水螅和酵母菌（图7-3）可在身体的某些部位长出芽体，逐渐长大后脱落，形成一个独立的新个体。霉菌、苔藓和蕨类（图7-4）可产生大量孢子，散布到环境中，在适合的条件下萌发成新个体。

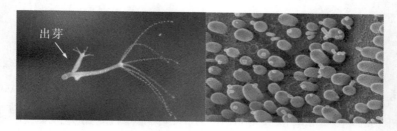

图7-3　水螅和酵母菌

图7-4　霉菌、苔藓和蕨类

二、植物的组织培养技术

　　植物的组织培养技术广义上是指以植物组织细胞为基本单位，在离体条件下培养，使其某些生物学特性按人们的意愿发生改变，从而改良品种、创造新物种、加速繁殖植物个体或获得有用物质的过程（图7-5）。

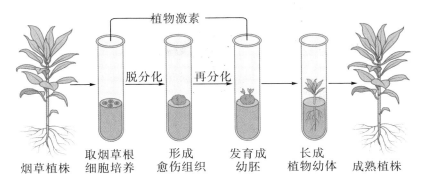

图7-5 植物组织培养技术路线图

细胞学说和细胞全能性学说为组织培养技术的产生奠定了理论基础。20世纪60年代，植物组织培养逐渐走向产业化和商业化，为农业生产作出了巨大贡献。

（一）在育种上的应用

将植物组织培养技术与常规育种技术相结合，可缩短育种周期，提高育种效率，从而快速获得特殊倍性材料、克服远缘杂交不亲和、导入外源基因、筛选突变体和种质资源保存等。

（二）种苗脱毒与快速繁殖

很多农作物在被病毒侵染后，常规的营养繁殖会将病毒从亲代传给子代，严重影响农作物的产量与质量。植物的茎尖分生组织培养技术可脱除材料所携带的病毒。我国在20世纪80年代就已建立了马铃薯和甘蔗的脱毒试管苗生产技术并应用于生产。利用植物组织培养技术可使有性繁殖系数低的植物快速繁殖，提高经济效益。

（三）生产有用次生代谢产物

利用植物大规模细胞培养可生产存在于细胞内的天然化合物，如人参糖苷、长春碱等。

（四）在基础研究中的应用

植物原生质体体系的建立为植物细胞分裂周期调控、细胞分化等研究提供了良好的实验条件。离体器官培养和体细胞胚发生及其调控已成为研究植物形态建成的良好实验体系。花药和花粉培养获得的单倍体和纯合二倍体植株是研究细胞遗传的良好材料。植物组织培养为研究植物生理活动提供了理想的技术体系。

三、动物克隆技术是生命科学的重大突破

高等动物采用有性生殖繁殖后代。一般来说，只有身体中的干细胞和早期胚胎细胞才具有自我复制的能力。

（一）高等动物是否能由已经分化的细胞形成完整的个体？

克隆高等动物的想法一直以来困扰着科学家们。

1902 年，德国胚胎学家汉斯·斯佩曼（Hans Spemann）用婴儿头发做成套索固定在两个蝾螈胚胎细胞之间，将发育到 2－细胞时期的蝾螈胚胎一分为二，发现它们最终各自都长成了完整的蝾螈。如果是分裂进一步发育的胚胎细胞，则无法发育成蝾螈。这个实验说明早期胚胎细胞能够发育成个体，而更加后期的胚胎则不行。1928 年他再次用蝾螈胚胎做实验：将蝾螈的受精卵用头发套索固定并挤压成两部分（并不分割），含有细胞核的部分继续发育，经 4 次分裂形成 16 个细胞后将头发套索松开，让那个被套索固定的细胞核进入只有细胞质的一边，发现其继续发育并长成了蝾螈。这次实验表明细胞核可以源于较为成熟的细胞，而早期的细胞质对克隆来说非常重要[2]。

核移植

核移植是指将细胞中含有遗传物质的细胞核从供体细胞中取出，移植到受体细胞，从而使受体细胞拥有供体细胞遗传物质的方法。在现代核移植概念中，受体细胞特指卵子或受精卵。将卵子或受精卵中的细胞核去除掉，然后将供体细胞的细胞核移入受体细胞中，就能获得一枚细胞核和细胞质来源于不同细胞的重构细胞。

1952年，美国科学家罗伯特·布里格斯（Robert Briggs）和托马斯·金（Thomas King）借助核移植方法用蝌蚪（图7-6）胚胎细胞完成了复制。他们将胚囊期的细胞核植入去核的卵子中，成功获得了可正常发育的蝌蚪[3]。这是人类第一次用细胞核移植技术成功发育出胚胎，是一次里程碑式的进展。但他们认为随着细胞的发育与分化，其中的遗传物质会被稀释，不可能从已经分化的细胞中获得克隆后代[4]。

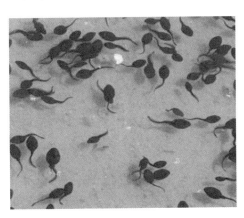

图 7-6　蝌蚪

1958年，英国科学家约翰·格登（John Gurdon）利用已高度分化的非洲爪蟾（图7-7）的肠细胞获得了克隆后代[5]。这一成果充分说明了已经高度分化的细胞可以被重新逆转为具有多潜能分化能力的细胞。

图 7-7 非洲爪蟾

1986 年，美国威斯康星大学的菲尔斯特博士利用牛的早期胚胎细胞克隆出了 4 头小牛。同年，英国的维尔穆特博士和坎贝尔博士尝试对胚胎细胞采用"饥饿技术"（即在供体细胞的培养基中降低营养物质的浓度，使供体细胞处于"饥饿状态"，停止分裂增殖而休眠），培育出了 2 只克隆羊。随后克隆鼠、克隆兔和克隆猪相继问世。1997 年，美国俄勒冈州灵长类研究中心用克隆胚胎培育出了两只猕猴。

我国生物学家童第周在 20 世纪 60 年代以金鱼和鲫鱼为材料做了细胞核移植实验，并在 20 世纪 70 年代提出了对哺乳动物进行核移植的设想。西北农业大学（西北农林科技大学前身之一）畜牧所于 1990 年用胚胎移植获得了一只克隆羊，现已完成 5 代山羊胚胎的克隆，总成功率在 30％以上，在国际上处于领先水平。江苏农业科学院于 1992 年获得了克隆兔。1994 年，中国科学院发育生物学研究所杜淼获得了来源于继代连续胚胎细胞核的克隆山羊。华南师范大学和广西农业大学于 1995 年获得了克隆牛。1995 年，西北农林科技大学猪胚胎克隆成功。1996 年湖南医科大学人类生殖工程研究得到了 6 只克隆鼠。

以上研究中的大多数实验都是利用的早期的胚胎细胞核完成的。

（二）哺乳动物已经分化的体细胞能否克隆出后代？

英国的维尔穆特博士一直从事动物繁育工作，尽管大家对克隆技术是否可行一直存疑，但他一直在坚持相关研究。1986年，他在爱尔兰的一场学术会议了解到已有科学家利用发育的胚胎培育了一只羊，这使他更坚定了这一研究方向。在培育"多莉"羊的过程中，他采用了体细胞克隆技术。也就是说，从一只成年绵羊身上提取体细胞（乳腺细胞），然后把这个细胞的细胞核注入另一只绵羊的卵细胞（已去除细胞核），最终新合成的卵细胞在第三只绵羊的子宫内发育形成了"多莉"羊（图7-8）。从理论上讲，"多莉"继承了提供体细胞的那只绵羊的遗传特征[6]。

与以往的胚胎移植培养不同，维尔穆特从6岁母羊乳腺细胞建立的细胞系培育出了世界上第一只用成体细胞发育成的哺乳动物。"多莉"羊的诞生将克隆实验推到了一个新阶段，在科学史上具有里程碑式的意义。"多莉"的诞生证明高度分化的成熟哺乳动物乳腺细胞仍具有全能性，还能像胚胎细胞一样完整地保存遗传信息，这些遗传信息在母体发育过程中并没有发生改变，还能完全恢复到早期胚胎细胞状态，发育成与核供体成体完全相同的个体。以往的遗传学认为，哺乳动物体细胞的功能是高度分化的，不可能重新发育成新个体。然而"多莉"被克隆出来了，它的诞生推翻了已形成上百年的理论，实现了遗传学的重大突破。

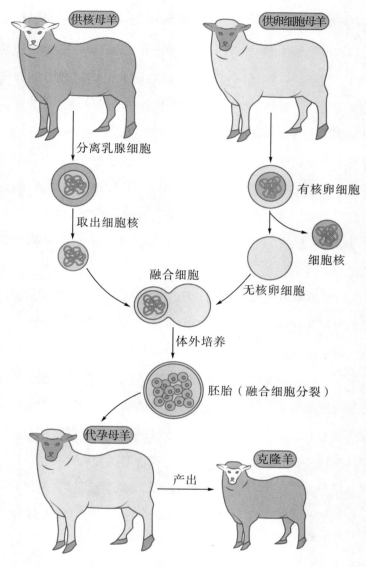

图 7-8　"多莉"羊的克隆过程

2017 年 11 月 27 日，世界上首只体细胞克隆猴"中中"在中国科学院脑科学与智能技术卓越创新中心（神经科学研究所）的非人灵长类平台诞生；同年 12 月 5 日，第二只克隆猴"华华"诞生（图 7-9）。该成果标志着中国率先开启了以体细胞克隆猴作为实验动物模型的新时代，实现了我国在非人灵长类研究领域由国际"并跑"到"领跑"的转变[7]。

图 7—9　体细胞克隆猴

四、动物克隆技术的应用

（一）繁殖优良品种

常规育种周期长，还无法保证 100％的纯度，用克隆这种无性繁殖方式，就能从同一个体中复制出大量完全相同的纯正品种，且耗时少、选育的品种性状稳定。

（二）建立动物工厂，制造药物蛋白

这一生产模式是利用转基因技术将药物蛋白基因转移到动物中并使其在乳腺中表达，产生含有药物蛋白的乳汁，再利用克隆技术繁殖这种转基因动物，从而大量制造药物蛋白。

（三）建立实验动物模型，探索人类疾病的发病规律

理想的动物模型是人类探究疾病和进行基础医学试验的重要工具。

克隆技术为研究配子和胚胎发生、细胞和组织分化、基因表达调控、核质互作等机理提供了工具。体细胞克隆猴的诞生将推动非人灵长类疾病动物模型的建立，促进针对阿尔茨海默病、孤独症等脑疾病以及肿瘤、代谢性疾病新药的研发进程。

（四）生产人胚胎干细胞，用于细胞和组织替代疗法

胚胎干细胞（embryonic stem cells，简称 ES 细胞）是具有形成所有成年细胞类型潜力的全能干细胞。科学家们一直试图诱导各种干细胞定向分化为特定的组织类型，来替代那些受损的体内组织，比如把产生胰岛素的细胞植入糖尿病患者体内。科学家们已经能够使猪 ES 细胞转变为跳动的心肌细胞，使人 ES 细胞分化为神经细胞和间充质细胞，使小鼠 ES 细胞分化为内胚层细胞。这些成果为细胞和组织替代疗法开辟了道路。目前，科学家已成功分离得到人 ES 细胞，而体细胞克隆技术为生产患者自身的 ES 细胞提供了可能。把患者体细胞移植到去核卵母细胞中形成重组胚，将重组胚体外培养到囊胚，然后从囊胚内分离出 ES 细胞，再使获得的 ES 细胞定向分化为所需的特定细胞类型（如神经细胞、肌肉细胞和血细胞），便可用于替代疗法。这种核移植法的最终目的是用于干细胞治疗，而非得到克隆个体，科学家们称之为"治疗性克隆"。

（五）拯救濒危动物，保护生态平衡

克隆技术的应用有望人为地调节自然动物群体的兴衰，达到平衡发展。世界上第一只被成功克隆的濒危动物是白肢野牛，但其在出生 48 小时后就死于痢疾。

> **讨论**

据俄罗斯"卫星"新闻网 2015 年 9 月 1 日消息，俄罗斯猛犸象博物馆馆长谢苗·格利高里耶夫表示，俄罗斯第一家灭绝动物实验室在雅库茨克开始工作。

该实验室的主要任务是找到能用于此后克隆所需要的活细胞。研究员们首要的任务是使猛犸象能够再生。为实施该项目，该实验室汇集了来自俄罗斯、中国及韩国的学者。

若给你已灭绝动物恐龙、猛犸象的 DNA，你能再造它们吗？

（六）克隆高附加值转基因动物

转基因动物研究是动物生物工程领域中极其诱人和具有发展前景的课题之一，转基因动物可作为器官移植的供体、生物反应器、家畜遗传改良和创建疾病实验的模型等。例如，利用转基因技术，先把人体相关基因转移到纯系猪中，再用克隆技术把带有人类基因的特种猪进行大量繁殖以产生适用器官，这种猪的器官细胞表面携带了人体蛋白和糖分特性，将其植入病人体内时，免疫排斥反应减弱，移植成功率提高，使用也更加安全。

目前转基因动物的实际应用并不多。转基因动物制作效率低、定点整合困难导致成本过高和调控失灵，以及转基因动物有性繁殖后代遗传性状出现分离、难以保持始祖的优良性状，是制约当今转基因动物实用化进程的主要原因。

但是，动物体细胞克隆技术为迅速放大转基因动物所产生的种质创新效果提供了技术可能。采用简便的体细胞转染技术实施目标基因的转移，可以避免家畜生殖细胞来源困难和低效率的问题。当今动物克隆技术重要的应用方向之一，就是高附加值转基因克隆动物的研究开发。

五、动物克隆技术存在的问题

尽管动物克隆技术有着广泛的应用前景，但离产业化尚有很大距离。作为一个新兴的研究领域，克隆技术在理论和技术上都还很不成熟。分化的体细胞克隆对遗传物质重编的机理还不清楚；克隆动物是否会记住供体细胞的年龄，克隆动物的连续后代是否会累积突变基因，以及在克隆过程中胞质线粒体所起的遗传作用等问题都还没有解决。

此外，克隆动物的成功率还很低。维尔穆特研究组在培育"多莉"的实验中，融合了 277 枚移植核的卵细胞，仅获得了"多莉"这一只羊，成功率仅有 0.36％，同时进行的胎儿成纤维细胞和胚胎细胞的克隆实验的成功率也分别只有 1.7％和 1.1％。此外，生出的部分克隆个体表现出生理或免疫缺陷。以克隆牛为例，日本、法国等国培育的许多克隆牛在降生后两个月内死去；到 2000 年 2 月，日本全国共有 121 头体细胞克隆牛诞生，但存活的只有 64 头。观察结果表明，部分犊牛胎盘功能不完善，其血液中含氧量及生长因子的浓度都低于正常水平；有些牛犊的胸腺、脾和淋巴腺未得到正常发育；克隆动物胎儿普遍存在比一般动物发育快的倾向，这些都可能是死亡的原因。同时，染色体末端的端粒决定着细胞能够分裂的次数：每一次分裂，端粒都会缩短，当端粒耗尽后，细胞就失去了分裂能力。1998 年，科学家发现"多莉"的细胞端粒比正常的要短，表明其细胞处于更衰老的状态。当时认为，这可能是用成年绵羊的细胞克隆"多莉"造成的，使其细胞具有成年细胞的印记。

克隆技术（尤其是在人胚胎方面的应用）对伦理道德的冲击和公众对此的强烈反应也限制了克隆技术的应用。但近年来克隆技术的发展也表明，世界各科技大国都不甘落后，谁也没有放弃对克隆技术研究。例如 1997 年 2 月底，在英国政府宣布中止对"多莉"研究小组投资不到 1 个月后，英国科技委员会就对克隆技术发表了专题报告，表明英国政府将重新考虑这一决定，他们认为盲目禁止克隆技术研究并不是明智之举，应建立一定的规范，利用它为人类造福。

第三节　克隆技术与克隆人类

一、"多莉"之死

"多莉"的诞生让科学家们为之惊叹，激发了全球对生物学的关注，也引发了世界范围内关于操纵生命的伦理之争。2003 年 2 月，检查发现"多莉"患有严重的进行性肺病，研究人员于是对它实施了安乐死。"多莉"的尸体被制成标本，存放在苏格兰国家博物馆。

绵羊通常能活 12 年左右，而"多莉"只活了 6 岁，它的死亡引起了人们对克隆动物是否会早衰的担忧。克隆动物的年龄到底是从 0 岁开始计算，还是从被克隆动物的年龄开始累积计算，还是从两者之间的某个年龄开始计算？也就是说，"多莉"出生时是 6 岁还是 0 岁或者是中间的某个岁数，这是一个很难回答的问题。正值壮年的"多莉"死于肺部感染，这是一种老年绵羊的常见疾病。据维尔穆特透露，以前"多莉"还被查出患有关节炎，这也是一种老年绵羊的常见疾病。

"多莉"的早夭引发了人们对克隆动物健康问题的关注，也使人们对克隆技术的安全性有了更多的思考。统计数据表明，克隆动物寿命存在问题。很多克隆动物出生后 24 小时内就死亡；即使能存活，寿命也比正常动物短。日本曾有报道称克隆鼠的寿命只有正常老鼠的三分之二。

克隆技术还是一个不成熟的技术。尽管利用的是动物体细胞，但需将其移植到卵细胞中，依赖卵细胞发育为胚胎，再经胚胎发育后出生。

二、克隆技术能否应用于人类克隆？

在理论上，利用同样的方法，人类也可以克隆。这意味着以往科幻小说中的独裁狂人克隆自己的想法是完全可以实现的。因此，"多莉"的诞生在世界各国科学界、政界乃至宗教界都引起了强烈反响，并引发了一场关于克隆人所衍生的道德问题的讨论。各国有关人士纷纷作出反应，认为克隆人类有悖于伦理道德。

知识窗

治疗性克隆（therapeutic cloning）是使干细胞定向发育，培育出细胞、组织和器官用于治疗疾病。

生殖性克隆（reproductive cloning）是指出于生殖目的使用克隆技术在实验室制造人类胚胎，然后将胚胎置入人类子宫发育成胎儿和婴儿的过程。

（引自翟晓梅、邱仁宗主编《生命伦理学导论》，清华大学出版社，2020 年版）

（一）克隆人类带来的问题

哪些人是可以克隆的，哪些人是不可以克隆的？这个标准由谁来制定？我们又有什么权利将我们这一代人的价值标准、善恶观念、审美观通过克隆强加给我们的后代？

若自然人和克隆人同时存在于一个地球上，是否会在人与人之间造成新的等级差别、新的不平等和新的人身歧视？供体人和克隆人同时存在时该如何区分二人的身份？又该如何辨识两个在 DNA、血液类型、视网膜、指纹、唾液等方面完全一样的人的身份？此外，克隆人的诞生也会引起家庭之间伦理关系的错位与混乱。

人类早期胚胎是不是属于生命？克隆人是否会妨碍人类的进化？2005 年，在第 59 届联合国大会上，联合国大会投票表决通过《联合国关于人类克隆宣言》，向全球发出呼吁：希望联合国各成员国能够禁止任何形式的人类克隆，即便是医学领域的治疗性克隆。该宣言的发起国是洪都拉斯，其认为克隆技术的应用对于人类而言属于不尊重行为，没有对人类生命安全起到保护性作用，同时前期要求各国采取实际行动，从应用生命科学入手，促使人类生命得到有效的保护。

此后，联合国在全面禁止人类克隆问题上进行了前后长达 4 年的拉锯战。尽管宣言已经被通过，但其还未达到国际公约的效力，并不能保证人类克隆在全球被禁止，且由于其不具有法律效力，基于立场的差异，不同的国家对此提案也表现出不同的态度，分歧较大。不少国家投了弃权票，因为各国对干细胞研究究竟是合乎医学伦理还是对人类生命的破坏这个关键的问题还没有取得一致的意见。很多科学家都指出，两种克隆技术并不能混为一谈，应对其予以区分，并在对待上体现出差异性。治疗性克隆对于人类健康有着重要作用，能够使人类某些疾病得到控制，如果禁止，则意味着上亿人口将会丧失恢复健康的机会。

（二）关于克隆技术的法律规范

关于克隆技术，各国态度不一。在 1985 年，德国就已经发出了相关报告，就生殖技术作出了规范和要求，指出在发展此类技术的同时，必须捍卫"人类尊严"，要保证技术的安全性，充分考虑其出现对人类社会的影响。德国在 20 世纪 90 年代初颁布了《胚保护法》，但是该法规的颁布严重影响到了科学研究工作的开展。英国于 1984 年公布了著名的《沃克诺报告》，从不同的视角就生殖辅助医疗技术的规范问题进行了讨论，并就其发展提出了 64 条建议。随着生命科学的发展、干细胞研究的出现，英国又于 2001 年制定了《人类生殖克隆法》。日本在 2000 年 11 月 30 日制定了与人有关的克隆技术等法律，这是日本最初的生命伦理法。一年后日本又开始针对胚胎干细胞应用提出了规范，并于 2009 年对其进行了修正，制定了《关于制造与分配人类胚胎干细胞的指针》和《关于使用人类胚胎干细胞的指针》。

我国在该方面最早的规制体现在《人类辅助生殖技术规范》上，该规范明确指出，禁止开展设计克隆人的研究。而后，我国又相继出台了一系列法规，就此作出详细的说明和规定，指出在相关技术问题未能得到解决，技术安全性未能得到明确的情况下，医学领域严禁在不育治疗上实施相关技术；作为医务人员，应该坚决抵制生殖性克隆。除此之外，相关部门共同发布了相关规定，明确指出生殖性克隆技术研究不被允许，同时规定，胚胎干细胞的研究过程需要遵循下述要求：一是通过相关技术获得囊胚，体外培养时间必须控制在 14 天内；二是不得将研究囊胚植入人体或其他动物的生殖系统；三是严禁将人体生殖细胞与其他物质相结合。就国内在克隆技术方面的规定情况来看，我国对于生殖性克隆是明令禁止的，但是对于治疗性克隆是给予支持的，但仍需要解决一些技术安全问题。

（三）关于克隆人技术的科幻文艺

20世纪60年代至70年代，克隆人逐渐成为科幻领域反复出现的题材。美国生物学家罗维克的《人的复制：一个人的无性生殖》一书的出版，引起人们的关注，取得了轰动效应。在小说中，一位无法生育的富人借助克隆技术得到了自己，但是这引发了伦理争论。此外，较多有关克隆人的科幻小说，诸如《我是克隆人》等，就克隆人进行了生动的描述，甚至描绘出了其与人类和睦共处的场面，这使人们陷入了伦理矛盾之中。科幻电影虽然是娱乐产品，但对科学的传播发展也具有积极作用。科幻电影中的一些科技在今后的科技发展中往往会成为现实，因为其本身就是人们对于科技的向往，因此常会得到科学界的重视。科幻电影以及小说等，都是从艺术视角就未知和未来进行预期，能够满足人们对于未知的好奇。科幻电影的创作是建立在科学基础上的，有一定的科学依据，其存在也确实能促使科学得到快速的传播[8]。

我国有关克隆人的小说不多，其中较为知名的是韩松编写的《人造人：克隆术改变世界》[9]。该书就克隆羊的诞生的意义及影响进行了说明。此外，我国还出现了一些对克隆方面的小说予以介绍的著作。这些著作从伦理道德层面就克隆人权利、技术道德等问题进行了论述。

（四）关于克隆技术的社会伦理

1. 世界反对克隆人

克隆羊的缔造者伊恩·维尔穆特曾就克隆技术的发展进行了论述，认为克隆人是有违伦理的，应被禁止。伯纳德·罗林对克隆技术也作出了论述，其认为科技的发展应该遵循生命伦理，认为克隆技术有违伦理道德，属于不人道的行为，该技术的出现和发展对人类的发展是不利的，甚至会导致自然选择退化。罗林基于克隆技术的发展就其可能对人类造成的危机进行探讨，并由此对人类发展该项技术予以警告。

我国学者邱仁宗[10]认为，看待克隆技术还需要立足于不同的视角：从科技发展角度来看，克隆技术是需要支持的；而从伦理角度来看，克隆人是应极力反对的。他指出克隆人与人类本身是无差别的，其属于独立的个体，是不能被人们当作工具的。对于克隆技术是否能够完全成功还存在质疑，一旦出现问题则意味着克隆人也会留下先天性的问题。同时，在克隆人与供体共存情况下，也会存在较多的问题。樊浩等[11]认为，从社会文明角度来看，克隆技术具有一定的破坏力。其明确表示反对克隆人，将克隆人视为基因技术所导致的人类文明的灾变。从当前有关克隆技术的争论来看，支持、反对的双方各执一词，谁也说服不了谁。科技的发展还需要得到伦理的指导，在伦理指导下，则克隆技术应该被禁止。并且，时下绝大多数人认为克隆技术的出现对人类并不意味着是福音，这说明了克隆技术，尤其是克隆人与时下人类的价值观念、伦理道德是不相符合的。

总结起来，反对克隆人的论证有以下几点[12-14]：

（1）克隆技术的安全性问题。

在当前的技术条件下克隆人是不安全的。克隆羊"多莉"及其他克隆动物的实验已给出了安全性警示。"多莉"羊衰老快，患有严重风湿和肺炎，已死亡。克隆动物普遍存在各种疾病和缺陷：过分肥大、心脏病、组织和器官发育不全、易感染、肺部高血压、高热症、肾脏萎缩和雄性不育等。这些健康问题大多与胚胎操作和基因组的重编程有关。美国克隆动物专家鲁道夫·耶尼施（Rudolf Jaenisch）认为在细胞核转移以后，细胞核的重编程错误很可能是克隆发育失败的主要原因[15]。克隆如果用于克隆人，可能诱发新疾病的广泛传播，对人类的生存不利。

（2）人类的人权和尊严问题。

人是脊椎动物门哺乳纲灵长目人科的智人，还是有价值观念的社会的人，是生物、心理和社会的集合体。"人"的生物学层面的意义是具有 23 条染色体及相应基因，具有特定结构和机能，拥有发展意识经验潜能的脑；"人"的心理学层面的意义是具有自我意识，或具有意识经验的能力；"人"的社会学层面的意义是处于社会关系中拥有一定社会角色。

克隆人只是生物学层面与原型人一致，而人的心理、社会特征和性格是不可能复制的，因此克隆人是不完整的人，是没有自我的人，受控于制造者。1996 年 3 月，国际人类基因组组织（HUGO）伦理委员会在《关于克隆的声明》中指出研究者应遵循的四项原则：人类基因组是人类共同遗产的一部分；坚持人权；尊重参与者的价值、传统、文化和道德原则；承认和坚持人类的尊严和自由。而克隆人触犯了人类的尊严。

（3）克隆人违反生物进化的自然规律，威胁人类基因多样性问题。

从生物进化的角度来看，有性生殖是保证遗传多样性的基础。人类的出现，是自然界进化的一个飞跃。在漫长的生长繁衍过程中，人类能够适应复杂多变的环境，是自然选择的结果，是有性生殖进化的结果，更是人类靠智慧发展智慧文化的结果。克隆技术是无性繁殖，如果用于人类，将威胁到人类基因多样性，使人类基因由多样化走向简单化[16]。

（4）克隆人将扰乱人类的代际关系和家庭伦理定位。

人类社会经过漫长的发展演变，在世界范围内形成了一夫一妻及其子女组成的家庭这种主流家庭形式，并由此建立了家庭血缘关系和伦理关系，家庭成了社会稳定的基石。

克隆人的出现将扰乱人类的代际关系和家庭伦理定位。克隆人有三位生物学父母（体细胞核供者、卵细胞提供者及孕育者），还有社会学父母（抚养者），世代传承及家庭伦理关系不清楚，将直接影响其法律和伦理定位。

克隆人使传统的生育模式受到挑战。克隆人只需要女性，就可繁殖后代，从而瓦解了人类性爱与生育密切结合的关系，人类的婚姻家庭社会关系将会解体[17]。

2. 反对生殖性克隆，支持治疗性克隆

我国学者杨怀中[18]在研究中表达了对治疗性克隆的支持态度，而对于生殖性克隆其表示不赞同。他指出，治疗性克隆与生殖性克隆存在较大的差别，其主要是为了医学上的治疗需求而实施的，对人类健康事业的发展有着重要意义，从伦理视角来看，其有一定的积极意义，是符合伦理道德的。他提出对于克隆技术要一分为二，要充分认识治疗性克隆的不同之处，对生殖性克隆则是毫无条件的反对。中国社会科学院哲学研究所甘绍平[19]认为，对治疗性克隆与生殖性克隆，人们之所以会态度不一，主要是因为伦理问题。两种克隆技术在研究中仅仅是进程的区别，即胚胎或完整的人，但是治疗性克隆因为符合伦理，因此得到人们支持，而生殖性克隆与伦理相违背，遭到人们的反对。

三、克隆技术是一把双刃剑

克隆技术的出现是科学的进步，为人类社会发展作出了巨大贡献。但是克隆技术应用于人类的复制则与传统观念、社会伦理发生了激烈的冲突。克隆技术是为人类的生存和发展服务的，应尊重人，尊重人的尊严，否则将葬送人类、毁灭人类。克隆技术又是科学，它总是要向前发展的，应尊重克隆技术的自然规律，发展完善克隆技术，更好地为人类的生存发展服务[20]。

科学家不仅应将科研成果应用于社会，造福人类，也应对科技应用于社会的后果承担责任。相信科学家与伦理学家的争论与合作，能使克隆技术这把双刃剑变成造福人类的利剑。

本讲小结

本讲介绍了克隆的概念，克隆技术的发展历程、存在的问题及应用前景，讨论了克隆技术用于人类克隆所带来的伦理问题。克隆技术的出现是科学的进步，为人类社会发展作出了巨大贡献。但是克隆技术应用于人类的复制则与传统观念、社会伦理发生了激烈的冲突。

（唐琳）

【思考与行动】

1. 克隆技术的发展给世界带来了什么？谈谈你的想法。

2. 电影中的克隆人距离现实还有多远？

参考文献

[1] 梁成光. 话说克隆技术 [M]. 北京：中国劳动社会保障出版社，2013.

[2] 付国斌. 百年动物克隆 [J]. 自然杂志，2018，40（4）：265—269.

[3] KING T J，BRIGGS R. Transplantation of living nuclei from blastula cells into enucleated eggs of *Rana pipiens* [J]. Journal of Embryology and Experimental Morphology，1954，2（1）：455—463.

[4] KING T J，BRIGGS R. Changes in the nuclei of differentiating gastrula cells，as demonstrated by nuclear transplantation [J]. Proceedings of the National

Academy of Sciences，1955，41（5）：321—325.

[5] GURDON J B，ELSDALE T R，FISCHBERG M. Sexually mature individuals of *Xenopus laevis* from the transplantation of single somatic nuclei [J]. Nature，1958，182（4627）：64—65.

[6] WILMUT I，SCHNIEKE A E，MCWHIR J，et al. Viable offspring derived from fetal and adult mammalian cells [J]. Nature，1997，385（6619）：810—813.

[7] 付国斌，曹敏. 动物克隆史：从克隆蛙到克隆猴 [J]. 中国经济报告，2018（3）：113—115.

[8] 侯明诚. 克隆人技术的伦理研究 [D]. 北京：北京交通大学，2018.

[9] 韩松. 人造人：克隆术改变世界 [M]. 北京：中国人事出版社，1997.

[10] 邱仁宗. 人的克隆：支持和反对的论证 [J]. 华中科技大学学报（社会科学版），2005（3）：108—118.

[11] 樊浩，成中英，孙慕义. 伦理研究 [M]. 南京：东南大学出版社，2009.

[12] 马中良，袁晓君，孙强玲. 当代生命伦理学：生命科技发展与伦理学的碰撞 [M]. 上海：上海大学出版社，2015.

[13] 沈铭贤. 生命伦理学 [M]. 北京：高等教育出版社，2003.

[14] 吴素香. 善待生命——生命伦理学概论 [M]. 广州：中山大学出版社，2011.

[15] 翟晓梅，邱仁宗. 生命伦理学导论 [M]. 北京：清华大学出版社，2020.

[16] 徐宗良. 伦理思考：克隆人技术与人的生命 [J]. 医学与哲学，2002（9）：31—34.

[17] 杨沛. 克隆技术对生命伦理的冲击 [J]. 科技风，2018（11）：242.

[18] 杨怀中. 人类需要治疗性克隆 [J]. 自然辩证法研究，2004（10）：55—58.

[19] 甘绍平. 治疗性克隆中的伦理难题 [J]. 创新科技，2007（10）：46—47.

[20] 王树声. 克隆技术与生命伦理学的冲撞 [J]. 应用预防医学，2013，19（3）：129—131.

第八讲

造物致用：合成生物学的发展

　　湖南省道县玉蟾岩遗址的考古发现显示，至少在 1.2 万年以前，我们的先人就已经开始人工栽培水稻，这一具有划时代意义的人类生产行为，标志着华夏农耕文明的开启。人类能够栽培农作物，显然是以观察、了解并掌握植物种子从发芽到结籽的生长、发育和繁殖规律为基础的。今天，生命科学的发展已经让我们解析了生命的物质基础，揭开了遗传的奥秘，掌握了生命个体发育和系统发育的基本规律，而生物技术以及相关领域的高新技术还正以令人炫目的速度持续发展……拥有高度智慧和高超技术的人类，在生命科学领域，又能开启怎样的新篇章呢？

　　2010 年 5 月 20 日，克雷格·文特尔研究所（Craig Venter Institute）宣布，他们利用人工合成的基因组，创造出了世界上第一个"人造生命"，取名"Synthia"（图 8-1）。这一研究成果的面世，使得"合成生物学"（Synthetic Biology）进入公众的视线，引发了人们的广泛关注。

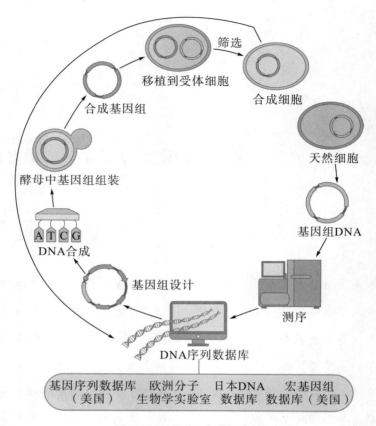

筛选

移植到受体细胞

合成细胞

合成基因组

天然细胞

酵母中基因组组装

基因组DNA

A T C G
DNA合成

基因组设计

测序

DNA序列数据库

| 基因序列数据库
（美国） | 欧洲分子
生物学实验室 | 日本DNA
数据库 | 宏基因组
数据库（美国） |

图 8-1　Synthia 合成示意图

其实，"合成生物学"这一概念最早可以追溯到 1910 年，由法国物理化学家斯蒂芬·勒杜克（Stéphane Leduc）在他的《生命与自然发生的物理化学理论》中首次提出。进入 20 世纪 50 年代以后，DNA 双螺旋结构被发现，胰岛素一级结构被确定，蛋白质和寡核苷酸被人工合成……一系列生命科学研究成果奠定了生命科学跨入新时代的基础。1974 年，波兰遗传学家斯吉巴斯基（Waclaw Szybalski）提出合成生物学的愿景："一直以来，人们都在做分子生物学描述性的那一面，但当我们进入合成生物学的阶段，真正的挑战才开始。我们会设计新的调控元素，并将新的分子加入已存在的基因组内，甚至建构一个全新的基因组。"斯吉巴斯基（Szybalski）认为"这将是一个拥有无限潜力的领域，几乎没有任何事能限制我们去做一个更好的控制回路。最终，将会有合成的有机生命体出现"。1980 年，合成生物学作为文章标题首次出现在学术期刊上。20 世纪 90 年代，人类基因组计划实施、生物信息学及系统生物学迅速发展，为进入 21 世纪的合成生物学的迅猛发展奠定了坚实的基础[1]。

第一节 合成生物学概述

一、定义

合成生物学是借助分子生物学、基因组学、信息技术和工程学的交叉融合产生的一系列新的工具方法，通过设计构建新的生物元件、装置和系统，或重新设计现有的、天然存在的生物系统，以合成具有全新特征和非自然功能的生物个体的学科。

合成生物学引入了工程学理念，强调生命物质的标准化，将基因及其所编码的蛋白表述为生物元件（biological parts）或生物积块（biobricks），把对元件所做的优化、改造或重新设计称为"元件工程"；把由元件构成的具有特定生物学功能的装置称为"生物器件"或"生物装置"（biodevices）；把元件组成的代谢或调控通路表述为基因回路（gene circuit）或基因电路、基因线路；把除掉非必需基因的基因组和细胞表述为简约基因组（minimal genome）和简约细胞（minimal cell）；把结合简约基因组或模式生物进行功能再设计和优化所获得的细胞称为底盘细胞（chassis cell）[2]。

二、内涵

合成生物学是在现代生物学（包括分子生物学与基因组学）与信息技术高度发展（大数据下的生物信息分析）并逐步走向成熟的大背景下形成的。合成生物学的崛起，突破了生物学以发现、描述与分析为主的所谓"格物致知"的传统研究范式，为生命科学提供了"建物致知、建物致用"或"造物致知、造物致用"的崭新研究思想，开启了可定量、可计算、可预测及工程化的"会聚"研究新时代。它不仅将人类对生命的认识和改造能力提升到一个全新的层次，也为解决与人类社会相关的全球性重大问题提供了重要途径。它是学科融合型的会聚科学（convergence science），既体现与遗传学和分子生物学的交叉，又体现与系统生物学（systems biology，是在细胞、组织、器官和生物体整体水平上研究结构和功能各异的生物分子及其相互作用，并通过计算生物学来定量阐明和预测生物功能、表型和行为的学科）和生物信息学的交叉、基因工程和代谢工程的交叉，尤其还体现科学、技术、工程乃至自然与社会科学、管理科学的"会聚"[6]。

三、意义

经历数十亿年的演化发展，生命世界里数以千万计的物种形状大小不同，生物学特征各异。拥有强烈好奇心的人类，正是在探寻生命"是什么""会怎样""为什么"的基础上，解析并利用了生物的种种特性，满足了自己衣食住行用的需要。合成生物学的兴起，则让人类可以凭借其所获得的关于生命的认知和拥有的相关技术，按照自己的意愿，设计并创造出全新物种——"人造生命"，以解决人类社会所面临的种种难题，如能源危机、环境污染、粮食短缺、病害流行等，用更高产量、更高品质、更大效率、更优功能的工程技术、平台及产品，为人类更加美好的生活提供保障，进而深刻地改变甚至重塑这个世界。因此，合成生物学是以用途为导向、用工程学的方法搭建生物体，对生物体进行全视角、多维度的研究。有人将其称为继 DNA 双螺旋发现所催生的分子生物学革命和人类基因组计划实施所催生的基因组学革命之后的第三次生物技术革命。

如图 8-2 所示，合成生物学以工程学理念为基础，融合了多个学科，为生命科学的发现与生物技术的发明乃至生物工程的应用带来了全新的策略。一个突出的例子就是，合成生物学将对自然生命过程编码信息的解读和注释发展到能在人为目标指导下对该过程重新编码书写的高度，从而挑战了人类对复杂生物体和复杂生命体系"描述—解释—预测—控制"的核心认知。因此，合成生物学被认为是当今世界的颠覆性技术研究领域之一。

知识窗 〉未来颠覆性技术

未来我国抢占战略制高点的技术将涉及量子信息、人工智能、移动互联网、基因编辑、合成生物学、石墨烯、超材料等方面。

——《工程科技颠覆性技术发展展望 2019》

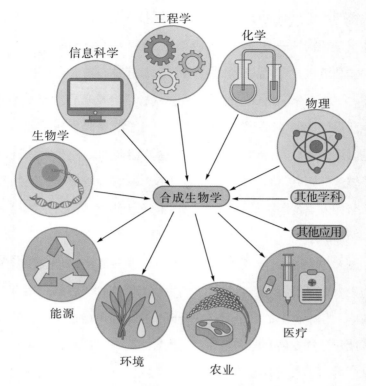

图8-2　合成生物学的属性与应用

合成生物学把"自下而上"的"建造"理念与系统生物学"自上而下"的"分析"理念相结合，利用自然界中已有物质的多样性，构建具有可预测和可控制特性的遗传、代谢或信号网络的合成成分[3]。其研究内容主要可划分为3个层面：

一是利用已知功能的天然生物元件和装置构建新型的代谢调控网络，使其拥有特定的新功能。

二是基因组DNA的从头合成以及生命体的重新构建。

三是完整的生物系统以及全新的人造生命体的创建。

第二节 合成生物学的重要内容与典型案例

合成生物系统可分为三个层次：生物元件、生物装置、生物系统。具有一定功能的 DNA 序列称为生物元件；具有不同功能的生物元件按照一定的物理和逻辑关系相互连接组成生物装置；不同功能的生物装置按照一定的基因线路协同运作构成更加复杂的生物系统（图 8-3）。

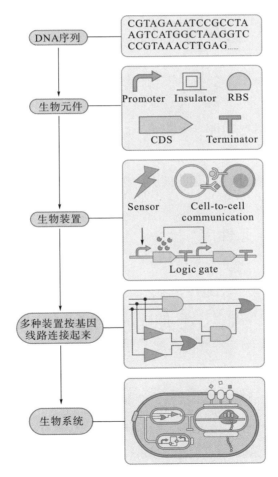

图 8-3 合成生物系统层级示意

当然，具有不同功能的生物系统相互通信、协调，还可以进一步构成更加复杂的多细胞或多细胞体系。这些层级中包含的线路、逻辑关系、相互协调的通信联系也是合成生物学研究的重要内容。

一、生物元件的标准化

汤姆·奈特（Tom Knight）等在 2003 年提出，利用一组标准化的限制性内切酶对酶切位点进行切割和后续的连接，形成一个标准化的 DNA 拼接流程。这样，在生物元件两端设立了物理边界，使得 DNA 的拼接可以像拼乐高玩具一样随意组合，便于进行工程化的操作。同时，标准化拼接方法的建立可以实现不同研究团体间 DNA 元件的通用，避免了重新构建的麻烦，也实现了资源共享。每个生物元件都被赋予一个标准的编码名称，如 Plac（乳糖启动子），使得生物元件的功能能够很方便地通过其名称编码被识别。

二、标准元件库

2003 年，美国麻省理工学院合成生物学实验室成立了标准生物元件登记库，收集并登记符合标准化条件的生物元件。截至 2018 年，已有超过两万个生物元件登记在库[6]。2012 年建立的 Bio Bricks™ 元件库，第一次从法律层面允许个人、公司及科研院校制作标准化生物元件，并在相关的协议架构下进行免费共享。标准元件库的建立，极大地推动了合成生物学的定量预测、精准化设计、标准化合成与精确调控技术能力的提升，有利于高效率地规模化解决生物工程问题，回应社会需求。

三、元件工程

元件工程目前主要对源于自然界的现有生物元件的结构进行改造以获得目标功能。基于生物全基因组或转录组测序和信息挖掘的生物元件的筛选与鉴定是其研究主流，构建各种不同强度的启动子文库也是实现基因精确调控的有力工具。典型例子是在工程化的产番茄红素菌株的优化过程中，对酿酒酵母的 TEF1 启动子进行改造，建立突变启动子库，得到一系列不同强度的突变启动子，并在此基础上进一步研究其中 11 个启动子的特性，发现这些突变启动子的活性是野生型的 8％～120％。当然，更为吸引人且更具挑战意义的是设计开发合成自然界不存在的生物元件，例如，剑桥大学首次利用人造遗传物质合成出世界上第一个人工酶。随着高性能计算机技术、量子力学和分子动力学理论及方法学的发展，计算蛋白质设计技术在核心元件酶催化设计方面发挥出巨大作用，使酶工程迎来发展的新阶段。2018 年，中国研究人员利用密码子扩展方法，改造一个 28 kDa 的荧光蛋白，成功模拟了植物光合作用系统的光能吸收，并将二氧化碳还原成一氧化碳，使人工光合作用的研究迈出了关键一步[6]。

四、线路工程[6]

合成生物学学科形成的标志性工作就是人工基因线路的设计与合成，即利用成熟表征的基因元件，按照电子工程学原理和方式设计、模拟，构建简单的、可被调控的基因线路模块。这些简单基因线路可被相对应的简单数学模型描述并利用环境信号加以调控。应用这样的模型，研究人员能够对其模块设计方式进行评估并可重设计、重合成，实现优化。2000 年，加德纳（Gardner）等构建的基因拨动开关，是构建具备设计功能的工程基因线路的开创性工作。埃洛维茨（Elowitz）和莱布勒（Leibler）设计的振荡器，利用3 个基因模块彼此间的抑制和解抑制作用实现输出信号的规律振荡。韦斯（Weiss）和巴苏（Basu）建立了工程转录逻辑门的方法，并为线路的语言设计作出了重要贡献。通过基因线路可以了解原核、真核生物基因表达和分子噪声之间的关系，这也体现了合成生物学能够帮助人们深化对基础生物学的认识。

五、代谢网络工程

相较于传统代谢工程，代谢网络工程强调构建"自然界中不存在的生化系统"，利用标准化、模块化的基因、酶等生物元件，重新构建菌株代谢网络，高效地合成符合人类需求的代谢产物。通过对大规模代谢网络的计算分析，可设计出特定生物产品的最优合成途径，有效协助研究人员找到适当的代谢工程改造策略，提升改造过程的精确性。如今，代谢网络工程已能够基于异源宿主的代谢信息，整合已知或预测的外源酶功能特性，改变或合成感兴趣的代谢途径。例如，改变大肠杆菌的氨基酸合成代谢途径，生产生物柴油、异丁醇；基于酵母菌底盘，制造抗疟药物青蒿素前体物质青蒿酸。2015 年，Galanie 团队完成了目前微生物中最长的植物天然化合物代谢途径，在面包酵母中实现了阿片类药物全合成。特别值得关注的是在 2021 年 9 月 24 日，中国科学院天津工业生物技术研究所马延和团队在《科学》（Science）上发表研究论文，提出了一种颠覆性的淀粉制备方法：他们以二氧化碳、电解产生的氢气为原料，从头设计出 11 步反应的非自然二氧化碳固定与人工合成淀粉新途径，在实验室中首次实现从二氧化碳到淀粉分子的全合成。他们采用了一种类似"搭积木"的方式，利用化学催化剂将高浓度二氧化碳在高密度氢能作用下还原成碳一（C1）化合物，再通过设计构建碳一聚合新酶，依据化学聚糖反应原理将碳一化合物聚合成碳三（C3）化合物，最后通过生物途径优化，将碳三化合物又聚合成碳六（C6）化合物，最终合成直链和支链淀粉（Cn 化合物）。其合成速率是自然界光合作用生成玉米淀粉速率的 8.5 倍。按照该技术参数，理论上 1 m^3 大小的生物反应器年产淀粉量相当于 3333 m^2 玉米地的年产淀粉量。虽然从实验室到工厂化生产还有非常漫长的路要走，但这条新路线使淀粉生产方式从传统的农业种植向工业制造的转变成为可能，为 CO_2 合成复杂分子开辟了新的技术路线。

六、基因组与细胞工程

20 世纪 90 年代以来，基因组测序注释技术的突破，原则上实现了"读"基因组的可能性，自然也衍生出"设计"基因组的可能性；各类定向性的 DNA 突变、扩增及克隆技术、编辑技术，原则上实现了对基因组"编"即改造或重编程的可能性；而 DNA 的大规模合成与组装及构建能力的提高，则在原则上实现了对基因组"写"即合成的可能性。于是，以合成基因组及对基因组进行编辑为目标的基因组工程及与此相关联的细胞工程自然成为过去 20 年中合成生物学最为紧迫也最受挑战的任务之一，相关的典型案例引人瞩目。

2002 年，研究人员用化学方法合成了与脊髓灰质炎病毒基因组 RNA 互补的 cDNA，使其在体外 RNA 聚合酶的作用下转录成病毒的 RNA，最终重新装配成具有侵染能力的病毒。

2010 年，吉布森（Gibson）等人设计、合成和组装了 1.08 Mb 的蕈状支原体基因组，并把它移植到山羊支原体受体细胞中，创造了世界上第一个仅由人工化学合成染色体控制的、具有自我复制能力的"新细胞"——Synthia。到 2016 年，经过深入研究，最小化的第 3 代 Synthia 的基因组仅为 0.53 Mb（图 8-4）。

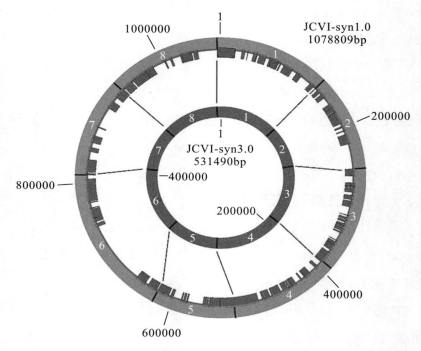

图 8-4　世界上首个人工合成细胞 Synthia 染色体的 1.0 版与 3.0 版[7]

从 2011 年开始，来自世界多个国家的研究人员开始实施第一个真核生物基因组合成计划——合成酵母基因组计划（Sc2.0），并在 2014 年成功合成了酵母染色体 synⅢ。尽管合成的仅仅是酿酒酵母 16 条染色体中最小的一条，但这是通往构建一个完整的真核细胞生物基因组的关键一步，特别是建立了利用计算机辅助设计染色体序列的技术。2017 年 3 月，参与 Sc2.0 研究的各国科学家完成了 2、5、6、10 和 12 号染色体的合成与组装，在真核生物基因组设计与化学合成方面取得重大突破。2018 年，我国科研人员充分利用 CRISPR－Cas 等基因编辑技术，成功实现了单染色体啤酒酵母细胞的人工创建，成为合成生物学基因组工程与细胞工程方面的里程碑式突破。它不仅为人类对生命本质的研究（即"真核生物能不能以一条染色体编码基因组"的科学问题）开辟了新方向，也为研究人类端粒功能及细胞衰老提供了很好的模型。

拓展阅读

iGEM——青年学子的合成生物学竞技与交流舞台

国际遗传工程机器大赛（International Genetically Engineered Machine Competition，iGEM）是一年一度的世界性合成生物学学术竞赛，2003 年由美国麻省理工学院创办，2005 年发展为国际赛事。iGEM 旨在通过利用标准的可替换部件（standard biological parts，也称为 Bio Bricks）建立基因工程生物系统，解决现实生活中遇到的难题和挑战。研究方向涉及能源、环境、营养、基础设施、医疗、通信、工业、新应用等多个方面，直接搭建起了基础生物学研究和生产生活实践之间的桥梁。自创办以来，该赛事有效地促进了各国青年学子在该领域的学习、交流与合作。由于其特有的趣味性和应用性，经过十余年的发展，iGEM 从最早的麻省理工、加州理工、普林斯顿等 5 所北美学校的学生暑期联合科研比赛，成长为有数百支队伍（包括本科生、研究生、高中生）参与的大型赛事，成为最具影响力的世界级大学生学术竞赛之一。

2007 年受大赛组织方的邀请，北京大学、清华大学、天津大学和中国科技大学 4 所中国高校分别组队首次参加了 iGEM。伴随着合成生物学学科的飞速发展和 iGEM 的迅速扩张，越来越多来自中国的学生团队参与其中。许多中国团队作出了具有相当原创性和创新性的工作，在赛场上取得了优异成绩。2017 年，iGEM 达到赛事规模的新顶点，来自世界各地的 300 余支 iGEM 队伍齐聚波士顿。

其中，来自中国的本科、研究生和高中 iGEM 团队达到了 83 支，共有 79 支队伍获得了奖项（其中中国大陆地区 66 支）。中国大陆地区取得了总计 35 金 14 银 17 铜的优异成绩。其中大学本科生队伍 31 金、11 银、12 铜，有 12 支队伍得到了单项奖或单项奖提名。

（引自吕原野、张益豪、王博祥等《国际基因工程机器大赛对本科生科研教育的启示》，生物工程学报 2018 第 12 期。）

第三节　合成生物学的应用前景

一、医学应用领域[8]

合成生物学以人工设计的基因线路改造人体自身细胞或改造细菌、病毒等人工生命体。这些经人工设计的生命体能够感知疾病特异信号或人工信号、特异性靶向异常细胞和病灶区域，表达报告分子或释放治疗药物，从而实现对人体生理状态的监测以及对典型疾病的诊断与治疗。人工生命体因其智能性、高效性和安全可控性等优点，将提升人们对肿瘤、代谢疾病、耐药菌感染等顽疾的诊断、治疗和预防水平，从而发挥合成生物学技术的颠覆性优势，有望开创智能生物诊疗的新时代。

（一）人工细菌的防病治病应用

以大肠杆菌等模式微生物为代表，细菌因其较易培养、结构相对简单、研究较为透彻和易于基因编辑等特点成为合成生物学研究与开发中较理想的模型。近年来，合成生物学家通过精巧设计构建智能基因线路，已在人体常见菌及一些致病菌中实现了计算、感知、记忆、响应等功能，并将其应用于医学研究与疾病诊疗。

中国科学院深圳先进技术研究院团队着重采用合成生物学手段，降低细菌毒性、提高靶向能力和赋予细菌多样性的功能，以期将细菌改造成更特异、更智能、更高效的抗肿瘤"武器"。细菌疗法在肿瘤微环境中不仅具有强烈的免疫调节作用，能够重新唤醒宿主免疫系统对肿瘤细胞的抑制；还可以将细菌作为药物或细胞因子的靶向递送载体，在增强肿瘤抑制效果的同时，避免对大量健康组织的损伤，使临床治疗更精确、更敏感。

针对疟疾由疟原虫这种单细胞生物寄生诱发，疟原虫通过受感染的雌性按蚊叮咬传至人类这一致病机理，中国科学院上海植物生理生态研究所等发现了一种沙雷氏菌属（*Serratia*）的新菌株 AS1，其能在按蚊中进行持续跨代传播，并成功地人工构建出能同时分泌表达 5 个抗疟基因的菌株，有效减少了 92％～93％的疟原虫卵囊。通过高效驱动抗疟效应分子快速散播到整个蚊群中，能够使按蚊成为无效的疟疾媒介，实现从源头上阻断疟疾传播的效果。

美国麻省理工学院团队研发了由活细胞传感器和超低功率微型电子器件组成的可吞入诊断工具。这种诊断工具通过表达特定基因线路的有益大肠杆菌，使细菌在遇到血红素后立即表达发光蛋白，以检验消化道出血。细菌位于被半透膜覆盖的定制传感器上，这种膜可以允许周围小分子透过，但不会泄露细菌。在盛放细菌的 4 个小皿下面有一个光电晶体管，用于测量细菌的产光量，并将数据传递给微处理器，再通过无线电发送给附近的计算机或智能手机。研究人员还专门开发了一款Android 应用程序来分析这些数据。当传感器通过胃部时，内部细菌就能一路捕获目标标志物。传感器总长仅约 3.8 cm，运行功率约 13 μW。目前在大型哺乳动物猪身上已证明了传感器的有效性。

（二）人工病毒/噬菌体的诊疗应用

病毒是十分简单的生命体，对病毒的基因改造非常有助于我们对特定基因的认识和利用。合成生物学为研究病毒及开发诊疗策略提供了新的思路和手段。

北京大学团队通过合成生物学方法构建减毒活疫苗的策略被称为"合成减毒病毒工程技术"。人工改造的溶瘤病毒可以通过选择性肿瘤细胞杀伤和抗肿瘤免疫的双重杀瘤机制，选择性地复制和杀死癌细胞而不伤害健康组织。其原理在于肿瘤驱动突变往往特异性地增加肿瘤细胞中病毒复制的选择性，且许多肿瘤细胞具有抗病毒 I 型干扰素信号传导的缺陷，因此支持选择性病毒复制。肿瘤微环境中的病毒复制，可以克服肿瘤的免疫抑制，并促进抗肿瘤免疫。

（三）设计改造人类自身细胞用于诊疗

瑞士苏黎世联邦理工大学团队利用人类的肾脏细胞（HEK-293 细胞），设计并获得了具有正常 β 细胞功能的人工 HEK-β 细胞。这种细胞可以直接感受血液中的葡萄糖浓度，当血糖浓度超过一定阈值后，HEK-β 细胞便可以分泌足够的胰岛素用来降低血糖。

二、环境治理领域

现代社会的快速发展加剧了环境的污染，生产生活污染物不断在环境中出现、传播、富集，用于预防害虫的有机磷农药、用作工业溶剂的多环芳香族化合物、工业废渣废气废水排放的重金属等，使各类环境问题愈加突出。

（一）环境监测[9]

利用合成生物学，人们可以从头设计、合成和构建新的灵敏性强、特异性高的全细胞微生物传感器，对环境中重要污染物进行简单、快速、灵敏、准确的原位动态监测分析和修复治理。以重金属污染为例[10]，重金属通过冶炼、电镀、采矿、燃烧和城市垃圾排放等工农业生产活动和人类生活进入水体环境。由于其很难自然降解，所以很容易通过食物链的积累，对人体生命健康造成严重威胁。研究证明，当人体长期暴露于含有高浓度重金属的环境中时，会产生多种疾病，如心血管疾病、肿瘤、肾小管和肾小球功能障碍及骨质疏松等。重金属污染形势不容乐观，我国于 2011 年开始实施《重金属污染综合防治"十二五"规划》并连年考核，虽总体情况较好，但近 30 年涉重金属产业的快速扩张造成重金属污染物排放总量仍处于高位水平，历史遗留重金属污染问题短期解决难度大。研究显示，利用合成生物学改造大肠杆菌生产重金属结合酶或感应元件是一种有价值的策略，可用于环境中有毒重金属离子的生物检测和生物修复。Wei 等将 pbr 操纵子（调控铅的操纵子）的铅特异性结合蛋白 PbrR 和 Ppbr 启动子与下游红色荧光蛋白（RFP）一起导入大肠杆菌，实现了对铅离子的高灵敏度和高选择性的全细胞检测及潜在的修复作用[11]（图8-5）。

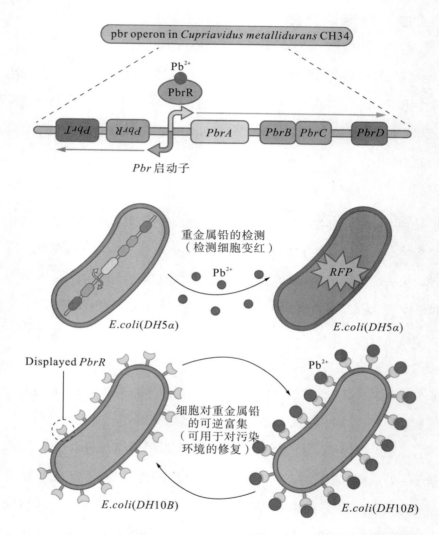

图8-5 *Cupriavidus Metallidurans* CH34 抗铅操纵子及其在大肠杆菌
表面表达后对 Pb²⁺ 的指示和修复作用[11]

（二）环境修复[12]

目前在环境各介质中检测到的抗生素、内分泌干扰物、阻燃剂以及重金属等污染物，可在自然环境条件下持久稳定地存在，几乎不能被生物降解，具有持久性、生物富集性、长距离迁移能力及生物有害性等特点。科研工作者对各种环境污染的修复工作进行了大量的研究。下面仍然以前文提到的重金属污染为例加以说明。针对重金属污染的修复，目前主要有物理修复、化学修复和生物修复三类方法。其中生物修复是一种相对经济的方法，它可以有效地消除污染的不良影响，修复的过程和场地中没有毒性或顽固性的化合物，并且可以有效避免二次污染。生物修复主要通过植物和微生物实现重金属的结合、固定化、氧化和转化等，具有绿色环保和可持续性的特点，但植物修复往往周期较长且仅对低中度污染区有效，而微生物修复具则有周期短、见效快、便于工程改造的优点。近年来，基于合成生物学对微生物的改造在环境修复方面取得了积极进展。以下就两个方面的研究进行简要介绍。

1. 增强重金属离子的吸附

有研究者构建了一种新型的酵母细胞，能在其表面展示具有螯合二价重金属离子能力的组氨酸寡肽（hexa－His），并与编码 α－凝集素 C 端的基因融合，从而吸收比亲本菌株多 3~8 倍的 Cu^{2+}。有的研究者在重金属耐受性较好的细菌 *Cupriavidus metallidurans* CH34 表面展示了植物螯合素蛋白的融合蛋白 SS－EC20sp－IgAβ，并利用强启动子控制其表达，这种改良的细菌相比亲本菌株，重组菌株显示出更高的固定外部介质中 Pb^{2+}、Zn^{2+}、Cu^{2+}、Cd^{2+}、Mn^{2+} 和 Ni^{2+} 的能力。

2. 利用生物被膜修复环境

一些细菌会黏附于接触表面分泌的多糖、蛋白和核酸等物质中，形成菌体聚集膜状物——生物被膜。生物被膜具有三维立体结构，坚实稳定，不易被破坏，能大大提高细菌的存活能力，对有毒物质等环境因素具有较高的耐受性，因此可以作为微生物细胞工厂，在环境治理的生物修复方面，具有广阔的应用前景：一是利用可控可编程化生物被膜的合成生物学改造，实现重金属污染物实时感应和动态修复；二是利用智能制造等技术提高生物被膜产量和修复效果；三是微生物修复与植物修复、工程化修复等结合进行规模化复合修复，从而提升环境修复效率。

三、能源领域[13]

目前，世界上接近 90% 的能源由石油、煤炭及天然气等化石燃料提供。众所周知，化石燃料既不可再生，又会导致严重的环境污染。生物能源等是人类在风能、水能、核能之外，研究开发的另一个重要清洁可再生能源。生物能源主要包括乙醇、生物柴油等。

（一）乙醇

乙醇是研究最成熟、最广泛使用的生物能源，主要用作燃油添加剂。2018 年，全球燃料乙醇产量接近 10^{11} L。目前，燃料乙醇主要以玉米和甘蔗为原料。考虑到粮食安全，研究者已着手利用非粮作物发酵生产乙醇。木质纤维素由于储量丰富，是良好的替代原料。通过预处理将木质纤维素中的纤维素、半纤维素水解成葡萄糖、木糖及阿拉伯糖等，可用于发酵生产乙醇。经过合成生物学技术改造后的酿酒酵母，除能高效利用葡萄糖生产乙醇之外，还能够实现对木糖的有效利用。而联合生物加工，甚至可以让工程酵母菌表达纤维素酶，直接利用纤维素为碳源生产乙醇，使生产工艺更加经济简便。

（二）脂肪酸

生物柴油是另外一种可再生生物能源。2018 年，全球生物柴油的产量约 3.5×10^7 t。脂肪酸是生物柴油的前体，基于合成生物学，人们利用工程菌（大肠杆菌、酵母[14]等）进行脂肪酸的生产研究。一是改造工程菌脂肪酸合成途径；二是采用模块化途径优化脂肪酸生产；三是调整翻译效率提高脂肪酸产量；四是让工程菌具有感知某一关键中间代谢产物在胞内的积累，由此触发下游途径的表达，从而将其转化成最终产品的能力。其中，产油酵母菌培养简单、生物量大、油脂含量高、底物利用谱广泛、工业化适应性强，是生物柴油合成生物学生产研究的热点。而本身就富有脂肪酸生产和累积特性的藻类，如三角褐指藻、雨生红球藻等，则是潜在的合成生物学研究对象。

四、食品领域[15]

近年来，合成生物学技术迅猛发展，在食品行业各个环节都得到了应用。利用合成生物学技术可以使软饮料、冰激凌、巧克力或薯条等食品作为"健康"食品销售，为食品行业中存在的问题提供新的解决方案。如"人造肉"的出现在全球快餐界掀起了一股热潮。"人造肉"中使用了从大豆植物根部提取的血红素，使得几乎没人能分辨出其与真肉的区别，实现了合成生物技术在创新食品中的应用。《麻省理工科技评论》将"人造肉"评选为2018年"全球十大突破性技术"之一。目前已经可以批量生产，但因生产成本过高，还不能进行大规模产业化和商业化，产品在色、香、味方面仍在持续改进中。

（一）改善食品营养和风味

应用合成生物学方法，一是可以靶向调控肠道微生物菌群，促进益生菌生长，抑制大肠杆菌和肠炎沙门氏菌的黏附，以对抗致病菌、强化免疫调节、维持营养物质代谢；二是生产稀有糖——这是一种存在于自然界中但含量极少的单糖及衍生物，人们视其为潜在的抗糖尿病和抗肥胖的食品添加剂，类似的传统糖替代品研究还有塔格糖、L－山梨糖、甘草酸等；三是构建含强启动子的高产工程菌，生产类胡萝卜素等天然色素，以克服植物生长周期较长，天然色素在植物中合成的量也受地理气候等因素影响，提取过程复杂、生产成本高、不适合大规模生产等难题。

（二）制备可降解食品包装材料

虽然我国 2007 年就颁布了"限塑令"，但食品包装材料主要使用的仍然由一次性难降解高分子材料——聚苯乙烯、聚丙烯和聚氯乙烯等制成，而生产高分子材料的原料是石油。我国大部分石油进口自中东地区，石油供应安全存在诸多风险，直接影响经济安全和社会稳定。因此，发展绿色可持续的多功能材料势在必行。合成生物学以恶臭假单胞菌等为宿主构建工程菌，生产的聚羟基脂肪酸酯（polyhydroxyalkanoate，PHA）是一类具有不同结构的生物多聚物，具有良好的生物可降解性和生物相容性，能够替代传统的高分子材料。进一步的研究可以使生物合成的PHA 具有更高的分子量、更高的产量，从而扩大 PHA 的应用范围。

（三）开发食品质量监控新技术

"民以食为天"，食品安全的重要性不言而喻，但它确实是困扰食品加工业的一个重要问题，特别是微生物污染。基于精密仪器的高效液相色谱法、气相色谱法和离子共振等方法具有较高的灵敏度和良好的重复性，但通常这些仪器价格昂贵，样品处理步骤多、耗时长，需要在实验室中进行，不适合用于现场快速检测产品质量。合成生物学催生了新的生物传感器检测方法，已经实现了在生产源头和生产过程中对食品质量的快速检测。例如一种基于人工细胞的生物传感器，通过合成含有荧光染料的小单层脂质体，并固定在多孔二氧化硅内，可快速检测含毒蛋白的李斯特菌素，其响应时间较短，同时具有较高稳定性。还有一种快速、灵敏、特异检测黄曲霉毒素 B1 的荧光检测方法：将荧光修饰的适配体与淬灭基团互补 DNA 进行杂交，荧光团和淬灭剂接近时荧光淬灭。当黄曲霉毒素 B1 存在时，其与适配体形成复合物，同时结构发生改变，释放出 cDNA 使适配体恢复荧光，通过监测荧光强度，从而判定黄曲霉毒素 B1 的浓度，检测范围在 $5 \sim 100$ ng/L，最低检出限为 1.6 ng/L，将该方法已应用于婴幼儿米粉的检测中，取得了良好的效果。

五、农业领域[16]

要解决世界范围内的饥饿问题，提高农作物的产量和品质是关键。农产品及相关资源的综合开发利用也有助于解决贫困问题。合成生物学的研究成果，在推动农业高效、可持续发展方面潜力巨大。

（一）提高光合作用效率

农业产量主要受限于光捕获效率、光合作用效率/生物量积累效率和收获指数等。目前，植物的光捕获率已接近最大理论值，且大幅度提高收获指数已无可能。但是植物将光能转化为生物量的效率仅达到理论值的 20% 左右，光合作用效率还有很大的提升空间。此外，城市化进程使得大幅度提高农作物耕种的面积的可能性大大降低。因此，与以往相比，利用合成生物学改造或改良光合作用，提高光能利用效率以大幅度提高作物产量将在解决未来粮食危机及维持可持续生态环境中起到更关键的作用。目前光合作用合成生物学的研究主要有四个方面的策略。

一是提高光合碳同化效率，特别是提高卡尔文循环中的关键酶（1，5-二磷酸核酮糖羧化酶/加氧酶，Rubisco 酶）的酶活性。如用野生小麦（*Triticum aestivum*）中具有高 CO_2 底物特异性的 Rubisco 酶替代栽培小麦中的 Rubisco 酶后，固碳效率理论上将会增加 20%。

二是引入碳浓缩机制。2016 年，德国马普研究所的托比亚斯·尔布（Tobias Erb）研究小组发表了第一个用于体外固定 CO_2 的全合成代谢途径。该途径由来自 9 种不同生物的 17 种酶组成，具有浓缩 CO_2 的作用，比天然碳固定途径的效率提高了 5 倍。由于目前超过 80% 的农业用地种植的是缺乏 CO_2 浓缩机制的 C3 植物，因此，合成生物学在碳固定中的应用潜力巨大。

三是减少碳损耗。植物的光呼吸作用可以导致作物的光合效率降低 20%~50%，美国研究人员采用合成生物学手段重新设计光呼吸过程以降低光呼吸通量，使得转基因烟草的生物量较野生型增加了 40%。我国研究者利用多基因组装系统在水稻叶绿体中成功建立了新的光呼吸旁路，结果显示水稻植株的光合作用效率、生物量产量和氮含量均显著增加。

四是提高光能利用效率。植物通过非光化学淬灭（nonphotochemical quenching，NPQ）而耗散的能量占植物固碳能量的 7.5%~30%。研究人员在烟草中增强表达 NPQ 诱导的关键组分 PsbS 和叶黄素循环系统，使得烟草在变化光强下 NPQ 的弛豫速度加快，生物量提高了 15% 左右。此外，利用合成生物学还能通过优化捕光天线以增强光能的吸收和转化等途径，显著提高光合作用的光能利用效率。

光合作用是一个复杂的生物学过程，对光合作用的调控机理和调控线路等科学问题进行详细研究，探讨如何构建更高效的 CO_2 固定通路，建立全新的光合代谢合成通路，提高光能利用效率，以及改造光合作用系统与基本代谢途径是未来利用合成生物学提高光合效率研究中亟待解决的问题，将为未来农业发展及粮食产量提高产生不可估量的推动作用。

（二）自主固氮

发达国家的农业高产量很大程度上依赖于肥料的大量使用。自 20 世纪 60 年代以来，世界范围内的氮肥消耗量增加了 13％，但禾谷类作物的氮肥有效利用率由 80％降至近 30％。化肥的大量施用在提高作物产量的同时，也带来了水体富营养化和大气污染等问题，严重威胁着农业的可持续发展。近年来，国内外的研究学者将目标转向了生物固氮途径，通过构建人工高效固氮体系为农作物提供氮源，从而部分替代或大幅度减少化学氮肥的使用，开创了固氮合成生物学的新领域。

豆科植物根瘤菌、念珠藻等蓝藻等具有天然固氮作用，研究人员重建、简化固氮基因簇，并以植物质体/叶绿体和线粒体细胞器为合成生物学底盘开展固氮工程研究，为重建植物细胞中固氮酶的完整功能提供了可行性。随着豆科植物—根瘤菌共生互作机制研究的不断深入，结瘤因子、受体激酶以及相关的转录因子等相继被鉴定出来，使得利用合成生物学手段将豆科植物结瘤共生固氮系统移入非豆科植物成为可能。

近年来，一种更有效提高作物对氮、磷等化肥的利用率的合成生物学途径出现了，那就是合成植物根际微生物组。根际微生物组与植物吸收营养、抵抗病害和适应胁迫环境息息相关，通过人工接种固氮菌来改善根际环境，从而提高作物产量的做法由来已久。合成生物学的发展使得农业微生物固氮由单一微生物菌株转向了微生物组的群体水平，一些农业公司已经实现了通过人工构建微生物群来增强植物根系的固氮能力，并最终减少化学肥料的使用。此外，植物能够通过发出化学信号来吸引或抑制特定微生物，从而影响其根际微生物群落。研究人员已利用合成生物学技术设计出了植物与其根际细菌之间的分子信号通路，以有助于小麦和玉米等非豆类作物固氮。

（三）重塑代谢通路改良作物

目前农业的生产力已接近极限，意味着对于提高作物营养价值的需求变得更加迫切。在有限的土地资源和极端的气候变化背景下，种植更有价值的产品将是未来农业不可避免的选择。植物合成生物学可以通过改造现有代谢途径或者从头合成新的人工代谢途径对作物进行改良或者获得新的代谢产物。因此，合成生物学必将推动未来农业种植结构的调整。

1. 提高作物营养

以"黄金大米"项目为例，科学家们将维生素 A 的合成前体——β-胡萝卜素合成中的 2 个关键基因导入水稻胚乳，使得水稻籽粒的胡萝卜素含量提高了 23 倍，实现了通过日常饮食来满足维生素 A 的需求。在此基础上，我国科学家通过合成生物学的手段，实现了在水稻胚乳中虾青素的合成，获得富含高抗氧化活性虾青素的"虾青素大米"和功能营养型水稻种质"紫晶米"。此外，还可以利用合成生物学去掉作物中非理想代谢物或蛋白质。花生因含有 Ara 蛋白可导致严重的人体过敏反应，一些生物公司正在通过合成生物学的技术改造花生的代谢通路以降低致敏蛋白含量，生产更加安全的低致敏花生。

2. 实现天然产物的生物生产

天然产物是多种重要药物、保健品和化妆品的重要原料，传统的植物提取生产方式易受到植物生物资源、生长周期、气候环境等多方面的影响。利用合成生物学可以在细菌或酵母中实现诸多高价值植物源天然产物的批量生产。例如紫杉二烯、青蒿素、吗啡、红景天苷、灯盏乙素和大麻素等。在不到 100 m³ 的发酵罐中青蒿素的年产量可接近于我国 33 km² 耕地的种植产量。这种生产方式必将大幅影响未来农业的土地利用结构。同时，其低廉的成本以及不受季节性和气候性等条件限制的特点，很可能会改变全球范围内未来农业的种植决策。然而，植物天然代谢途径具有高度区域化的特点，代谢产物的积累方式具有时空特异性，而微生物底盘存在对植物特异性酶（如细胞色素 P450 酶）表达水平低、对活性产物的耐受性差等缺陷。植物细胞中的各种内膜系统和细胞器则可为不同代谢物的合成提供所需的最适环境。并且植物仅以 CO_2 和水为原料即可合成各类复杂的天然产物。因此，以植物为底盘进行天然产物的生物合成有其天然优越性，开发新的植物底盘是今后值得关注的方向。

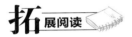

太空合成生物学

太空旅行距离远、时间长。以现有的飞船速度，单是去火星，就需要大约 6 个月的时间，更不用说去太阳系以外别的星系了。考虑飞行舱的容纳和承载能力，太空旅行在携带必不可少的补给之外，必须考虑建立自给自足的自循环生命支持系统，以解决食物、药物及废物处理等问题。基于基因组学、转录组学、蛋白质组学和代谢组学且有快速发展的基因编辑等生物技术和人工智能加持的太空合成生物学，作为航空航天工程与生物工程的交叉学科，与 3D 打印技术相结合，将成为支撑未来太空探索的研究发展关键。

第四节 合成生物学发展带来的问题与思考

新兴技术在发展过程中，往往伴随着一定的问题和争议。对经过亿万年自然选择进化形成的高度动态、调控灵活、非线性且难以预测的复杂生命体系，人类的认识依然非常有限，远远未达到定量描述、系统建模、工程设计的层次。因此，合成生物学目前仍处于早期发展阶段，还面临一系列知识和技术创新的难题。同时，合成生物学打破了"自然"和"非自然"的界限，人工合成"新的、能独立存活的有机体"对生命概念提出了新的挑战。科研产出的不确定性和资源开放导致的生物安全风险和安保隐患还可能引发新的伦理、安全、社会和法律问题。这就要求我们在积极推动产品研发的同时，注重产业应用标准和规范的研制，促进健康发展的监督和管理。而公众作为技术决策的受众，能有效感知与自身生活密切相关的新兴技术带来的社会风险，有必要充分了解相关新技术并参与决策过程，要利用不同的参与模式，使拥有不同知识背景的公众参与进来，提出对于新兴技术存在的风险问题的解决办法，从而进行有效治理，使得新兴技术的发展更加长远[17]。

本讲小结

1. 合成生物学是生物科学与生物技术研究积累到相当阶段之后，在工程化理念下与其他学科汇聚并融合发展而产生的新兴交叉学科。

2. 合成生物学将传统的"格物致知"发展为"造物致知、造物致用"或"建物致知、建物致用"。

3. 合成生物学已有的应用领域包括农业、能源、环境、医药等，在人类的太空探索中，也可以窥其身影。在未来的发展中，合成生物学势必有更为广阔的发展空间。

4. iGEM 昭示在合成生物学的产生与发展中有着青年学子的积极参与和卓越贡献。

（兰利琼）

【思考与行动】

1. 合成生物学发展非常迅速，请通过文献数据库查询最新进展。

2. 基于合成生物学，为星际航行设计一个生物再生生命保障系统：

（1）提出一个应用方向；

（2）描述该项应用的基本思路及特性；

（3）分析可能存在的问题。

将上述工作体现在海报上，要求：具有创新性、学术性及表现的艺术性。

参考文献

［1］李春. 合成生物学［M］. 北京：化学工业出版社，2019.

［2］张先恩. 中国合成生物学发展回顾与展望［J］. 中国科学：生命科学，2019，49（12）：1543－1572.

［3］严伟，信丰学，董维亮，等. 合成生物学及其研究进展［J］. 生物学杂志，2020，37（5）：1－9.

［4］张先恩. 2017 合成生物学专刊序言［J］. 生物工程学报，2017，33（3）：311－314.

［5］阿茹娜，郑婉颖，俞如旺. 合成生物学及其应用研究概述［J］. 生物学教学，2019，44（10）：5－8.

［6］赵国屏. 合成生物学：开启生命科学"会聚"研究新时代［J］. 中国科学院院
刊，2018，33（11）：1135－1149.

［7］HUTCHISON III C A，CHUANG R Y，NOSKOV V N，et al. Design and
synthesis of a minimal bacterial genome［J］. Science，2016，351（6280）：1414.

［8］崔金明，王力为，常志广，等. 合成生物学的医学应用研究进展［J］. 中国科
学院院刊，2018，33（11）：1218－1227.

［9］张莉鸽，王伟伟，胡海洋，等. 合成生物学在环境有害物监测及生物控制中的
应用［J］. 生物产业技术，2019（1）：67－74.

［10］常璐，黄娇芳，董浩，等. 合成生物学改造微生物及生物被膜用于重金属污
染检测与修复［J］. 中国生物工程杂志，2021，41（1）：62－71.

［11］WEI W，LIU X，SUN P，et al. Simple whole－cell biodetection and
bioremediation of heavy metals based on an engineered lead－specific operon
［J］. Environmental Science & Technology，2014，48（6）：3363－3371.

［12］唐鸿志，王伟伟，张莉鸽，等. 合成生物学在环境修复中的应用［J］. 生物工
程学报，2017，33（3）：506－515.

［13］李春. 合成生物学［M］. 北京：化学工业出版社，2019.

［14］陈琳，钱秀娟，章晓宇，等. 产油酵母合成微生物油脂的研究现状及展望
［J］. 生物加工过程，2020，18（6）：732－740.

［15］李宏彪，张国强，周景文. 合成生物学在食品领域的应用［J］. 生物产业技
术，2019（4）：5－10.

［16］吴杰，赵乔. 合成生物学在现代农业中的应用与前景［J］. 植物生理学报，
2020，56（11）：2308－2316.

［17］浦茂俊. 新兴技术治理新视野：公众参与——以合成生物学为例［J］. 现代商
贸工业，2020，41（20）：216－218.

第九讲

读取生命的电波：自我认知与意念控制

在脑后插入一根线缆，我们就能够畅游计算机世界；只需一个意念，我们就能改变"现实"；学习知识不再需要通过书本、视频等媒介，也不需要再花费大量的时间，只需直接将知识传输到大脑当中即可。这些发生在科幻电影里的情节已经开始走入我们的生活。

古语道"吾生也有涯，而知也无涯。以有涯随无涯，殆已！"但是如今的人脑与计算机的交汇，让"以有涯随无涯"成了可能。修复残障生理功能，增强大脑功能，提高人类知识学习能力和科技创新能力，无语言沟通，甚至控制和管理人工智能新物种，科学技术的每一次重大突破都在把不可能变成现实。我们真的要进化成无所不能的"智人"了吗？

第一节　神奇的脑电波

从 1929 年德国科学家汉斯·贝格尔[1]（Hans Berger）首次记录到人体脑电图（electroencephalogram，EEG）并发现 EEG 信号与人的意识相关开始，在此后不到 100 年的历史中，随着人们对脑神经及由它产生的脑电波认识的逐步深入，人们发现脑电波与我们的生活、学习以及睡眠密切相关。2020 年 3 月 30 日，美国加州大学旧金山分校马金（Makin）科研团队[2]使用人工智能（artificial intelligence，AI）解码系统，把人的脑电波转译成英文句子，最低平均错误率只有 3%。这项发表在《自然·神经科学》（*Nature Neuroscience*）杂志上的研究，是不是预示着脑电波（图 9−1）的秘密即将为人所用呢？

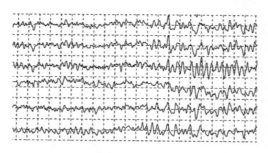

图 9−1　脑电波

一、脑电波的记录

EEG 信号的记录最初源于 1857 年英国生理学家理查德·凯顿[3]（Richard Caton）从家兔和猴脑部记录到的电活动。1929 年，德国精神病学家汉斯·贝格尔[2]首次记录到人体脑电信号并发现了脑电波 Alpha 节律消失与睡眠相关，从此开启了人类研究脑电及睡眠研究的新征程（图 9−2）。

图 9−2　汉斯·贝格尔第一次记录到的人类脑电波

（一）脑电记录

脑电记录通常需要有脑电记录设备、相关软件和脑电记录电极。

1. 硬件

用于采集脑电信号、幅度范围和频率范围以满足脑电信号采集要求的设备都可以用作脑电采集，比如 BL-420N 生物信号采集与处理系统（图 9-3）。

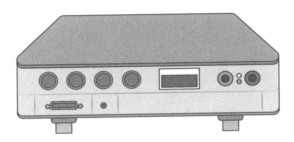

图 9-3　BL-420N 信号采集与处理系统

2. 软件

软件用于对硬件采集到的信号进行处理、显示、分析等工作（图 9-4）。

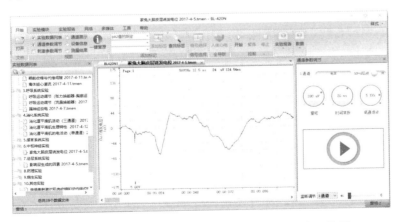

图 9-4　脑电采集系统软件界面（大脑皮层诱发电位信号）

3. 脑电记录电极

目前，采集脑电信号需要引导电极以及能与大脑头皮充分接触的接触电极。引导电极用于连接信号采集系统和接触电极；接触电极则直接紧贴头皮用于记录脑电。记录脑电时通常会同时记录多点脑电，为了固定接触电极需要采用弹性脑电帽或脑电带。为了方便使用，有时候会直接把引导电极、接触电极与脑电帽/带进行一体化处理（图9-5）。

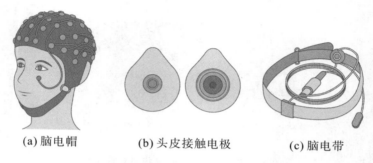

(a) 脑电帽　　　(b) 头皮接触电极　　　(c) 脑电带

图9-5　采集脑电的连接电极及连接示意

（二）脑电信号引导的 10-20 系统

从1929年人类首次记录到人体脑电信号开始，脑电信号的记录技术已经发展了90多年。记录人体脑电信号时，通常是将记录电极置于大脑表皮的不同位置进行记录。为了研究的可比性和重复性，研究人员将电极安放在整个大脑表皮的固定标记位置，逐渐形成了10-20脑电记录的电极安放位置标准。

10-20系统是一种用于脑电图检查、多导睡眠研究中描述头皮电极在大脑表面安放位置的国际公认方法，其中的"10"和"20"指的是相邻电极之间的实际距离是颅骨前后或左右总距离的10%或20%。在10-20系统中，以偶数标注的电极，如2、4、6、8被安放在右侧脑半球，而相应的奇数电极，如1、3、5、7则被安放到左侧脑半球的对应位置。

在 10－20 系统中，特定的解剖位点被用于脑电电极的基本测量和定位。每个电极放置位点用一个字母来识别其代表的大脑叶区（区域）（表 9－1）。C 电极位点通常能够呈现比额叶、颞叶和部分顶－枕叶区更典型的 EEG 活动，因此更多被应用于多道睡眠监测仪（Polysomnography，PSG）睡眠研究中确定睡眠分期。Z（Zero）位点通常作为"地"或参考电极安放在头骨中线矢状面，F_{pz}、F_z、C_z、O_z 等位点是最常用的参考位置。A（有时称为"M"）代表外耳后面的乳突（图 9－6）。

表 9－1　脑电记录的 10－20 系统中电极中英文名称和符号标记

序号	中文名称	英文	电极标记	举例
1	前额极	pre－frontal pole	F_p	F_{p1}／F_{p2}
2	额叶	frontal	F	F_3／F_4
3	中央区	central	C	C_3／C_4
4	顶叶	parietal	P	P_3／P_4
5	枕叶	occipital	O	O_1／O_2
6	颞叶	temporal	T	T_3／T_4
7	额中线	Frontal zero	F_z	
8	中央中线	Central zero	C_z	
9	顶中线	Posterior zero	P_z	
10	枕中线	Occipital zero	O_z	

注：F、C、P 等位置都与多个脑电位置相对应，因此需要编号，如 F_3、F_4，而 F_z 等位置是唯一的，Z 代表 zero，因此无需举例。

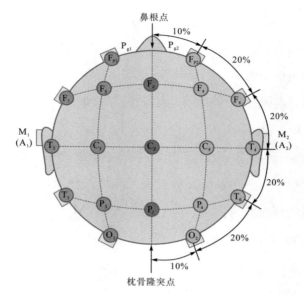

（a）头部俯视图

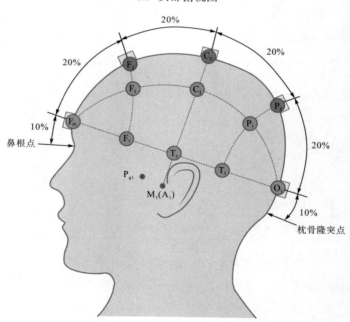

（b）头部侧视图

图 9-6　10-20 系统的典型电极安放位置

在基本的 PSG 系统中，F_3、F_4、F_z、C_z、C_3、C_4、O_1、O_2、A_1、A_2（M_1、M_2）电极位置通常被使用（表 9−1），其中 A_1、A_2 位点是所有 EEG 信号的对侧参考位点（接地）。PSG 系统通常会引导和记录多道脑电，并且基于多道脑电进行睡眠分期。

二、脑电产生的原理

人体的大脑内大约包含有 1000 亿个神经元[4]，每个神经元都可以独立放电，所有神经元的放电在大脑这个容积导体中传递、叠加在一起，尤其是大脑皮层的放电，最后会综合成皮层电位，然后通过颅骨传递出来，使我们可以在大脑表皮上记录到大脑的放电信号[5]。

在大脑中，功能相似或为完成相同功能的神经元聚集在一起，形成核团，每个核团代表一个或多个大脑功能区。在某一时刻，某些核团的放电强一些，某些核团的放电被抑制，比如，在白天学习时，大脑海马核团放电强，甚至存在自发放电；在晚上睡眠时，海马区与白天以同样的节律放电，这使人们发现了海马区的学习记忆功能，同时人们还发现了睡眠时海马核团对白天学习的知识进行编码，以产生永久记忆，因此研究者认为睡眠促进了大脑的学习记忆功能。当人体的视觉受到刺激时，大脑视觉区神经元的放电变强，而当听觉受到刺激时，大脑听觉区的神经元放电变强。因此，脑电中往往包含有大量丰富的信息，这些神经元放电混叠在一起代表了大脑的某些活动，根据 EEG 信号可以大致了解大脑当前的状态，比如清醒、睡眠等，但是却很难依据 EEG 信号精确地解读其代表的意义。

三、脑电信号的特征与分类

脑电信号是从人体大脑头皮记录到的由大脑上千亿个神经元产生的混合电信号。由于脑电信号的叠加性质以及大脑内神经元活动的不确定性，脑电信号具有非线性和动态变化的特征[6]（图9-7）。

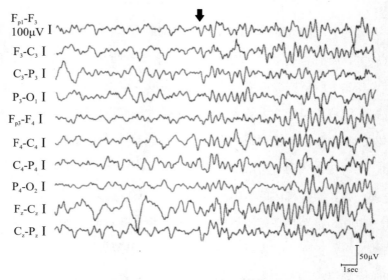

图 9-7　PSG 记录的一个少年儿童的多道脑电信号

脑电信号通常在幅度和频率上均有不规则变化。人们通过研究发现，其变化还是存在一定的规律性，比如，其幅度的变化在 10～300 μV 之间，其频率的变化在 0.5～100 Hz 之间居多。而且随着人体状态，比如清醒或睡眠状态的不同，其规律性表现更为明显：人体深度睡眠时高幅度、低频率的 EEG 信号占优势；而人体清醒，特别是思考时，高频率、低幅度的 EEG 信号占优势。为了研究的方便，人们根据 EEG 信号中的频率成分，将其分为 delta（δ）、theta（θ）、alpha（α）、beta（β）

和 gamma（γ）五种节律类型[5]（表9-2和图9-8）。

表9-2　EEG信号中包含的五种类型节律波形

序号	类型	频率/Hz	幅度/μV	说明
1	delta（δ）节律	0.5~4.0	100~200	在颞叶、额叶较显著，主要出现在深睡期
2	theta（θ）节律	4~8	50~100	在颞叶、顶叶较显著，主要出现在浅睡期
3	alpha（α）节律	8~13	30~50	在枕叶较明显，成人在闭眼、放松、觉醒状态下出现
4	beta（β）节律	13~30	约30	在额叶、顶叶较显著，主要出现于脑活动活跃，如思考时
5	gamma（γ）节律	>30	无特定	可能与意识和知觉有关

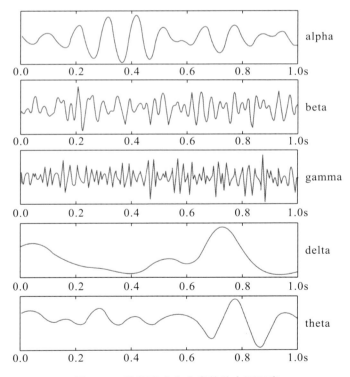

图9-8　按频率成分分类的脑电图示意

四、脑电与我们的睡眠

（一）概述

对于动物而言，睡眠和水、空气及食物一样对生命的维持是不可或缺的。对于人体而言，按平均每日 8 小时睡眠时间计算，人的一生中约有三分之一的时间是在睡眠中度过的。睡眠对于人体是极其重要的，规律的睡眠与觉醒节律有利于调节机能免疫功能、维持各系统功能处于稳定状态。睡眠对于人体所具有的重要生理作用包括以下几个方面：消除疲劳、促进生长、增强免疫以及巩固长期记忆等[5]。人体睡眠剥夺研究显示，其对人体的各个方面，包括心情、认知以及运动等均会产生负面影响[7]。

（二）睡眠研究与脑电波

睡眠与脑电波信号密切相关，人们最初研究人体脑电，就是从睡眠研究开始的。1929 年，汉斯·贝格尔首次记录人体脑电信号并发现了脑电 alpha 节律消失与睡眠相关。

20 世纪 30 年代，有很多关于睡眠 EEG 记录的研究。1937 年，阿尔弗雷德·卢米斯（Alfred L. Loomis）[8]首次发表了连续、全夜、多通道睡眠记录研究。在这篇文献中，卢米斯将 EEG 分为 A、B、C、D、E 五种睡眠模式，A 代表 alpha 节律；B 代表没有 alpha 节律的低电压波变化，此时，眼球可能发生转动；C 代表基线不稳、幅度为 20~40 μV 的纺锤波（Spindles）；D 代表纺锤波加上持续 0.5~3 s、幅度可达 300 μV 的随机波；E 代表随机波（图 9-9）。卢米斯研究得到的原型睡眠模式转换图可以看作是现代睡眠分期结构图的雏形。

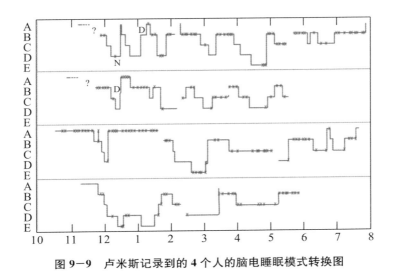

图 9-9　卢米斯记录到的 4 个人的脑电睡眠模式转换图

1953 年阿瑟林斯基（Aserinsky）和克利特曼（Kleitman）[9] 在《科学》（*Science*）上撰文，通过探测角膜视网膜电位变化描述了睡眠中的非快速眼动（Non Rapid Eye Movement，NREM）和快速眼动（Rapid Eye Movement，REM）现象及特点，并进一步推断出 REM 睡眠与梦的关系，明确了睡眠 EEG 的结构特征。

1957 年德蒙特（Dement）和克利特曼（Kleitman）[10] 进一步研究发现了睡眠深度的周期性变化（图 9-10）。他们的发现为睡眠分析中最重要的睡眠分期结构图的分析奠定了坚实的基础。

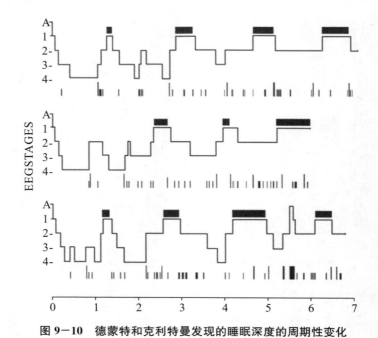

图 9－10　德蒙特和克利特曼发现的睡眠深度的周期性变化

（三）睡眠分期与脑电波

目前，睡眠分期已成为睡眠研究的基础，无论是对正常睡眠的生理研究还是对睡眠疾病的研究和诊断，都与睡眠分期相关。

通常而言，人体整夜睡眠中包含有四到五个基本重复的睡眠周期，每个睡眠周期又包含两个大的部分：非快速眼动（NREM）期和快速眼动（REM）期。其中，NREM 期又可以进一步分为 N_1、N_2、N_3 和 N_4 期，N_1 和 N_2 期被称为浅睡期，而 N_3 和 N_4 期被称为深睡期或慢波睡眠（Slow Wave Sleep，SWS）期[6]。我们把这种睡眠本身的周期组成称为睡眠结构（图 9－11）[6]。

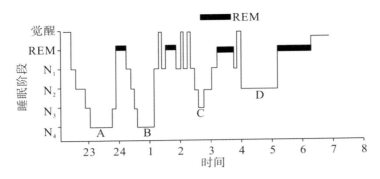

图 9-11 正常睡眠分期结构

睡眠分期的基础是脑电分析。比如，被称为 N_3、N_4 期的慢波睡眠的 EEG 波形频率<2 Hz。慢波睡眠对于依赖于海马的外显记忆更为重要，慢波睡眠的脑电图参见图 9-12[6]。

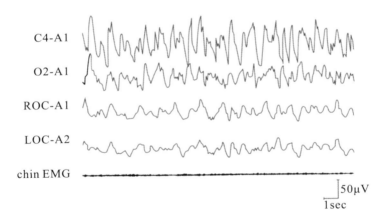

图 9-12 慢波睡眠的脑电图

五、脑电的未知之谜

目前，还有很多关于脑电波的未解之谜，比如，脑神经之间是如何交互来共同完成一件事情，神经信号是如何编码的，等等。另外，要真正实现对高级心智运作的解读，甚至实现意识和记忆的下载或上传，最终还要结合大量系统和行为层面的数据，通过整体论的思路来完成。

第二节　脑机接口

脑机接口（Brain-Computer Interface，BCI）通常是指在人或动物大脑与外部设备之间创建的直接连接，以实现脑与设备的信息交换。这一概念其实早已有之，但直到 20 世纪 90 年代以后，才开始有阶段性成果出现。

脑机接口要实现人脑及计算机之间的联系，从而实现大脑意识对计算机的控制，进而实现对外界真实世界的控制。脑机接口从大脑获取信号，分析并将它们转换成命令，然后将这些命令转换为来自外围设备的信号，以提供所需的输出。

2020 年 8 月 29 日，侵入式脑机接口公司 Neuralink 创始人埃隆·马斯克用一头名为 Gertrude，已被植入 Neuralink 设备两个月的猪，向全世界展示了他的最新脑机接口技术。在展示会上，马斯克称，Neuralink 设备能够读取大脑活动，而且不会对大脑造成任何持久损害；该设备还可以直接与佩戴者的智能手机连接以传输数据[11]。

Neuralink 公司的神经外科主任马修·麦克杜格尔（Matthew McDougall）介绍，公司的第一个临床试验将针对因脊髓上部损伤而完全瘫痪的人群，通过脑机接口将他们的大脑信号传递给植入在耳后的一个小装置，再将数据传输到计算机（图 9-13）。

神经链接架构

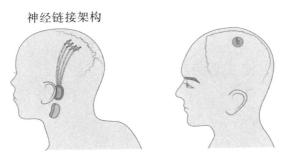

图9－13　侵入式脑机接口示意图

　　脑机接口是一个技术难度和复杂性都极高的领域，哈佛大学脑科学中心韩璧丞博士指出马斯克新发布的 Link V0.9 技术可以说有三个进展和三大局限。

　　三个进展：一是 Link V0.9 实现了外部无线化；二是通过解码 Link V0.9 记录到的脑电波，系统能够较好地预测猪在跑步机上运动时四肢关节的动态位置；三是 Link V0.9 已经获得了美国食品药品监督管理局（FDA）的突破性设备的认定，在获得其余所需的批准和安全测试之后，有望开展人体植入测试。

　　三大局限：一是记录脑电的微电极丝直接插入脑组织内部，即使插入的电极再细，仍然可能会由于胶质细胞结痂现象导致电极信号质量严重下降甚至丧失；二是美国 FDA 对植入人体材料的预期是能在体内维持至少 10 年，Neuralink 使用了柔性高分子新材料电极丝，这种材料需要长达 10 年的试验才能证明其是否符合标准；三是在技术层面，大脑由近 1000 亿个神经元组成，单个神经元又通过多达 1 万个的突触与别的神经元相连，大脑工作方式是整体大于部分之和，目前采用的技术思路是还原论，得到的数据本质上是抽样的、不易解释的。

　　尽管如此，Neuralink 的工作仍是开创性的，在材料、芯片、手术机器人等方面都做到极致。马斯克表示，智能手表及手机已经是过时的技术，脑机接口技术才是未来的技术[12]。

一、脑机接口的概念

脑机接口（BCI）是一种系统，它能够测量中枢神经系统（Central nervous system，CNS）的活动并将其转换为人工输出，该输出可以替代、恢复、增强、补充或改善自然的 CNS 输出从而改变 CNS 与其外部或内部环境之间正在发生的交互作用[13]。BCI 包括以下六个重要主题：

（1）创建了本质上不同于自然输出的新的中枢神经系统输出；

（2）其操作取决于两个自适应控制器的交互；

（3）选择信号类型和大脑区域；

（4）识别并避免伪迹；

（5）输出命令：目标选择或过程控制；

（6）有效性验证和宣传：有效的 BCI 应用。

二、脑机接口的发展历史

脑机接口已经经历了近百年的发展历史，在脑机接口的发展过程中，发生了以下一系列重大事件（图 9-14）。

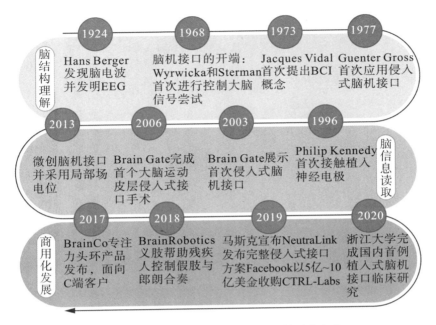

图9-14　脑机接口发展过程中经历的重大事件

三、脑机接口的原理

脑机接口的基本原理是通过对脑电信号的读取、分析、理解，实现大脑与计算机的交互，计算机可以进一步通过大脑思想来操纵设备并得到反馈，而不需要人的语言或动作（图9-15）。

脑机接口的实现可以分为四步：

（1）脑电采集：对脑电信号进行放大、数字化、传输并存储。

（2）信号获取及处理：提取含用户意图的脑信号特征，并把这些特征转换成包含用户意图的指令。

（3）信号输出/执行：使用这指令控制输出设备（如光标、环境、轮椅等）并为用户输出结果的反馈。

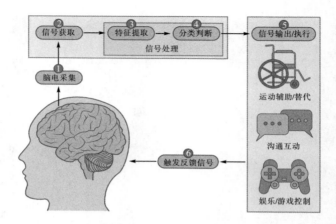

图 9-15　脑机接口原理示意

（4）反馈：在信号执行后，设备会产生动作或显示内容，参与者将通过视觉、触觉或听觉感受到第一步产生的脑电波已被执行，并触发反馈信号。

四、脑机接口展望

2020 年 8 月 27 日，美国兰德公司艾莉森·扬布拉德（Alyson Youngblood）报告[14]了人们已能通过脑机接口控制机器，使科幻电影中的诸多场景逐渐成为现实。BCI 技术使人的大脑和外部设备可以互相交谈以交换信号。它使人脑能够直接控制机器，而不受身体的物理约束。

BCI 还可以在军事和民用领域发挥重要作用。例如，在军事中通过 BCI 可减轻士兵疼痛感或调节诸如恐惧等情绪；在民用领域截肢者可以通过 BCI 直接控制复杂的假肢。植入的电极可以改善患有阿尔茨海默病、中风或头部受伤的人们的记忆力。先进的 BCI 技术还可用于减轻疼痛甚至调节情绪。

第三节 脑机接口在医学领域的应用

一、脑机接口应用于运动辅助和义肢控制

2008 年，匹兹堡大学神经生物学家宣称利用脑机接口，猴子能用操纵机械臂给自己喂食。2020 年 8 月 29 日，马斯克在自己旗下的 Neuralink 公司找来"三头小猪"向全世界展示了可实际运作的脑机接口芯片和自动植入手术设备。目前脑机接口技术在运动辅助方面的应用主要有以下几个方面。

（1）脑机接口重新恢复受损神经回路，执行日常动作。

由于脊髓损伤、肌萎缩侧索硬化或脑干中风，病人的"大脑—肌肉"神经通路被损坏，导致肌肉无法执行神经指令。脑机接口技术可以搭建外部"神经通路"，病人能够直接控制设备辅助完成意向动作（图 9-16）。

（2）结合脑电信号与肌电信号，实现对运动辅助设备控制。

借助 EEG 获取的脑电信号和其他设备获取的肌电信号，运动辅助系统能够对信号进行解码和分类，进行多维组合分析从而获得与意向动作相匹配的控制指令，从而操控外部设备完成动作。

（3）多种生理信号组合提升精准度并减少训练时间。

运动辅助系统与 EEG 等身体其他的生理信号相结合，如 EOG（眼电信号）、EMG（肌电信号）等，通过组合分析后获得较高控制精度，缩短辅助设备系统与用户的磨合训练时间。

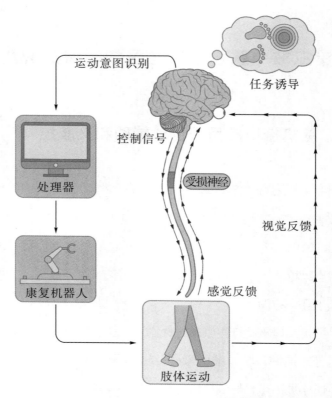

运动意图识别

任务诱导

控制信号

受损神经

处理器

视觉反馈

康复机器人

感觉反馈

肢体运动

图 9－16　侵入式脑机接口控制义肢

二、脑机接口帮助恢复受损神经或感觉器官功能

神经修复是神经科学中和神经修复相关的领域，即使用人工装置（假体）替换掉原有功能已削弱的部分神经或感觉器官。由于目标和实现手段的相似性，"神经修复"和"脑机接口"两术语经常可以通用，都是尝试达到一个共同的目标，如恢复视觉、听觉、运动能力，甚至是认知的能力。

神经假体最广泛的应用是人工耳蜗，截至 2006 年，世界上已有大约十万人植入。也有一些神经假体是用于恢复视力的，如人工视网膜，迄今在这方面的工作仅仅局限于将人工装置直接植入脑部。人工耳蜗是迄今为止最成功、临床应用最普及的脑机接口。

美国 Battelle 研究所和俄亥俄州立大学韦克斯纳医学中心（Wexner Medical Center）的一个研究小组表示，他们已经能够使用脑机接口系统，恢复严重脊髓损伤的患者手部触觉（图 9-17）。该脑机接口技术利用了肉眼难以察觉的微小神经信号，通过将残存的、低于知觉反应范围的触觉信号转换成有意识的知觉，并反馈给参与者，达到增强神经信号的目的[15]。

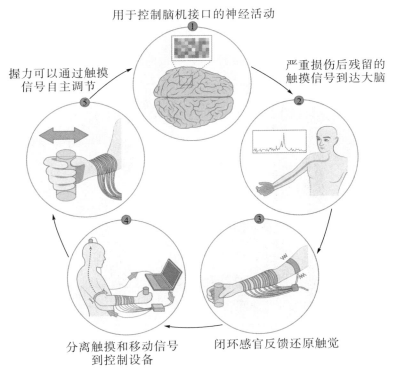

图 9-17　脑机接口技术恢复手部触觉

三、脑机接口通过神经反馈强化大脑反应

脑机接口技术能够改善大脑的功能，维持精神和精力充沛的状态。

（1）借助 EEG 设备对参与者进行神经反馈训练，强化某一频段脑电波达到增强反应目的。

神经反馈治疗是借助 EEG 设备采集大脑皮层各区域的脑电活动信号，通过分析参与者的脑电信号并用视觉和听觉信号刺激进行正向反馈训练（给参与者带来心理期望结果，一般会产生愉悦感），选择性强化某一频段的脑电波以达到预期的治疗目的。脑机接口能够改善提升 2~3 倍的学习能力。

（2）通过神经刺激训练缩短专业人员训练时间。

在 2011 年，美国国防部高级研究计划局（DARPA）利用电极贴在大脑皮层的特定位置上，释放少量电流，帮助学习者在短时间内快速提升学习效果。这项成果已经被美国军方用来训练士兵的认知和决策能力，能够显著减少专业人员训练时间。

四、脑机接口实现心灵沟通

脑机接口可以借助 EEG 捕捉事件相关电波，实现人与人、人与机器、人与宇宙意识存在的直接沟通，而不需要经过语言这种模糊性、概念性的媒介帮助。

目前经典的脑机接口沟通应用 P300 拼写器（图 9-18），依靠视觉刺激完成沟通交流。P300 拼写器会在屏幕上随机高亮字符矩阵的某一行或一列，一次实验中矩阵的每行每列均会被高亮一次。EEG 持续记

录脑电波信号，并将脑电波信号进行加工处理。如果在特定位置的高亮后 300 毫秒检测到 P3 波（小概率电波），则表示参与者正在关注这一位置。通过解析脑电信号中的 P300 拼写器高亮时间及位置顺序，并对照刺激序列的时间，进而确定产生刺激的行列位置，最终确定参与者注视的字符。

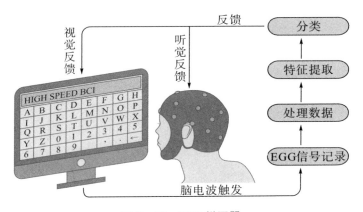

图 9-18　P300 拼写器

1999 年，哈佛大学的 Garrett Stanley 试图解码猫的丘脑外侧膝状体内的神经元放电信息来重建视觉图像。他们记录了 177 个神经元的脉冲列，使用滤波的方法重建了向猫播放的八段视频，从重建的结果中可以看到可辨认的物体和场景。

2020 年 3 月 30 日，美国加州大学旧金山分校的科研团队使用人工智能（AI）解码系统，把人的脑电波转译成英文句子，最低平均错误率只有 3%。

此外，人类对心灵沟通（原理示意如图 9-19 所示）的探索仍在持续进行中。

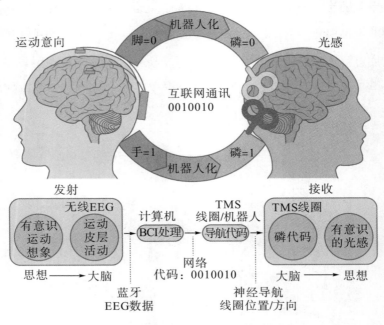

图 9-19 心灵沟通原理

第四节 发展脑机接口的风险及伦理争议

脑机接口在医学诊断和治疗、智能机器人、可穿戴计算和人机交互等领域具有重要的研究意义和巨大的应用潜力。随着脑机接口技术的高速发展和应用领域的逐渐扩大，相关的伦理和风险也引发了人们的关注和担忧。

（1）人类生命安全。BCI 相关的神经技术风险是未知的、不可控的，在脑部植入芯片或脑深部电刺激，会破坏脑部的天然物理防护，引起组织反应或感染以及大脑重塑。若相关软硬件设施被非法使用（如输入恶意信号、更改信号阈值），可能引发脑部混乱，甚至危及生命安全。

（2）个人隐私安全。由于脑机接口技术可以采集存储在大脑内部的隐私信息，如生活经历、信仰、心理特征等。如何避免人类"裸露"在脑机接口面前呢？对此问题，亟待利用科学技术和法律标准限制脑机接口技术对人类隐私的收集、分析、传播与使用。

（3）自主性和责任归属。随着大脑和人工智能的深度融合，人们有望创造出"人工智能人类"，开创智能信息时代的新生活。但是，人脑和人工智能深度融合的机器系统是机器控制人类，还是人类控制机器？如果人脑和人工智能深度融合系统发生了错误，甚至犯罪行为，责任归属如何划分？

（4）对人类社会的冲击。脑机接口技术将使传统的人脑记忆能力得到大幅提升，并且可以摆脱语言、肢体和表情的限制，借助交互信号实现沟通，那么语言、文字是否因不再有意义而逐渐消失？如果用脑机接口技术来提升个人运动能力，那么顽强拼搏、坚忍不拔、永不言输、永不放弃的奥林匹克体育精神是否还有存在的意义？人类是否还能拥有竞争意识、协作精神、公平观念、集体主义等品质？

人工智能的发展会给人类大脑的发展插上翅膀，在这一发展过程中也要密切关注其可能产生的风险并加以控制。当我们进入一个全新的数字时代时，人类的弱点和局限性就开始被放大了。

未来已来，你准备好了吗？

本讲小结

1. 脑电信号是大脑神经细胞中电活动的总体效应，脑电波的记录和解读将为揭秘高级心智活动奠定基础。

2. 脑机接口技术通过对脑电信号的读取和分析，实现不依赖于外周神经和肌肉系统，利用大脑直接操控设备，是全面解析认识大脑的核心关键技术。

3. 脑机接口能修复运动感知功能，帮助相关患者恢复独立生活和交流能力。通过意识操控周围的设备将提升人类的耐力、速度、精度和效率。

4. 脑机接口技术在发展过程中将面临技术与伦理层面的双重挑战。

（王玉芳）

【思考与行动】

1. 常见的脑电波波形及其意义有哪些？

2. 影响脑电波的因素有哪些？

3. 谈一谈脑电波目前研究的瓶颈和解决这些瓶颈会对脑机接口技术发展产生的重要影响。

4. 谈一谈以脑电波为基础的人机交互技术的应用前景（可结合所在的学科）。

参考文献

[1] BERGER H. Über das Elektroenkelphalogramm des Mensen [J]. Arch Pyschiatr Nervenkr, 1929, 87: 527−570.

[2] MAKIN J G, MOSES D A, CHANG E F. Machine translation of cortical activity to text with an encoder−decoder framework [J]. Nature Neuroscience, 2020, 23 (4): 575−582.

[3] 赵忠新. 睡眠医学 [M]. 北京：人民卫生出版社，2016.

[4] 王庭槐. 生理学 [M]. 9 版. 北京：人民卫生出版社，2018.

[5] 姚泰，赵志奇，朱大年，等. 人体生理学 [M]. 4 版. 北京：人民卫生出版社，2015.

[6] CARNEY P R, BERRY R B, GEYER J D. 临床睡眠疾病 [M]. 韩芳，吕长俊

译. 北京：人民卫生出版社，2011.

[7] DURMER J S，DINGES D F. Neurocognitive consequences of sleep deprivation [J]. Seminars in Neurology，2005，25（1）：117－129.

[8] LOOMIS A L，HARVEY E N，HOBART G A. Cerebral states during sleep，as studied by human brain potentials [J]. Journal of Experimental Psychology，1937，21（2）：127.

[9] ASERINSKY E，KLEITMAN N. Regularly occurring periods of eye motility，and concomitant phenomena，during sleep [J]. Science，1953，118（3062）：273－274.

[10] DEMENT W，KLEITMAN N. Cyclic variations in EEG during sleep and their relation to eye movements，body motility，and dreaming [J]. Electroencephalography and Clinical Neurophysiology，1957，9（4）：673－690.

[11] 张唯. 马斯克直播展示脑机接口：植入猪脑，硬币大小，无线传输 [EB/OL]. （2020－08－29）[2022－11－2]. https://tech. sina. com. cn/it/2020－08－29/doc－iivhuipp1335837. shtml.

[12] 映象网. 马斯克的新生意：智能手机是过时技术 脑机接口才是未来 [EB/OL]. （2020－09－17）[2022－11－2]. https://baijiahao. baidu. com/s?id＝1678008121110132877&wfr＝spider&for＝pc.

[13] WOLPAW J R，WOLPAW E W. Brain－Computer Interfaces principles and practice [M]. New York：Oxford University Press，2012.

[14] ALYSON YOUNGBLOOD. 脑机接口即将来临，我们准备好了吗？ [EB/OL]. （2020－08－27）[2022－11－2]. https://new. qq. com/rain/a/20200901A0FNUW00.

[15] GANZER P D，COLACHIS 4th S C，SCHWEMMER M A，et al. Restoring the sense of touch using a sensorimotor demultiplexing neural interface [J]. Cell，2020，181（4）：763－773.

第十讲

潘多拉的盒子：环境之殇与生命之痛

人类利用现代科学技术，建立起了高度发达的社会，在享受丰富的物质生活的同时，却又给地球带来了满目疮痍。人类酿成的环境之殇，如全球变暖、臭氧层破坏、酸雨、淡水资源危机、能源短缺、森林资源锐减、土地荒漠化、物种加速灭绝、垃圾成灾、有毒化学品污染等众多环境问题，直接将人类和地球生命推向了危险的境地。人与自然是生命共同体，如果地球被毁掉，人类也很难在这场灾难中独善其身[1]。

第一节　大气之殇

一、雾霾围城[2]

雾霾天气是一种大气污染状态，而我国有段时间曾经处于雾霾高发期。2013 年 1 月，一次大范围雾霾笼罩了全国 30 个省（自治区、直辖市），其影响范围、持续时间、雾霾强度历史少见；2014 年，北京全年污染天数达 175 天；2015 年，全国雾霾覆盖城市高达 1523 个。截至 2017 年，雾霾几乎成为许多城市的"天气常态"，成为人们挥之不去的阴影。雾霾是大气中各种悬浮颗粒含量超标的笼统表述，其主要是由气态污染物二氧化硫、氮氧化物和可吸入颗粒物 PM2.5 这三项组成。尤其 PM2.5（粒径小于或等于 2.5 微米的颗粒物）被认为是造成雾霾天气的"元凶"，其本身也是重金属、多环芳烃、病原菌等有毒污染物的传播载体。频繁的雾霾，对地球辐射平衡、大气能见度、环境温度、农业产量等造成严重的不良影响。而近年来人类的呼吸、心血管及神经系统疾病，以及交通事故的频发，也与雾霾有一定联系。

雾霾是工业化高速发展时期的常见现象，是由城市化过程发展和城市布局不合理导致的区域性大气污染。其中，人类活动外排的大量工业废气、燃煤烟尘以及汽车尾气都是 PM2.5 的主要来源[2]。2013 年，我国全年燃烧煤炭达 36 亿吨，而其中有 3.8 亿吨消耗在了京津冀地区。在这些煤中 20％是散煤，它们燃烧后所排放的二氧化硫量与所有大电厂的排放量基本相同。机动车尾气排放的碳氢化合物与 NO、油滴微粒等，在空气中发生化学反应，组成了 PM2.5 主要的成分。同时，它们又容易与自然界的气溶胶相互作用，形成二次气溶胶的复合污染物，进一步加重雾霾。据报道：大气中二次气溶胶对 PM2.5 浓度的影响很大，大气污染物中有近五成的颗粒物来自二次反应。尤其交通拥堵造成机动车怠速或低速运行时，污染物排放量将增加 5～10 倍。

其次，气象条件也是协助 PM2.5 富集的"帮凶"。例如，垂直方向的逆温现象，限制了低空中空气的垂直运动，使悬浮颗粒难以向高空漂移。此外，大量的秸秆燃烧、城市化导致自然植被的破坏以及密集的建筑加剧了静风现象进而阻碍气溶胶的扩散，这也是导致雾霾的频发的因素。2014 年 1 月 4 日，我国正式将雾霾天气纳入自然灾情进行通报。近几年，通过压减燃煤、严格控车、调整产业、强化管理等手段，国家逐步升级治霾措施。根据中国气象局发布的《大气环境气象公报（2021年）》：2021 年全国平均霾日数为 21.3 天，较 2020 年和 2016—2020 年平均分别减少 2.9 天和 6.9 天。全国地面 PM2.5 和臭氧平均浓度分别较 2020 年下降 9.1% 和 0.7%。虽然近年来大气环境持续改善，但在部分不利气象条件影响下，冬季持续性区域性霾和重污染天气过程时有发生，雾霾防治措施的落实力度仍不能放松。

二、全球变暖[3-4]

温室效应的不断积累造成了今天全球变暖的气候状况。事实上，温室效应自地球形成以来就一直存在。以二氧化碳为主的温室气体，它们对太阳短波辐射的可见光（波长 3.8~7.6 nm，较短）具有较好的穿透性，同时对地球反射出来的长波辐射（如红外线）具有高度的吸收性。如果没有这种温室效应对地球的保护，地球表面就会寒冷无比，温度会降到 −20℃，生命将难以生存。虽然温室气体非常重要，但二氧化碳的增长速度过于惊人。自工业革命以来，全球的二氧化碳含量已经增加了25% 左右，远超过科学家勘测出来的过去 16 万年全部历史纪录的总和，而且尚无减缓的迹象。如果我们把二氧化碳比作地球外面的被子，如今这个被子越来越厚，也就表明地球会越来越热。人类从近代开始才有了一些温度记录。自 20 世纪 80 年代以来，每个连续十年都比前一个十年更暖：1981—1990 年全球平均气温比 100 年前上升了 0.48℃；2015—2019 年是有完整气象观测记录以来最暖的五个年份，而 2019 年全球平均温度较工业革命前水平高出了约 1.1℃，已经越来越逼近《巴黎气候协定》拟定的升温阈值（1.5℃）。尽管气候的变化引起了全球政治上的争论，但科学家们却比以往任何时候都更确定人类活动，尤其是以 CO_2 排放为主的人类活动与全球变暖之间有密切联系。由于高含量 CO_2 在大气中平均存在可达 200 年之久，也就是说，如果不采取措施，它们将对全球变暖产生持续几十年甚至更长的作用。

尽管目前全球平均气温较工业革命前只是 1℃ 左右的变化，但全球变暖已经对地球产生了明显的影响，具体表现为以下五个方面。

（1）加速冻土层融化及冰川退缩。到目前为止，气候变化的主要表现之一是冻土层融化及冰川退缩。根据美国国家冰雪数据中心的信息，北半球的永久冻土层比 20 世纪初减少了 10%。一些冰川的消融速度是全球变暖前的 15 倍。南北极海冰在 2019 年 6 月都下降到了一个极低的水平，而在 2020 年 2 月，南极史上首次出现 20.75℃ 的高温天气。全球变暖使得海水受热膨胀，它与冰川融化一起导致海平面上升。美国环境保护署（EPA）的数据显示：自 1870 年以来，全球海平面上升了约 8 英寸（约 20 cm）。如果按目前的趋势继续下去，许多沿海地区将被淹没，那里的人口大约占地球人口的一半。马尔代夫、瑙鲁、图瓦卢等低洼国家将会首当其冲。

（2）加剧极端天气及自然灾害的发生。全球变暖加剧了气候的不稳定性，导致大气环流形势异常。如今极端天气已经成为常态，东西半球屡屡呈现"冰火两重天"的格局。同时，全球变暖正在加剧史无前例的热浪和暴雨的发生。在 20 世纪后半叶，北半球中高纬地区的暴雨发生频率增加了 2%～4%。而闪电是另一个受全球变暖影响的天气特征。根据 2014 年的一项研究，如果全球气温持续上升，到 2100 年，美国境内的雷击数量将增加 50%。此外，飓风和干旱等其他自然灾害也与全球变暖的作用有关。

（3）加速生物物种的灭绝。全球变暖对地球生态系统的影响异常深远，容易加速生物物种的灭绝。二氧化碳浓度的增加会改变海水的酸度（pH 值）及温度。自工业革命以来，全球海洋的酸度增加了约 25%，海水会溶解越来越多海洋生物的碳酸钙外壳，使其难以生存。在 2016—2017 年，澳大利亚大堡礁大部分地区的珊瑚出现了白化现象，即珊瑚因为排出了它们的共生藻以致失去了美丽的颜色甚至生命，而海水温度升高、pH 值不平衡是出现该现象的元凶。此外，动植物的生长繁殖需要舒适的温度范围。气温变暖迫使植物们开始改变生命活动（发芽、落叶等）的周期，动物们也逐渐从赤道向两极迁徙。候鸟和昆虫现在已经比 20 世纪提前几天或几周到达了它们的夏季饲养和筑巢地。如果气候变化速度快于迁移速度的话，许多动物可能会因为无法在新的气候系统中竞争而灭绝。

（4）影响人类健康。美国医学协会报告称，疟疾和登革热等蚊媒疾病的增加，以及哮喘等慢性疾病的发病率上升，有可能是全球变暖的直接结果。目前，人类能够详细描述的病毒种类在 5500 种左右，而美国微生物家指出，仅全球海洋中的病毒就可能超过 19 万种。特别是处于极地永冻层中长期休眠的远古病毒，它们将随全球变暖被逐渐释放。因此，国外病毒学家警告称，这些病毒一旦接触到合适的寄主，就可能被复活，或许将成为人类未来面临的很大威胁。例如，科学家已经在阿拉斯加的冻原里发现了 1918 年西班牙大流感死者的病毒 RNA 片段。

（5）影响人类社会的发展。全球变暖对人类主要的生产领域，尤其农业、林业、牧业和渔业等的影响尤为显著。有研究发现，虽然二氧化碳可以促进植物的生长，但植物可能会变得不那么有营养。同时，由于降雨类型（如雨量及变化性）、土壤水分蒸发蒸腾的总量、耕地分布等的改变，全球农业生产格局将发生极大变动。再加上恶劣天气、缺乏积雪融化、害虫种类增多、地下水水位下降等问题的出现，农业系统可能会受到严重打击，随之产生的饥荒及粮食骚乱可能带来世界范围的战乱。

碳达峰与碳中和

为了积极应对气候变化，世界各国以全球协约的方式减排温室气体。2020 年 9 月，中国在联合国大会上向世界宣布了 2030 年前实现碳达峰、2060 年前实现碳中和的"双碳"目标。碳达峰指某个地区或经济体年度二氧化碳排放量达到历史最高值，然后经历平台期进入持续下降的过程，是二氧化碳排放量由增转降的历史拐点。碳达峰目标包括达峰年份和峰值。碳中和指通过节能减排、产业调节、植树造林、优化资源配置等手段，使得二氧化碳排放量减少或回收利用，以达到二氧化碳"净零排放"的目的。

第二节　水体之殇

水污染通常是指排入水体的污染物质超过了水体自净能力，使水的组成和性质发生变化，从而引起水质恶化、水体生态环境破坏的现象。水污染主要由人类活动产生大量的工业、农业和生活废弃物排入水中造成。其中，工业废水是水域的重要污染源，具有量大、面积广、成分复杂、毒性大、不宜净化、难处理等特点。农业污染源包括牲畜粪便、农药、化肥、不合理的污水灌溉等。生活污染源主要是城市生活中使用的各种洗涤剂以及产生的污水、垃圾、粪便等，多含抗生素、无机盐、氮、磷、微生物等。随着工业发展、城镇化提速以及人口数量的增加，我国各类废水排放量激增。1978—2018 年间，我国总计排放污水 1.3×10^{12} m³，占我国水资源总量的近 1/2；但早期因环保意识薄弱，以及污水处理技术及设施的限制，在 1990 年之前我国污水处理量几乎为 0。虽然之后的污水处理率逐步从百分之十几提高到 95％以上（2018 年），生活污水的排放处理量总差额仍高达 7×10^{11} m³，占我国水资源总量的近 1/4，全国大部分水体遭到不同程度的污染[5]。此外，我国淡水资源的人均占有量极低，仅为世界人均占有量的 25％，水质恶化使淡水资源短缺问题雪上加霜[6]。

一、江河污染严峻[5,7-9]

在我国经济发展早期，污水未经处理直接排放的情况大量存在，江河生态环境破坏严重。据调查，我国早期江河的主要水系污染明显。全国七大水系（珠江、长江、黄河、淮河、辽河、海河和松花江水系）中，涉及的污染物种类多达 2000 多种。其中，淮河、黄河、海河的水环境质量最差，均有 70％的河段受到污染，它们的中下游因水污染发生断流现象，常常导致河口严重淤积。而不少中小河流也由于城镇工业的超量排放无法被利用。此外，突发性水污染事件进一步加剧了江河的污染威胁（表 10-1）[8]。水体突发性污染事故主要来源于企业违规排污，其次是工厂事故泄漏、人为因素和自然灾害的破坏，具有大量污染物突然集中排放的特点。依据中国环境统计公报，2011—2015 年期间，我国主要省份水污染事件总计 373 起，包括大众熟知的 2013 年山西长治苯胺泄漏事件，2013 年上海黄浦江现大批死猪事件，2015 年安徽香隅因违规排放含苯污水导致千亩农田变成荒地等。这些事件中，突然排污、累积污染、污染泄漏、管道事故分别为 98、90、36 和 32 起，占 68.63%；污水、化学品、油类污染物分别为 181、34 和 40 起，占 68.37%，由此可以推断水体污染的最大污染源是污水。由于突发性水污染事件的风险分析、预警预报、应急管理尚不成熟，因此对其难以控制。但随着国家对污染防治力度的加大，江河污染治理的成效逐步体现（图 10－1）[8]。我国的地表水水质一般分为六个等级（Ⅰ、Ⅱ、Ⅲ、Ⅳ、Ⅴ、劣Ⅴ类）。2018 年，全国监督的 1613 个水质断面中，水质达到Ⅰ～Ⅲ类的占比 74.3%，水质为劣Ⅴ类的占比 6.9%，较 2017 年分别上升 2.5% 和下降 1.5%，较 2001 年分别上升 44.8% 和下降 37.1%。但辽河、海河、黄河、松花江流域的劣Ⅴ类水质比例分别占 22.1%、20%、12.4% 和 12.1%（图 10－2），仍需要引起重视[8]。此外，虽然劣Ⅴ类水质的治理相对有效，但 2015—2019 年，我国Ⅰ类水质的地表水占比基本没有明显变化，平均为 3.26%[5]。

表 10－1 我国 18 起重大化工水污染事件回顾[7]

事件	时间	污染详情
山西长治苯胺泄漏	2013 年 1 月	山西一企业苯胺泄漏，导致苯胺污染漳河下游，影响山西、河北、河南多地居民生活
广西龙江镉污染	2012 年 2 月	广西两企业将含镉废水偷排入龙江河，镉泄漏量约 20 吨，波及河段约 300 公里，沿江居民生活受到严重影响
云南曲靖铬污染	2011 年 8 月	云南曲靖一化工厂非法倾倒 5200 余吨工业废料铬渣导致污染，倾倒地附近农村 77 头牲畜死亡
江西瑞昌水污染	2011 年 8 月	江西瑞昌一冶炼公司长期随意排放工业污水，污水渗入土壤腐蚀地下自来水管，致其破裂并污染水质，百余人饮水中毒

事件	时间	污染详情
四川涪江水污染	2011 年 7 月	四川松潘县境内一家电解锰厂的尾矿渣被洪水卷入涪江，导致沿岸约 50 万居民饮用水受影响
浙江新安江苯酚污染	2011 年 6 月	杭州建德市因车祸致 20 吨苯酚污染新安江水体，桐庐及富阳境内 5 个水厂停止取水，55 万居民用水受影响
广东化州水污染	2011 年 6 月	广东化州市某高岭土厂非法排放工业污水，造成附近村庄塘鱼暴毙，威胁湛江数百万人的饮用水安全
紫金矿业水污染	2010 年 7 月	紫金矿业位于福建上杭县的工厂发生 9100 立方米废水外渗，造成沿江上杭、永定鱼类大面积死亡和水质污染
吉林松花江化工污染	2010 年 7 月	吉林省两家化工企业仓库被洪水冲毁，7000 只物料桶被冲入松花江中，其中 3000 只为原辅料桶
江苏盐城酚污染	2009 年 2 月	江苏盐城水厂自来水水源受酚类化合物污染，造成 20 多万居民停水 66 小时
云南阳宗海砷污染	2008 年 3 月	云南澄江一企业长期违法排放含砷的生产废水，导致阳宗海严重污染，沿湖居民 2.6 万余人的饮用水源取水中断
广州钟落潭水污染	2008 年 3 月	广州白云区钟落潭镇白沙村饮用水受到工业污染导致亚硝酸盐超标，造成 41 名村民中毒
湖南辰溪砷污染	2008 年 1 月	湖南辰溪县一硫酸厂排污，污染地下水，致使 73 人不同程度砷中毒
贵州都柳江砷污染	2007 年 12 月	贵州独山县一硫酸厂非法将大量含砷废水排入都柳江上游河道，十余村民轻微中毒，沿河 2 万多人生活饮水困难
湖南岳阳饮用水源砷超标	2006 年 9 月	湖南省岳阳县城饮用水源地新墙河发生水污染，砷超标 10 倍左右，8 万居民的饮用水安全受到威胁和影响
广东吴川水污染	2006 年 4 月	广东化州市一企业非法排污，造成吴川市境内三叉江污染严重，大量鱼虾死亡，近 4 万居民饮用水安全受到影响
湖南湘江镉污染	2006 年 1 月	株洲霞湾港清淤截流中操作不当导致含镉工业废水排入湘江

事件	时间	污染详情
吉林松花江苯污染	2005年11月	中石油吉林石化公司双苯厂发生爆炸，苯类污染物流入松花江，污染带长约80千米，导致哈尔滨停水4天

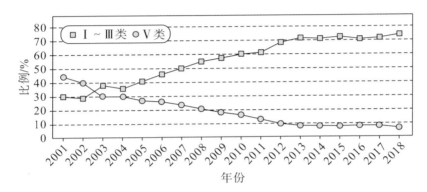

图 10—1　2001—2018 年全国重点流域水质Ⅰ～Ⅲ类、劣Ⅴ类断面比例[8]

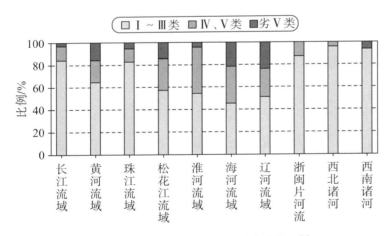

图 10—2　2018 年我国主要河流水质状况[8]

　　湖泊（水库）是一类特殊的地表水蓄积库，富营养化（蓝藻水华）是湖泊的主要污染现象，其源于氮、磷等营养元素的外源输入和内源释放。湖泊富营养化易引起某些藻类及其他浮游生物的迅速繁殖，使水体溶解氧含量下降，造成水体黑臭、水质破坏，藻类、浮游生物、植物、水生物和鱼类衰亡甚至绝迹。"十三五"时期，虽然我国江河水环境质量改善明显，但湖泊水质和富营养化状况改善相对滞后。2019 年中国生态环境状况公报显示，全国 110 个重要湖泊（水库）中水质为 V 类或劣 V 类的湖泊占 11.8%；在营养状况受到监测的 107 个湖泊（水库）中，轻度富营养占 22.4%，中度富营养占 5.6%。截至 2020 年年底，"老三湖"（太湖、巢湖、滇池）水质仍为 IV 类，营养状态在轻度到中度富营养之间，且长江流域湖泊富营养化趋势加剧。以长江中游为例，长江中游（上起湖北宜昌，下至江西湖口）是我国淡水湖泊集中分布区域之一，约占全国湖泊面积的 12%。即使该区域的人类活动强度不如长江下游，但 2020 年，长江中游出现富营养化的湖泊比例较 2016 年仍上升了 33.3%，湖泊治理效果并不理想，总氮和总磷仍然是影响湖泊水质和富营养化的最主要因素[9]。

二、地下水失守[10—12]

地下水是指地面以下赋存于土壤和岩石空隙中的水。其以稳定的供水条件、良好的水质，成为农业灌溉、工矿企业用水以及生活饮用水的重要淡水资源。据不完全统计，20 世纪 70 年代以色列 75% 以上的用水依靠地下水供给；像美国、日本等地表水资源比较丰富的国家，地下水亦占到全国总用水量的 20% 左右；而我国约 61% 的城市居民、95% 以上的农村人口以地下水作为饮用水源，北方地区 65% 的生活用水、50% 的工业用水和 33% 的农业灌溉用水来自地下水。目前，地下水正普遍受到污染。与地表水不同，地下水污染不易被发现，且因其流动极其缓慢、自净能力弱、难以治理，具有隐蔽性、长期性和难恢复性等特点，因此一旦受到污染，即使彻底消除其污染源，也得十几到几十年后才能使水质复原。

2013 年，山东潍坊部分化工企业、造纸厂通过高压水泵向 1000 多米深的地下水层排放污水，相关污染数据的曝光引起了社会各界对我国地下水污染的关注。由于环保意识淡薄，加之技术水平有限，企业向地下排污一度是业内"公开的秘密"，具体排污过程如图 10-3 所示。

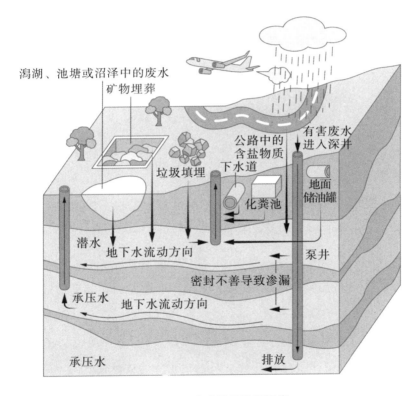

图 10-3　企业地下排污示意

2018 中国生态环境状况公报显示，全国地下水水质较好级以上的比例仅为 33.4%，较差级和极差级分别达到 51.8% 和 14.8%，地下水质量严重失守。当前，地下水污染也逐渐呈现出由浅至深、从点到面、从城市到农村的发展趋势。这些污染主要来自工业三废（废水、废气、废渣）及生活污水的排放、城市加油站的泄露、垃圾填埋场的渗漏、农业施肥的不当以及地下水过度开采引发的海水倒灌等人类活动。长期用污染的地下水灌溉农田，会使土壤结块变硬，无法耕作；农作物也会因为吸收氯离子、硫酸盐等减产、死亡。同时，污染还会使地下水硬度增加，在企业生产过程中增加设备消耗，产生残次品影响工业生产，因此企业往往需要对硬水进行软化处理，由此增加了生产成本。

此外，地下水污染带来的饮用水安全问题更不容忽视。饮用水源地一旦受到污染，尤其是重金属污染及持久性有机物污染，将很难被传统水处理工艺去除。联合国发布的资料表明，目前全球有 11 亿人缺乏安全饮用水，每年约有 500 多万人死于同水有关的疾病。水污染引起的疾病包括：癌症、氟中毒、腹泻、铅中毒、砷中毒、镉中毒、汞中毒等。全球城市自来水里已监测到 765 种对人体有害的污染物，其中 20 种致癌，23 种疑癌，18 种促癌，56 种致突变，严重威胁人体健康[11]。而农村地区饮用水的状况也不容乐观。2018 年，对全国 1094 个农村地下饮用水水源地点的监测发现，有 14 个省（自治区、直辖市）的监测点水质达标比例均低于 40%。其中总大肠菌群、氨氮、锰、硫酸盐、铁等指标的超标率均有逐年递增趋势。这些污染主要受三个因素的影响：①农村饮用水水源具有规模小、数量大、布局分散等特点，无法参照城市的集中保护方式；②农业面源污染日益严重，但处理基础设施落后污染防治严重不足；③农村饮用水环境监管能力十分薄弱，缺乏监测技术规范，监测人员和经费不足[12]。

三、海洋污染日益加重

与大气及淡水水体污染相比，海洋污染有如下特点：一是污染源多。不仅人类可以直接污染海洋，而且人类在陆地和其他活动方面所产生的污染物，也将通过江河径流、大气扩散和雨雪等降水形式，最终都汇入海洋。二是持续性强。海洋是地球上地势最低的区域，污染物一旦进入海洋后将很难转移或消除，累积的污染物（如重金属、持久性有机物）往往会通过生物浓缩和食物链的传递作用，对人类造成潜在威胁。三是扩散范围广。全球海洋是相互连通的一个整体，一个海域的污染物往往会扩散到周边，甚至有的后期效应还会波及全球。四是难以控制。海洋污染需要长期治理才能消除影响，防治难、危害大。目前，海洋污染的突出表现为石油污染、赤潮、塑料污染、有毒物质累积和核污染等几个方面。

（一）海洋石油污染[13]

各种含油废水、海上船舶压舱水和洗舱水的排放，油船遇难、输油管道和近海石油开采的泄漏等，都是海洋石油污染的主要途径。全世界每年经由各种途径入海的石油估计有 $6×10^6$ t。尤其后面几种途径，被称为偶发性石油污染，其对海洋的影响范围更广，治理难度更大。例如，2010 年英国石油公司的钻油平台爆炸导致 2500 km^2 海水被石油覆盖；2011 年壳牌石油公司的海上钻井平台约 218 t 原油泄漏到英国北海。国际油轮船东防污染联合会的统计数据显示，从 20 世纪 70 年代至 2013 年，因油轮发生碰撞，七吨以上的溢油事故共 1782 起，溢油总量达 $5.74×10^4$ t。

石油污染的危害是多方面的。首先，石油在海面形成的油膜能阻碍大气与海水之间的气体交换，影响海面对电磁辐射的吸收、传递和反射。长期覆盖在极地冰面上的油膜，还会增强冰块的吸热能力，加速冰层融化。其次，石油污染会改变某些经济鱼类的洄游路线，被石油污染的海产品难以销售或不能食用，影响水产经济。而受影响最大的则是海洋生物。油膜会影响水体的复氧作用，减弱太阳辐射，干扰海洋植物的光合作用。同时石油的分解会消耗水中的溶解氧，造成海水缺氧，不利于海洋生物生存。海洋石油污染更是被称为海鸟的噩梦。长期摄入石油污染物会对鸟类的摄食、生长发育及繁殖产生巨大影响。误食石油污染物的雌鸟的产卵过程要延迟 9～13 天，而且鸟卵的孵化率会大幅降低。严重的石油污染会使海鸟因失去防水、保温、游泳或飞翔能力而死亡。或者当它们用嘴梳理羽毛时，将大量的石油吞入腹中，会严重刺激消化器官，造成它们厌食直至饿死。例如 1937 年，"弗朗克·H. 巴克号"油船在圣弗朗西斯科湾失事，油污杀死了 10000 多只海鸟。1952—1962年的海洋石油污染，使北大西洋和北海海区死亡的海鸟累计高达450000 只。1979—1986 年，在苏格兰东北部沿海共有上万只鸟类死于石油污染。1989 年 3 月 24 日，"埃克森·瓦尔迪兹号"油轮在美国阿拉斯加州附近海域触礁，3.4×10^4 t 原油流入阿拉斯加州威廉王子湾。这一漏油事故造成大约 280000 只海鸟死亡。事实上，那些死亡后沉入海底的海鸟和其他海洋动物远不止这些数量。

（二）海洋赤潮[14—17]

赤潮被喻为"红色幽灵"，是一种由于海水中微型生物在特定条件下暴发性增殖或聚集而产生的海洋生态灾害，被联合国环境组织列为当今三大近海环境问题之一。赤潮一般多发于海湾等近海地带。因赤潮生物种类（已报道近 300 多种）和数量的不同，海水可呈现红、黄、绿等不同颜色，因此国际上更多称其为有害藻华。有研究表明，赤潮现象与人类活动密切相关，特别是氮、磷高含量污水的入海，造成海水中营养物质的大幅增加，是导致赤潮频发的主要因素；而海水的理化因子（温度和盐度）和水文气象因子（光照、降水、风力等）亦是诱发赤潮的重要原因。赤潮发生后，赤潮生物大量增殖、过度聚集，会降低海水透明度及光照，同时海水中大量二氧化碳被消耗会导致海水 pH 值升高，从而影响其他海洋生物的生长繁殖。赤潮生物容易产生黏液，集聚在鱼类的鳃部使其呼吸困难或窒息而死。在赤潮的消亡阶段，死亡的藻类在分解过程中会大量消耗水中的溶解氧，进一步与海洋生物争夺氧气，同时它们会释放出有害气体和藻类毒素（被称为"贝毒"，约 200 多种），引发鱼虾等海产品的死亡，破坏海洋正常的生态系统。随着全球温度的升高，暖水中的赤潮生物更容易传播及扩散，世界多地的赤潮生物均来自相同物种，全球扩张的频次及规模日益明显。2000—2017 年，我国近海共发生赤潮千余次，涉及海域面积 2.1×10^4 km² （图 10－4）。2017 年 10 月，美国佛罗里达近海的短凯伦藻赤潮持续了 15 个月，被称为近十年来持续最久的赤潮。同时，赤潮带来的经济及社会问题也不容忽视。2012 年 5 至 6 月，福建沿海大规模暴发的米氏凯伦藻赤潮，使养殖鲍鱼大面积死亡，造成经济损失达 20 亿元人民币，创造了当时中国近海因赤潮导致的经济损失之最。2016 年，全球主要养殖三文鱼产地智利沿海暴发赤潮，造成近 10 亿美元损失，并引发了社会动荡。此外，这些含有毒素的海产品，给食品安全和公共健康带来严重威胁。近年来，部分赤潮藻产生的黏性囊体被发现会堵塞核电冷源系统，成为近海核电站的威胁新安全隐患。

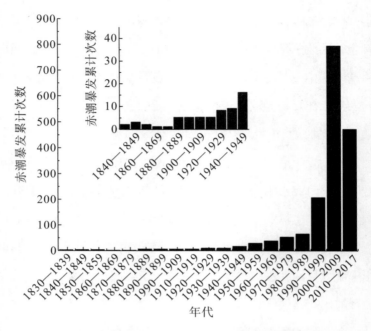

图 10-4　1830—2017 年中国近海赤潮记录次数[17]

（三）海洋塑料污染[18-20]

塑料因性质稳定、质轻可塑、成本低廉等优势得到广泛应用。自 20 世纪 50 年代人类大规模生产塑料开始，全球塑料产量已累计超过9×10^9 t。塑料巨大产量的背后是不足 25 分钟的平均使用时间、超百年的降解速度、仅 9% 的回收利用率，以及自然环境中近 6×10^9 t 的塑料垃圾[18]。据估计，每年约有 8×10^6 t 塑料废物进入海洋。在过去几十年里，人类不断往太平洋里倾倒塑料废物，受洋流的影响，它们逐渐形成"塑料漩涡"，已经在北太平洋中部缔造了一个面积达 3.43×10^4 km² 的"新大陆"（图 10-5）。其面积约相当于 6 个法国大小，推测到 2030 年，这块陆地的面积还要增加 9 倍。英国政府科学办公室 2017 年发布的报告估计，2015—2025 年，海洋塑料污染将增加 3 倍。由于塑料废物的密度很低，很容易在水上进行远距离漂流，因此所有的海洋表面均存在塑料污染物。这些塑料污染物不仅会引发视觉污染、生物缠绕、航行安全、渔业减产、生物体积聚等问题，而且部分塑料经过物理、化学和生物等过程裂解会形成危害更大的微塑料（小于 5 mm），它们将与海洋初生微塑料（来自轮胎、合成纺织品、城市灰尘、个人护理产品等，约占总塑料垃圾的 15%～31%）一起，对海洋生态系统产生更大的影响。在2014 年联合国环境规划署发布的年鉴中，海洋微塑料被正式列为全球十大新兴环境问题之一。

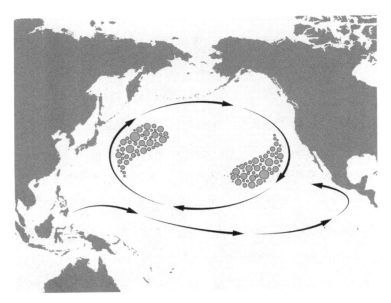

图 10-5　人类丢弃的垃圾在海洋上形成"太平洋垃圾大陆"

目前在海洋中漂浮着的微塑料总量估计已超 2.68×10^4 t，常见的种类包括聚乙烯、聚丙烯、聚苯乙烯、聚酰胺、聚酯、聚氯乙烯等。我国近海的微塑料污染程度较严重，居于全球前列，据估计，到 2025 年，中国和印度尼西亚沿海可能会成为微塑料的主要聚集地。微塑料因尺寸、大小、颜色的多种多样，经常被海洋生物误认为是食物。同时，微塑料不仅可以吸附海水中的有机物、营养盐，还可以作为微生物、浮游动植物栖息的场所。浮游植物是大多数浮游动物的重要食物来源，因此，塑料表面的这种微环境引起了"捕食增强作用"，致使其更易被海洋生物摄食。此外，有研究证明，塑料中含有的化学添加剂可能会诱发食欲，从而引起珊瑚虫等生物的兴奋并对塑料进行主动摄食。此外，食物链的传递也是微塑料进入生物体的重要途径。我国近岸 21 种鱼类中，微塑料含量为 0.2～26.9 个/g，在贝类软组织中检出率为 74.2%，平均每个贝类有 2.5 个微塑料。就目前研究来看，远在极地的生物也未能幸免。生活在极地附近的白鲸、鳕鱼、红海盘车海星、企鹅等体内均有微塑料的存在。受摄食习惯的影响，各生物体内的微塑料形状、类型和颜色存在一定差异。

微塑料的摄入会给海洋生物带来不可磨灭的灾难，因此也被称为"海洋 PM2.5"。其影响主要包括：①微塑料在生物体内累积会导致大量的物理性影响，如机械损伤、肠胃梗阻，进而引起摄食率下降、生长迟滞、繁殖力降低甚至死亡等不良反应。②微塑料是海水中重金属和有机污染物的吸附载体。有模拟实验指出微塑料中的持久性有机污染物在肠道条件下的析出速率较在海水条件下高出了 30 倍。这种复合性污染会加剧生物的病理性损伤。更糟糕的是，这些塑料中的化学物质可以通过食物链传递给人类。近年来，已陆续在食盐、饮用水、人体粪便及胎盘等样品中检测到微塑料的踪迹，它们对人体的影响将有待于进一步评估。

拓 展阅读

新冠肺炎疫情加剧塑料危机

新冠肺炎疫情增加了人们对一次性塑料用品的依赖，尤其口罩、手套等个人防护品的用量激增，加剧了现有的塑料垃圾管理不当的问题。

2020 年，《环境科学与技术》（*Environmental Science & Technology*）期刊上发表的一项研究指出，由于防疫需求的不断上升，全球每月使用 1290 亿个口罩和 650 亿只手套。这些个人防护物品通常由聚丙烯塑料制成，完全降解大约需要 450 年的时间，被称为"生态定时炸弹"。其中一部分塑料垃圾最终会进入河流和海洋，给已经十分严峻的全球塑料问题带来更大的压力[21]。

第三节 大地之殇

一、土地荒漠化[22-23]

荒漠化是 20 世纪 60 年代出现的词语，指在人为因素和自然因素共同作用下产生的干旱、半干旱和亚湿润地区的土地退化的过程，是当前人类社会面临的重大挑战。荒漠化现象在人类进入 20 世纪以后发展尤为迅速，人口的激增和大量破坏环境的经济活动（滥垦、滥牧、滥樵、水资源的浪费等），是造成大面积土地荒漠化的主要原因。目前全球荒漠化面积已达 3.6×10^7 km²，约占整个地球陆地面积的 1/4。更严峻的是，荒漠化土地面积以每年 50000～70000 km² 的速度在不断扩大。它威胁着全球三分之二国家和地区、五分之一人口的生存和发展，也被称为"地球的癌症"。2017 年，兰州大学黄建平教授团队首次构建了全球荒漠化脆弱性指数，并预测了未来荒漠化演变趋势[29]。研究结果显示，当前，中度、高度和极高荒漠化风险的地区分别占全球陆地面积的 13%、7% 和 9%。同时该研究还预测，到 21 世纪末（2081—2100 年），在未来高排放情景下由于气候变化和人类活动的影响，中等及以上荒漠化风险地区占全球陆地面积的比例将增加 23% 左右，荒漠化风险增加的地区主要在非洲、北美、中国和印度北部等地区。

土地荒漠化的最终结果大多是沙漠化，危害非常严重。中国是世界上荒漠化面积最大、受风沙危害严重的国家。首先，荒漠化会减少土地资源。国家林业和草原局提供的资料显示：20 世纪末，土地沙化以每年 3436 km² 的速度扩展，每 5 年就有相当于北京市行政区划大小的国土面积因沙化而失去利用价值，全国受沙漠化影响的人口达 1.7 亿。我国北方地区风蚀作用强烈，土地沙质荒漠化问题尤为突出。根据遥感技术的监测结果显示：2018 年，北方地区沙质荒漠化土地共 35.08 万 km²，其中重度沙质荒漠化面积 11.92 万 km²，中度沙质荒漠化面积 13.54 万 km²，轻度沙质荒漠化面积 9.62 万 km²，主要分布于内蒙古和新疆[30]。其次，荒漠化会导致土地生产力的严重衰退，植被退化，作物的单位面积产量降低。据统计，中国沙区草场牲畜超载率为 50%~120%，个别地区高达 300%。沙漠化使全国草场退化达 20.7 亿亩（约为 1.38 亿 ha），占沙区草场面积的 60%，每年少养近 5000 多万只羊，经济损失巨大。此外，荒漠化加剧了生态环境的恶化，导致水土流失、湿地破坏、生物多样性丧失等环境问题。我国每年输入黄河的 16 亿 t 泥沙中有 12 亿 t 来自沙化地区，严重的水土流失使黄河开封段成为"悬河"。早年全国特大沙尘暴的频发也与荒漠化有着直接的联系。在 20 世纪，我国北方 50 年代共发生大范围强沙尘暴 5 次，60 年代 8 次，70 年代 13 次，80 年代 14 次，90 年代 23 次，一度引起日、韩等国家的广泛关注。

二、森林锐减[24-25]

森林是陆地上分布面积最大、组成结构最复杂、生物多样性最为丰富的生态系统。它被誉为"地球之肺"，具有调节气候、制氧固碳、防风固沙、涵养水源、净化空气、提供生物栖息地等多重作用，维持着地球的生态平衡。全球森林主要集中在南美、俄罗斯、中非和东南亚等地区。这4个地区占有全世界60%左右的森林，其中尤以俄罗斯、巴西、印度尼西亚和刚果（金）为最，4国拥有全球40%的森林。随着社会的发展，人类对森林的消耗和破坏有增无减（表10-2）。根据《环境研究快报》杂志上日本林业和林产品研究所的研究结果，1960年到2019年的60年间，全球森林面积减少了8170万ha，人均森林面积下降了60%以上，从1960年的1.4 ha/人减少到2019年的0.5 ha/人。这种损失破坏了森林生态系统的完整性，降低了它们产生和提供基本服务以及维持生物多样性的能力，至少影响了全球16亿人的生活。全球森林退化和消失的原因主要来源于人类活动的干扰（如工业采伐，非法木材贸易、农业扩张等）。其中，大规模的工业化采伐影响着70%以上的濒危森林及其生物多样性，森林的生态服务功能（如固碳等）也因此大大减弱。农业及其他林地转化原因导致的林地消失面积每年高达1300万ha左右。如2001—2019年，印度尼西亚巴布亚岛有近75万公顷的热带雨林被砍伐，约占该岛森林面积的2%，其中有大约28%的面积被开垦为棕榈油工业种植园，这种为工业型农业让路的活动属于永久性的森林破坏。此外，全球变暖及气候变化导致的森林火灾频发也是森林锐减的诱因。在2021年春夏季，因高温异常天气，北半球多地爆发了多起大规模森林大火，过火总面积已经超过138825.81 km^2，给当地的生态环境带来了较大负面影响。2021年7月，《科学》（Science）的研究成果指出：受森林火灾的影响，亚马孙热带雨林的碳平衡已经完全被打破，目前雨林每年能吸收 5×10^8 t二氧化碳，但雨林大火却每年向大气排放 1.5×10^9 t二氧化碳。2019—2020年澳大利亚持续4个月的山火造成

30 亿只动物死亡或流离失所，是现代史上最严重的野生动物灾难之一。有研究预测，如果森林从地球上消失，全球 90％以上的生物将灭绝，人类将无法生存一年。

表 10－2　近年全球森林面积变化情况[24]

年份	2010	2011	2012	2013	2014	2015	2016	2017	2018	2019	2020	2023	2025
全球森林总面积/百万公顷	3840	3838	3835	3834	3832	3831	3830	3828	3826	3825	3823*	3818*	3815*

注：带*的为预测值。

公地悲剧

英国加勒特·哈丁（Garrit Hadin）教授 1968 年在《科学》（*Science*）杂志上发表了一篇题为 "The Tragedy of the Commons" 的文章，通过列举以下事例来描述过度开发公共资源导致的灾难：在公共草地上，每增加一只羊，一方面可以获得增加一只羊的个人收入，另一方面也会加重草地负担。如果每一个牧民都希望多养一只羊使自己的收益最大化，草地将可能被过度放牧而退化，最终损害所有人的利益，这就是公地悲剧。这里的公地不仅仅指公共的土地，而且还包括公共的水域、空间等。因此，当下全球的环境问题不仅仅是污染当地的事情，也不是一两个国家的事情，其对生态系统产生的后果需要我们全人类共同承担，每个人都应为保护地球而努力。

三、土壤污染[26-27]

土壤是人类生存的基础，是作物进行水肥气热交换的场所，同时也是保障经济发展和粮食生产安全的重要支撑。很长一段时间，化工污染、交通运输、工农业生产等行为产生了大量的污染物（主要为重金属、有机物、农药化肥等），其中，固体废物向土壤表面堆放和倾倒，有害废水向土壤中排放和渗透，有害气体及飘尘随雨水沉降在土壤中，从而引发严重的土壤污染。土壤污染问题已经成为世界性问题，并在世界各国日趋严重。

作为一个缺乏耕地资源的国家，我国人均耕地面积只有 1.35 亩（约 900 m²），只占世界人均耕地面积的 1/3。土壤污染进一步加剧了耕地的缺失。其中，农药及化肥污染是土壤污染的"元凶"之一。有研究资料显示，我国农药施用率是发达国家的 1 倍，农药耕地使用面积超过 2.8 亿 ha，平均每公顷耕地使用超过 14 kg 的农药，但农药利用效率却不足 30%，大量的农药残留在土壤中难以去除。我国每年平均使用的化肥量也高达 4100 万 t，长期过量使用化肥，会破坏土壤的结构，导致严重的土壤问题。同时，污水灌溉污染耕地 2.17 万 km²，固体废弃物存占地和毁田 0.13 万 km²。这些工业废水和固体废弃物中含有大量的重金属污染物如 Cd、Pb、Hg、Cr 等。每年因重金属污染的粮食达 1200 万 t，造成的直接经济损失超 200 亿元。此外，我国受大气污染的农田面积为 5.33 万 km²，大气中的放射性元素和 SO_2、NO 等物质随雨水降落腐蚀土壤，造成不可估量的损失。土壤污染具有隐蔽性、长期性和滞后性等特点，较大气污染和水污染引起的危害更加严重。土壤污染引起的危害主要表现为危害人居环境安全和人体健康、污染水资源、污染大气质量以及影响农业生产种植、威胁国家粮食安全。土壤污染不仅会引起经济方面的巨大损失，也会引发一定程度的社会不安定因素，不利于我国稳定有序发展。

四、垃圾围城[28-30]

垃圾是城市发展的附属物。随着居民生活水平的提高，中国正在遭遇"垃圾围城"之痛。据统计数据显示，我国 2011 年城市生活垃圾年产量已经达到 29 亿 t，全国垃圾存量占地累计达 75 万亩（5 万 ha），超过 450 座城市被垃圾包围。越光鲜的大城市，垃圾围城的问题越严重，中国一半的特大城市均具有较高的"垃圾围城"风险。据原国家环保部发布的《2017 年全国大、中城市固体废物污染环境防治年报》显示，在 202 个大中城市中，北京生活垃圾产生量排第一（901.8 万 t），其次为上海（899.5 万 t）。同时，从 2016 开始，超大城市跨区域偷倒垃圾的新闻屡见报端。其实质是很多城市的垃圾已多到无法自行处理，而这种垃圾跨省外排又增加了周边城市"垃圾围城"的风险。而农村的情况更为糟糕，据相关报告，中国 4 万个乡镇、近 60 万个行政村每年产生的生活垃圾超过 2.8 亿 t，数量已超过城市。

"垃圾围城"日益严重，中国的垃圾处理能力却远远不够。仅 2015 年一年，就有 1000 余万 t 垃圾没有得到及时处理。以北京为例，2015 年垃圾处理量每天缺口 1.8 万 t。加上未被清运的垃圾，每年未被处理的垃圾估计是天文数字。目前，世界上通行的垃圾处理方式主要有填埋、焚烧和综合利用（再生循环利用）三种。中国城市依然以填埋为主，因为这一方式处理量大、操作工艺简单，最重要的是成本低廉。它只需把各处的垃圾拉到填埋场（图 10-6），埋完后等待垃圾发生各种反应，慢慢实现分解、减量。根据《2016 中国统计年鉴》，2015 年，我国垃圾无害化处理总量约 1.8×10^8 t，其中填埋量约 1.1×10^8 t，占总量的 64%。但填埋不仅占用大量土地，它的弊端也非常明显，具体表现为以下三点。

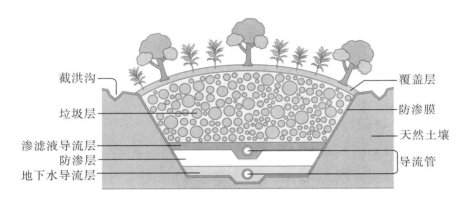

图 10-6　垃圾填埋场的剖面图

（1）气体污染。我国生活垃圾总体呈现含水率高、易降解有机物含量大等特征，在厌氧填埋过程中会产生大量有害气体（如 CH_4、H_2S、CO_2 等）。据统计，每年垃圾填埋场中产生的甲烷量占总气体量的 8%～15%，因此垃圾填埋场也被称为温室气体减排"新战场"。

（2）渗滤液影响。渗滤液是由垃圾自身或雨雪水分产生的大量废水，含有重金属、有毒物质、高氨氮等复合污染物。受制于技术和工艺的限制，当前一半以上的垃圾填埋场防渗能力较差，封场后易对周围的水体、大气和土壤造成严重污染。

（3）安全隐患。随着垃圾堆体的升高，会出现堆放不均匀、垃圾层结构不稳定的问题，出现滑坡风险。此外，如果填埋场整体的排气不良，在甲烷浓度达到 5%～15% 时，则可能引发火灾或者爆炸。面对城市人口不断积聚的现状，我国将长期面临垃圾难排、难运、难处理、难管理的窘境，<u>亟须</u>找到更有效的解决方法。

拓展阅读

"洋垃圾"

为了避免高昂的处理费用（如危险废物处理费：发展中国家约 40 美元/t，欧洲 160～1000 美元/t）及环境污染，发达国家从 20 世纪 50 年代开始向发展中国家转嫁生态危机，出口垃圾就是其中一种重要形式。20 世纪 80 年代初，我国经济发展刚刚起步，为了拓展原材料市场、发展制造业，我国开始从美国、日本以及欧盟等发达国家进口固体废弃物（各种重金属、医疗废弃品、电子产品、服装、塑料等）。2016 年，中国的垃圾进口量达到 4.5×10^7 t。这些"洋垃圾"假借可重复利用废弃物的名义进入我国，对我国的生态环境和公民身体健康产生极大危害。为了改善国内环境状况，我国政府不断调整《禁止进口固体废弃物目录》，但部分企业为了谋取非法的高额利润，"洋垃圾"进口现象屡禁难止。例如，购买 1 t "洋垃圾"大约需要 900 元，但可分拣出 2000 元的废纸，7000～10000 元的废弃塑料，大约 4000 元的废旧铝制品。2017 年 7 月，国务院办公厅印发《禁止洋垃圾入境推进固体废物进口管理制度改革实施方案》，将"洋垃圾"治理问题提上日程，却遭到美国、韩国等发达国家的非议和抵制。2020 年，国家多部委联合发布了《关于全面禁止进口固体废物有关事项的公告》，明确自 2021 年 1 月 1 日起禁止以任何方式进口固体废物，禁止我国境外的固体废物进境倾倒、堆放、处置。至此，我国进口洋垃圾的岁月被画上了句号[31]。

第四节 生命之痛

一、生物多样性破坏[32-34]

如第三讲所述，生物多样性是地球上的生命经过几十亿年发展进化的结果，它给人类带来无尽的福祉。但自工业革命以来，由于人类的各种活动，生物多样性正遭受着前所未有的破坏。有研究发现，过去500年来，人类已经使陆地上野生动植物总量减少了10%，使物种总量平均减少了14%，而绝大多数损失都发生在最近100年以内。2020年，世界自然基金会发布了《地球生命力报告2020》，指出在1970—2016年的近50年间，全球哺乳动物、鸟类、鱼类、两栖动物和爬行动物的数量平均下降了68%。有科学家警告称，动物的灭亡和减少正是地球第六次生物大灭绝的前奏。

生境丧失、人类过度的资源开发与利用、生物入侵、环境污染以及全球气候变化等因素，是加速物种灭绝的主要原因。在过去的400年中，因生境丧失，全世界共灭绝哺乳动物58种，大约每7年就会灭绝一个种，这个速度较正常的化石记录高了7～70倍；在20世纪的100年中，全世界共灭绝哺乳动物23种，大约每4年灭绝一个种，这个速度较正常化石记录高了13～135倍。为了满足人口剧增的各种需求，大量的生物资源被过度开发和利用。例如日本等国的商业捕鲸活动导致了鲸鱼种群和数量的大幅下降。甚至有人预测，在2050年，人类可能会面临无鱼可捕的状态。持续不断的森林采伐，吞噬着原本不多的原始热带雨林。据联合国环境计划署估计，在1990—2020年，因砍伐森林而损失的物种，可能要占世界物种总数的 5‰～25‰，即每年损失 15000～50000 个物种，或每天损失 40～140 个物种。其中，仅 1 种植物的灭绝，就可能导致至少 20 种昆虫因食物链被破坏而消亡。

生物入侵对物种多样性的破坏被视作是 21 世纪五大全球性环境问题之一。根据《2019 中国生态环境状况公报》报道，全国已发现 600 多种外来入侵物种，其中属于国际自然保护联盟公布的全球 100 种最具有威胁的外来物种共 71 种，严重威胁本地物种多样性。亿万年来，许多动植物曾通过迁徙到新的地区应对偶尔出现的气候变化。有研究发现，2008 年，由于全球气候变暖加剧，大约一半的物种已经在迁徙。据估计，陆地动物以每十年平均 10 英里（约 16 km）的速度向两极方向移动，而海洋物种则以每十年平均 45 英里（约 72 km）的速度移动。当这些物种再没有可以躲避高温的区域，灭绝将是必然的后果。美国生物学家科林·卡尔森利用模型预测了气候变化和栖息地破坏对 3100 多种哺乳动物地理分布的影响，并提出了警告：全球升温迫使物种迁徙会增加人与动物之间的接触，引发传染病在全球传播风险。生物多样性给人类提供了食物来源，但为了保证高产，农民倾向于选择单一、耐病毒的作物。这种单一化种植会局限于一些品种而放弃其他的种子资源，最终的代价是牺牲植物的多样性。此外，随着转基因作物的不断推广，转基因生物对生物多样性的影响也受到越来越多的关注。已有报道称，转 Bt 基因抗虫棉在杀死棉铃虫的同时，也影响了棉田中的其他鳞翅目昆虫；转基因植物种的抗除草剂基因转移到杂草中，会使后者成为更具侵略性的杂草。

二、癌症威胁^[35−38]

在中国，癌症已成为疾病死因之首，是非常突出的公共健康问题。2015年，中国约有430万人确诊癌症；280万人死于癌症，平均每天7500人。2020年，全球新增的癌症病例约为1930万，中国占23%以上，而在全世界1000万癌症死亡病例中，中国占到了30%左右。肺癌、肝癌、胃癌和食管癌是中国最常见的癌症，合计占全国癌症病例的57%。肺癌是其中最致命的"杀手"，死亡率排名第一。2020年，中国新增81.56万肺癌病例，在中国所有新增癌症病例中占比17.9%，是当年病例新增最多的癌症，且发病率和死亡率还在攀升。癌症大数据表明，中国接近90%的癌症与环境污染有关，而发达国家这一数据仅为2%。有研究证实，PM2.5会增加患肺癌的比例。国家肿瘤临床研究中心的研究也表明，在中国有23.9%的肺癌死亡病例都可以归因于PM2.5，这个数字远远高于全球16.5%的水平。肝癌是中国人死亡率第二高的癌症，每10万人中死亡数为17.2%。饮用水污染则是诱发肝癌的主要原因。

我国城乡的癌症发病情况有所不同，城市癌症主要是呼吸系统及消化系统癌症，而农村则主要是消化系统疾病。2020年《柳叶刀》（*Lancet*）发布的一篇研究显示，在2015年，中国城市的癌症发病率为191.5/10万，农村为179.3/10万，但在死亡率上，农村要大于城市，前者为109.8/10万，后者为102.8/10万。根据世界卫生组织的预测，未来农村的癌症发病率将超过城市，这与农村人口分散使污染难以集中处理等因素有着直接关系。近几十年来，我国农村患癌人口急剧上升，甚至出现了不少"癌症村"。只要满足以下标准中的任何一条，即可判定为"癌症村"：①癌症发病率高于同期全国平均水平的村落；②癌症死亡率高于同期全国平均水平的村落；③癌症发病率、死亡率明显高于正常期望水平的村落。从 1945 年我国开始出现"癌症村"，截至 2017 年底，我国共有 387 个"癌症村"，分布于 28 个省（自治区、直辖市），目前只有西藏、青海、甘肃 3 个省区尚未发现"癌症村"（表 10—3）。省级行政区中，"癌症村"数量排前三的依次为河北省、河南省和山东省。我国"癌症村"平均密度为 0.402 个/万 km²，其中海南以 3.24 个/万 km² 居首。而且全国"癌症村"密集分布区共 41 个，每个密集区的癌症高发村数量在 3 个以上。

表 10—3　2017 年各省份"癌症村"数量及密度

东部			中部			西部		
省份	数量/个	密度/(个/万 km²)	省份	数量/个	密度/(个/万 km²)	省份	数量/个	密度/(个/万 km²)
河北	48	2.55	河南	42	2.51	重庆	10	1.21
山东	38	2.42	湖南	29	1.37	四川	10	0.19
广东	31	1.72	安徽	19	1.36	内蒙古	9	0.08
江苏	30	2.92	江西	17	1.02	陕西	8	0.39
浙江	26	2.55	湖北	11	0.59	云南	7	0.18
海南	11	3.24	山西	10	0.64	贵州	4	0.23
辽宁	8	0.54				宁夏	1	0.15
福建	6	0.48				广西	1	0.04
天津	3	2.52				新疆	1	0.01
黑龙江	3	0.06				甘肃	0	0
上海	2	3.17				青海	0	0
北京	1	0.61				西藏	0	0
吉林	1	0.05						
合计	208			128			51	

注：中国香港、澳门、台湾地区未作统计。

　　"癌症村"的产生原因是多方面的，包括环境污染、生活方式、自然条件与其他原因。"癌症村"的环境污染往往是水、土壤、空气的多种污染，约有57.70％的"癌症村"同时存在多种污染，其中以水污染最为普遍。"癌症村"的分布与河流关系十分密切，81％的"癌症村"分布在距离河流5 km的范围内。加之农村多有直饮地下水或者河水的习惯，因此，水体污染是导致"癌症村"的罪魁祸首。排在前3位的污染源为化工厂、加工厂/造纸厂、垃圾，共含有95.16％的化学致癌因子。目前我国治理"癌症村"大多数采取的是保护性治理（如提供干净饮用水），而根源性治理（如污染源整改、搬迁、关闭等）还不够。

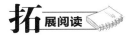

生物圈 2 号

　　生物圈2号（Biosphere 2）是美国在1987—1989年耗资1.5亿美元，建于亚利桑那州图森市以北沙漠中的一座微型人工生态循环系统，为了与生物圈1号（地球）区分而得名。生物圈2号是世界上最大的闭式人工生态系统，占地1.28公顷，以地球北回归线和南回归线间的生态系统为样板，设有5个野生生物群落（热带雨林、热带草原、海洋、沼泽、沙漠）和2个人工生物群落（集约农业区和居住区）。圈内共有约4000种物种，其中动植物约3000种，微生物1000种。1991年9月起，全世界8名科学家两次进驻生物圈2号共停留31个月，并按照各自的专业范围进行生态与环境研究，以帮助人类了解地球是如何运作，以及探索未来的太空移民中封闭生态系统的可行性。但后来研究人员发现：因生物圈2号内的水泥建筑物影响到正常的碳循环，导致氧气与二氧化碳的大气组成无法达到平衡，多数动植物无法正常生长或生殖，其灭绝的速度比预期的还要快，由此宣告"生物圈2号"实验失败。

本讲小结

人类是地球上最具有智慧和创造力的生物，同时也是对地球影响最大的生物。人类对自然的过度开发和利用，加剧了对环境和其他生命的伤害。无论人类如何对待大自然，它都不在乎，因为不管怎样，大自然都会继续存在，随时进化，它并不需要人类。但人类的生存离不开大自然，我们对环境的破坏，最终伤害的只是我们，人类的命运取决于我们自己。

（苟敏）

【思考与行动】

1. 虽然大众对全球变暖的重视程度明显提升，但关于全球变暖原因（自然变化或人类活动引起）的争议持续不断，且从最初的科学争议演变为道德、社会及政治等多个方面的争议。请问你如何看待这些争议？

2. 面对人类活动造成的全球环境问题，你如何理解"地球没有病，生病的只是人类"以及"大自然不需要人类，但人类需要大自然"的观点？

3. 生物圈2号的失败，对我们有什么启示？

4. 对校园中常见的环境污染问题（如塑料/外卖垃圾、快递垃圾、共享单车垃圾、水体富营养化、噪声污染、室内装修污染、自习室节能、实验室废水/废渣/实验动物尸体、塑料"毒跑道"等），请选择一项加以关注，通过调研该环境问题的现状及产生原因，思考切实可行的改进方案，并落实到个人及周围人的具体行动上。

参考文献

1. 马清平. 人类之殇［M］. 北京：中国环境出版社，2015.

2. 史娜. 浅谈雾霾产生的原因和危害以及治理措施［J］. 生态环境与保护，2020，3 （2）：34－35.

3. 中国气象局气候变化中心. 中国气候变化蓝皮书（2020）［M］. 北京：科学出版 社，2020.

4. ZAYED A A，WAINAINA J M，DOMINGUEZ－HUERTA G，et al. Cryptic and abundant marine viruses at the evolutionary origins of Earth's RNA virome ［J］. Science，2022，376（6589）：156－162.

5. 张维蓉，张梦然. 当前我国水污染现状、原因及应对措施研究［J］. 水利技术监 督，2020（6）：93－98.

6. 蔺宇. 浅谈我国水污染的现状及危害［J］. 低碳世界，2018（10）：9－10.

7. 徐小钰，朱记伟，李占斌，等. 国内外突发性水污染事件研究综述［J］. 中国 农村水利水电，2015（6）：1－5，11.

8. 李烨. 我国河流污染防治政策内容量化研究［D］. 长春：吉林大学，2020.

9. 赵晏慧，李韬，黄波，等. 2016－2020年长江中游典型湖泊水质和富营养化演 变特征及其驱动因素［J］. 湖泊科学，2022，34（5）：1441－1451.

10. 任静，李娟，席北斗，等. 我国地下水污染防治现状与对策研究［J］. 中国工 程科学，2022，24（5）：161－168.

11. 吕炜. 饮用水中重点有机污染物对人体健康危害的研究进展［J］. 中国预防医 学杂志，2007，8（5）：668－670.

12. 周园，罗海江，孙聪，等. 中国农村饮用水水源地水质状况研究［J］. 中国环 境监测，2020，36（6）：89－94.

13. 张林燕. 海上石油污染的现状及防治的法律对策［J］. 新西部，2019（9）：

81，98.

14. 张立红. 赤潮如魔剑如虹［J］. 中国科技奖励，2020（1）：47—48.

15. 詹慧玲，饶小珍. 赤潮的危害、成因和防治研究进展［J］. 生物学教学，2021，46（7）：66—68.

16. 张善发，王茜，关淳雅，等. 2001—2017 年中国近海水域赤潮发生规律及其影响因素［J］. 北京大学学报：自然科学版，2020，56（6）：1129—1140.

17. 俞志明，陈楠生. 国内外赤潮的发展趋势与研究热点［J］. 海洋与湖沼，2019，50（3）：474—486.

18. 贾峰. 不要让塑料垃圾成为人类的"遗产"［J］. 世界环境，2019（6）：1.

19. 杨越，陈玲，薛澜. 寻找全球问题的中国方案：海洋塑料垃圾及微塑料污染治理体系的问题与对策［J］. 中国人口·资源与环境，2020，30（10）：45—52.

20. 包木太，程媛，陈剑侠，等. 海洋微塑料污染现状及其环境行为效应的研究进展［J］. 中国海洋大学学报（自然科学版）. 2020，50（11）：69—80.

21. PRATA J C，SILVA A L P，WALKER T R，et al. COVID−19 pandemic repercussions on the use and management of plastics［J］. Environmental Science & Technology，2020，54（13）：7760—7765.

22. HUANG J P，ZHANG G L，ZHANG Y T，et al. Global desertification vulnerability to climate change and human activities［J］. Land Degradation & Development，2020，31（11）：1380—1391.

23. 刘建宇，聂洪峰，肖春蕾，等. 2010—2018 年中国北方沙质荒漠化变化分析［J］. 中国地质调查，2021，8（6）：25—34.

24. 石宪. 森林资源对生态系统保护的作用［J］. 数据，2022（3）：62—64.

25. 陈健. 全球多地集中爆发森林大火［J］. 生态经济，2021，37（10）：1—4.

26. 周国新. 我国土壤污染现状及防控技术探索［J］. 环境与发展，2020，32（12）：26—27.

27. 张静. 浅析土壤污染现状与防治措施［J］. 农业与技术，2020，40（11）：

130－131.

28. 陈安，陈晶睿，崔晶，等. 中国 31 个直辖市和省会（首府）城市"垃圾围城"风险与对策研究——基于 DIIS 方法的实证研究［J］. 中国科学院院刊，2019，34（7）：797－806.

29. 王彦. 浅谈垃圾填埋场存在问题及措施［J］. 节能与环保，2020（4）：30－31.

30. 唐文. 关于城市生活垃圾填埋场存在的环境问题分析与对策探讨［J］. 化工管理，2018（33）：173－174.

31. 宋亚秀. 我国"洋垃圾"问题的现状及其治理［D］. 深圳：深圳大学，2020.

32. CARLSON C J，ALBERY G F，MEROW C，et al. Climate change increases cross－species viral transmission risk［J］. Nature，2022，607：555－562.

33. 余细红，李韶山. 我国生物入侵现状与防制分析［J］. 生物学教学，2022，47（2）：95－96.

34. 张细桃，罗洪兵，李俊生，等. 农业活动及转基因作物对农田生物多样性的影响［J］. 应用生态学报，2014，25（9）：2745－2755.

35. CA：2015 中国癌症统计数据发布［J］. 中国医学创新，2016，13（5）：6.

36. ZHANG S W，SUN K X，ZHENG R S，et al. Cancer incidence and mortality in China，2015［J］. Journal of the National Cancer Center，2021，1（1）：2－11.

37. 王捃，王倩. 农村经济发展与环境保护问题——癌症村成因的研究［J］. 投资研究. 2019，38（3）：103－120.

38. 石方军. 中国"癌症村"的产生原因与治理现状研究［J］. 中国卫生事业管理，2019，36（11）：877－880.

第十一讲

生命关怀：人与动物关系

2021年，云南17头亚洲象一路向北迁移数百公里，引起了公众和国内外媒体的广泛关注。媒体在对象群迁移的跟踪报道中，对"人象平安"的反复强调则映照了当今时代我们对人与动物关系的期许。其实在此之前，便有亚洲象种群从西双版纳栖息地向外扩散的情况，不仅向北，也有向西、向南的种群扩散发生。象群为何扩散？对于迁移途中发生的"人象冲突"该如何回应？如何理解人与动物之间的关系，不得不成为我们再次关注的焦点议题[1]。

第一节　人类与动物的互利共生

根据联合国发布的相关数据，2022年11月15日，世界人口数量已经达到80亿。随着人口数量的不断增多，人类活动对环境以及其他生命也产生了广泛的影响。不可否认，地球上绝大部分动物与我们正在发生着直接或间接的互动关系。野生动物在人类赖以生存的生态系统中扮演着重要角色，与此同时，越来越多的动物被人类捕捉、驯化和圈养，用于农业、实验以及陪伴等。以农场动物为例，它们不仅是蛋白质及其他营养元素的直接来源，也是粮食安全的重要保障。动物的皮毛则是制作衣物、家居物品（例如地毯、帐篷）等的重要原材料。而农场动物的粪便在一些地区则被作为肥料改善土质。此外，在世界上仍有不少人依赖牛、马、驴等进行运输和耕作，动物的生存状况与当地人的生计密不可分。

例如，在肯尼亚的梅鲁地区，部分家庭以养驴维持生计。一些动物保护与农业技术宣传机构共同合作，不仅让专业兽医为养驴人提供预防性的饲养建议，还为他们购买了反光背心，提升他们在车水马龙的道路上工作时的安全保障。此外，在紧急情况出现时他们也可以为养驴人提供贷款。在这些举措的帮助下，驴的健康状况得以改善，同时也意味着养驴人有了更好的生计来源。反过来，养驴人也更有意愿去善待自己的牲畜，并积极参与优化驴车及挽具的后续项目中。

而伴侣动物很可能是与人类互动关系最为密切的动物，尤其在很多城市社区，它们是很多人日常生活的一部分，一些人甚至将它们视为家庭成员。随着现代社会结构和生活方式的变化，选择饲养伴侣动物的年轻人和老年人也越来越多。伴侣动物的生存状况往往和与它们共同生活的人类的身心健康产生相互影响。相关调研发现，一些人即使自己生活拮据潦倒，但所养宠物的健康状况常常良好，宠物是他们的精神抚慰或价值体现所在。

第二节　人类与野生动物的冲突与共存

2021 年的云南北迁亚洲象成了云南乃至中国的一张新名片[2]。大象沿途觅食和停下原地休整的罕见画面，引发了中外网友的极大关注，获得大量正面评价。习近平主席在《生物多样性公约》第十五次缔约方大会领导人峰会上特别说道："云南大象的北上及返回之旅，让我们看到了中国保护野生动物的成果。"北京师范大学生命科学学院张立教授自1999年开始在云南思茅（今普洱）和西双版纳从事亚洲象的研究工作。他认为我国开展相关保护工作取得了成效，亚洲象野外种群数量从1970年代的146头增长到现在的300头左右。但与此同时也需要看到，过去20年的数据显示，中国野生亚洲象的适宜栖息地面积减少了超过40%（并非热带雨林减少，亚洲象的栖息地不是热带雨林），其主要原因是橡胶、茶叶等经济作物种植面积的大大扩张。此外受气候变化影响，亚洲象适宜栖息地面积将进一步缩小。张立教授认为，正是多种因素的共同作用，出现了亚洲象群向外扩散的现象。

人兽冲突是发生在野生动物与人类之间一系列直接或间接的负面交互影响。在上文所述的亚洲象北迁过程中，虽然人类和大象的生命安危都得到了充分保障，但大象一路造成了多处农作物受损、农户房屋损毁等情况。如果象群当时进入昆明市区，那么带来的损失将难以估量。类似的人象冲突是人兽冲突的典型事件。在三江源国家公园，狼侵害牲畜、棕熊入室破坏及伤人的事件就时有发生。除了造成直接的经济损失和人员伤亡外，人兽冲突有时还会带来长期的隐性影响，例如家庭主要劳动力伤残会使儿童失学，家庭陷入长期贫困等[3]。与此同时，此类事件的发生也会让当地人对野生动物保护的认同感下降。人口的持续增长以及随之而来的土地资源利用变化和栖息地的丧失导致了人与野生动物之间的冲突在世界范围内不断增加。

人兽冲突的发生对野生动物的保护和当地人的可持续生计都会带来深远影响。世界自然基金会（WWF）和联合国环境规划署（UNEP）

在 2021 年发布的报告指出，人兽冲突已经成为威胁世界上一些最具代表性的物种长期生存的主要因素之一。为了防止人兽冲突的发生及降低其带来的负面影响，许多的地方政府和保护机构基于科学开展工作，进行事前预防、事中应急和事后补偿救助。

例如 2021 年，国际爱护动物基金会（IFAW）和景洪市林业和草原局联合发起了"亚洲象保护和安全防范宣传网络"项目。IFAW 设计了预防人象冲突的培训课程，并协助政府针对监测人员、乡镇及村委会人员开展人象安全防范技能、社区宣传技能培训，再由参训人员回到社区把安全防范培训推广给每一位村民。此外，IFAW 还为景洪市的监测人员提供野外装备支持，保障监测人员安全，并提升监测效率。

在一些地区的农户居住区修建栅栏（1.5～1.8 m 高的护栏，没有顶棚）也是保护农作物和家畜免受野生动物侵害的方法之一。相较于沿保护区边界设立围栏的方式，这种方式的成本也要低很多。修建栅栏的材料各地均不同，有石头、泥土、枝丫、瓦砾、带刺的铁丝以及铁丝网等，农户们通常是就地取材。在肯尼亚中西部的莱基皮亚地区，晚上牧民就将自己的牲畜赶进栅栏里，以防夜晚食肉动物前来袭击。在搭建栅栏的过程中，牧民们则采用了多种当地的传统技艺。其材料可以是石头、来自当地树种的木块、枝条编制的网或者铁丝网。

遗憾的是，人兽冲突一旦发生，虽然有相应的应急和补偿机制，但仍不可避免地会给人和动物带来不同程度的负面影响。

第三节　人与动物共患病的挑战与预防

2002 年，34 岁的黄杏初在深圳做一名厨师。12 月 5 日左右，他感

觉自己不舒服，像得了风寒感冒，于是到附近的诊所看病，医生告诉他
问题不大。12 月 8 日，他觉得治疗效果不好，就到医院去打了针，但
13 日还是不见好，就回老家广东河源市治疗了几天，但症状又严重了
一些。16 日晚上 10 点多钟，黄杏初被送到河源市人民医院。第二天他
病情加剧，呼吸困难，被送到原广州军区总医院。此时的他已经发高烧
整整 7 天，到达医院时体温 39.8℃，呼吸明显困难，全身发紫，同时
还神志不清，躁动不安，护士无法打针给药，医生无法采取治疗手段，
只好叫几位医师来把他按住。但是由于病人身体强壮有力，四五个医生
好不容易把他固定住，打上适量的镇静剂后，黄杏初才安静下来，医生
们马上采取治疗措施。那时医生们还不知道，此时他们面对的是一位
"非典"（严重急性呼吸道综合征，SARS）患者，而黄杏初也成了全球
所报告的首个"非典"病例。幸运的是，黄杏初在 23 天后康复出院，
日后也没有出现任何后遗症。疫情在广东初现，并在广东、香港相继扩
大。2003 年，全球 32 个国家和地区共发病 8000 多人，死亡 900 多人，
病死率超过 10%。一些患者虽然经过救治活了下来，但股骨头坏死、
肺部病变等多重后遗症给他们后来的工作、生活和心理状况造成了长期
影响。

科学家们经过研究，认为造成这场"传染性强、传播快、死亡率
高"的重大疫情的 SARS 病毒的自然宿主是蝙蝠。在漫长进化中蝙蝠成
了埃博拉病毒、马尔堡病毒、狂犬病病毒、亨德拉病毒、尼帕病毒等上
百种病毒的自然宿主。而蝙蝠因为其具有特殊的免疫系统，极少出现病
症。果子狸作为中间宿主，当然也"难辞其咎"。

2020 年 2 月，印度一位 31 岁的女子在班加罗尔的一所医院中因为
狂犬病去世。该女子居住在班加罗尔东部，四个月前曾被一条流浪狗咬
伤，但直至 2020 年 2 月中旬才被送往医院。到达医院时，这位女士呼

吸困难、神志不清。虽然她的家人声称她曾遭受精神病痛，但医生们也注意到这位女士明显唾液分泌过多，拒绝摄入任何液体，害怕喝水。而这些则是典型的狂犬病症状。因为女子本身患有抑郁症，这给医生最初的诊断带来了一些误导。后来，她的家人才想起 4 个月前，女子从街上带回了一只小狗，并被它咬伤。那时，他们万万没有想到，这会给自己的家人带来致命的威胁。在这一过程中，参与过救治护理工作的 20 名工作人员（包括医生、护士、清洁工等）全部都注射了狂犬病疫苗。当地专家对公众缺乏对狂犬疫苗的重视深表痛心，如果病人在被咬之后迅速注射疫苗，也就不会出现死亡的惨剧。据当地相关部门数据，这位女子已经是 2020 年班加罗尔因狂犬病致死的第五个病例，其中两人在班加罗尔被咬伤，三人则是在别处被咬伤，在班加罗尔进行救治。

印度是狂犬病情况特别严重的国家之一。在 2014 年世界卫生组织的一份简报中指出：印度每年报告约 1.8 万～2 万起狂犬病病例，其中死亡人数约占全世界狂犬病死亡总人数的 36％。在此之前的十年中，印度狂犬病发病率没有多大变化，未出现任何明显的下降趋势，而且由于狂犬病在印度仍未作为必须通报的疾病，印度所报告的狂犬病发病率也许低于实际发病率。在印度，狂犬病主要影响社会经济地位较低的人和 5～15 岁儿童。这主要是因为，印度流浪狗很多且行动自如，儿童经常在这些狗的身边玩耍，并常与它们分享食物，有时就会被咬伤。相关研究显示，大部分被狗咬的儿童并不知道自己被咬伤，他们的父母也往往不知道，在得知后也仅用当地的辣椒或姜黄等处理一下伤口。只有少数家长带着孩子求医，而且往往有延误。

纵观人类发展史，上述案例只是众多的人畜共患疾病中的冰山一角。禽流感、结核病、口蹄疫、中东呼吸综合征（MERS）、埃博拉出血热等都给人类带来了巨大损失。例如，14 世纪的鼠疫大爆发，疫情遍及欧洲、亚洲和北非，仅欧洲就死亡了 2500 万人。

一、人畜共患疾病

人畜共患疾病是指动物（包括牲畜、野生动物和宠物）与人之间传播的疾病，会给动物健康和人类健康带来严重风险，对经济的长期影响也不容小觑。人畜共患疾病的病原体可能是病毒、细菌、真菌、寄生虫或朊病毒。由于我们在农业劳动、宠物陪伴以及自然环境中与动物关系密切，因此动物也给全世界带来了一个重大公共卫生问题，会导致病原体在人畜之间传播（图 11-1）。

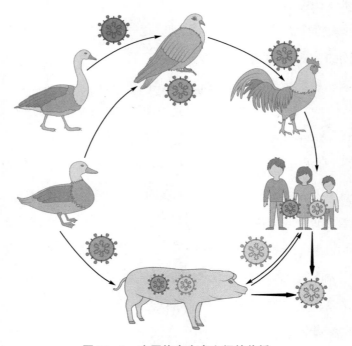

图 11-1　病原体在人畜之间的传播

那么这些病原体是如何在人与动物之间传播的呢？人类与动物之间

的关系紧密，病原体感染的途径也有多种。

（1）直接接触：与动物的唾液、血液、尿液、黏液、粪便以及其他体液接触。例如人在抚摸、触碰、被抓、被咬过程中的接触。

（2）间接接触：与动物居住或游走的场所接触，或者接触已经染有病原体的物体或表面。例如人接触水族馆池子里的水、宠物的窝、鸡笼、鸡舍、植物、土壤以及宠物饮水盆或食盆等。

（3）媒介生物：通过被虱子、蚊子、跳蚤等叮咬而感染。

（4）食物传播：人食用不安全的食物，例如尚未全熟的肉蛋、未经加工的被动物粪便污染了的水果和蔬菜。受污染的食物可以让人和动物（包括宠物）遭受疾病。

（5）水源传播：人饮用或者接触了被病源动物粪便污染的水。

虽然动物源病原体可能让任何人患病，但一些特定群体患病风险更大，例如 5 岁以下的儿童、65 岁以上的老人、孕妇等。目前已知有超过 200 种人畜共患疾病，约有 73％的新兴疾病是人畜共患疾病。

二、狂犬病

狂犬病是最为人们所熟知的人畜共患疾病，狗是狂犬病毒的主要宿主。早在 2 万～3 万年前，狗就已经和人类生活在一起了[4]。狗是最早被人类驯化的动物，其祖先是狼。从早期协助人类狩猎，为人类提供安全保护，到后来为我们提供陪伴或帮助（例如缉毒犬、治疗犬等），狗的角色在人类发展过程中也在不断变化。而狗给人类带来的影响则是正负皆有，狂犬病就是一项尚未解决的世界难题。

世界狂犬病日（World Rabies Day）

每一年的 9 月 28 日是"世界狂犬病日"，其目的是警示我们狂犬病对公共健康和人类社会具有重大影响。狂犬病由狂犬病毒引起，高达 99％的人类狂犬病病例源于狗咬伤（通常通过唾液传染），一旦出现临床症状，几乎 100％死亡。

根据世界卫生组织相关资料显示，狂犬病潜伏期通常为 2~3 个月，短则不到一周，长则一年，这取决于狂犬病病毒进入人体的位置和病毒载量等因素。狂犬病最初症状是发热，伤口部位常有疼痛以及异常或原因不明的颤痛、刺痛或灼痛感（感觉异常）。随着病毒在中枢神经系统的扩散，发展为可致命的进行性脑脊髓炎症。

狂犬病有以下两种形式：

（1）狂躁性狂犬病的症状是机能亢进、躁动、恐水、恐高（害怕通风）。数日后患者因心肺衰竭而死亡。

（2）麻痹性狂犬病约占人类病例总数的 20％。与狂躁性狂犬病相比，其病程不那么剧烈，且通常较长。肌肉从咬伤或抓伤部位开始逐渐麻痹，然后患者渐入昏迷，最后死亡。麻痹性狂犬病往往会有误诊，造成狂犬病的漏报。

狂犬病造成每年数万人死亡，主要分布在非洲和亚洲。2019 年，根据全国法定传染病统计数据，我国患狂犬病后死亡的人数为 276 人，居乙类传染病报告死亡人数的第 4 位。狂犬病也可以感染家畜和野生动物。我们常常忽略的是，人患狂犬病的过程常常是人犬两伤的悲惨结局。根据世界动物保护协会估计，每年约有 1000 万只犬由于狂犬病以及人对于患病的恐慌而丧生。

思考

2016 年，安徽庐江县矶山镇东明村一村民因狂犬病病发身亡。按照防疫要求，半日内东明村多个村民组的 20 多条狗被扑杀。你如何看待全面扑杀犬只的举措？

狂犬病是一种疫苗可预防的疾病。但就花费来讲，在全球范围内，为犬只免疫的平均费用是 4 美元，但治疗被咬伤者的平均费用是 108 美元，后者是前者的 27 倍。这也是在非洲等贫困地区即使有人被咬伤，也迟迟不去注射狂犬病疫苗的原因之一。在 2019 年的全国两会上，中国疾病预防控制中心主任高福也曾表示，每支兽用狂犬病疫苗的价格不到人用狂犬病疫苗的 1/5。且人用狂犬病疫苗需注射 4~5 剂次，只能保护接种者个人，而兽用狂犬病疫苗接种是预防性接种，每年只需注射一剂次，可以从源头上消除狂犬病。为犬类接种疫苗是预防人类患狂犬病最具成本效益的方法[5]。

三、责任养宠

做负责任的宠物主人既是预防狂犬病发生的有效措施，也是社会文明发展的必然需求。近年来，我国饲养猫狗等伴侣动物的人数不断增加，经济发展、老龄人口增多及年轻人工作生活环境和方式变化所带来的陪伴、解压需求等都是这一现象发生的可能因素。但与此同时，由于宠物咬伤人的情况时有发生，由饲养宠物而引发邻里矛盾的现象愈发普遍。尤其在一些小孩比较多的小区，由于担心孩子被猫狗所伤，这种矛盾更易激化。每年，全国都会发生多起小区内宠物被毒死的事件。

2019年底至2020年初，安徽淮南市一名70多岁的胡大爷，三次用其从菜市购买的"速效灭鼠王"掺拌在日常吃饭剩下的骨头渣子里，投放在小区中，造成18名住户的22条犬只死亡。胡大爷之所以这么做，是因为自己和妻子都患有高血压、心脏病等慢性疾病，小区内的狗在夜晚的叫声经常影响他们休息。警方在鼠药里面检出了剧毒化学品氟乙酸的成分，法院一审以投放危险物质罪，判处胡大爷有期徒刑3年，缓刑3年。

当前我国城市犬类管理不当所带来的问题主要包括社会公众安全问题、公共卫生与健康问题以及扰乱社会公共秩序[6]。无论从人的健康，还是从动物的安全考虑，做一名负责任的宠物主人都是必需的。在多数情况下，拥有一只宠物通常是一件有趣而温馨的事情，但每一只宠物都有各自复杂的需求和个性特点，因而保障宠物的健康和快乐绝非易事。了解宠物是每一个准备饲养宠物的人需要做的第一件事，下面以狗为例进行阐述。

狗的平均寿命为10～15年，一旦选择养狗就需要在这么长的时间段内承担相应责任。

狗有高度发达的感官，嗅觉的灵敏度要远远高于人类。在某些频率下，狗所能检测到的声音频率比人能听到的要低四倍，它们还能听到超出我们听力上限的超声波。此外，在昏暗的光线下，狗的视觉也比人类的视觉更好。

狗之间的交流对帮助于它们形成和维持社群结构非常重要。它们会使用尿液、粪便和特殊的味腺分泌物来传递气味信息，或者通过各种声音及复杂的组合传递信号，也可以用自己的身体、面部、尾巴、耳朵和四肢等肢体语言与其他狗进行交流。

狗对周围环境会十分好奇，它们喜欢花很多时间去发现和探索。狗是杂食性动物，但和其他的食肉动物相比，狗用于压磨植物性食物的臼齿数量更多。它们的社会性很强，喜欢有同类的陪伴，但也容易和人建立很强的关系。

狗一胎可以生 4～6 只小狗，一年可以生 1～2 胎。在让狗怀孕之前，需要考虑是否能够给所有出生的小狗都找到合适的家。

特别值得注意的是，不同的犬种都有自身的特性需求，每一只狗又有自己的个性需求，无论是购买狗粮还是防疫治疗，都需要有一定花费。而遛狗、陪伴等过程也会需要不小的时间投入。当一只狗进入家庭，也意味着要在一生中与家庭的其他成员有所互动。因而，在作出是否养狗的决定之前，不仅要对自己的财力、时间状况作出评估，更要和家庭成员进行良好沟通，作出对犬只和家人都负责的决定。

> ┌─────┐
> │ 思考 │
> └─────┘
>
> 大学校园中的流浪动物从何而来？流浪动物可能给学校师生带来哪些影响？大学校园是否应该全面禁止养犬？

第四节　动物养殖与环境健康

随着全球人口不断增多，城市化进程逐步加快，经济不断发展，人们对动物产品的消费需求急剧膨胀。为满足对动物蛋白不断增加的需求，畜牧生产也发生了很大变化（如集约化养殖），动物及动物产品的国际贸易极大增加。畜牧业的发展和变化促进了农业的整体发展，并在减少贫困、维持粮食安全及改善人类营养等诸多方面产生了积极影响。根据 2020 年联合国粮食及农业组织相关数据，畜牧业约占发达国家农业总产量的 40％，约占发展中国家农业总产量的 20％，支撑着全球至少 13 亿人的生计。全球食物蛋白供应中的 34％来自牲畜。它们每年消耗大约 60 亿吨饲料干物质，其中大约一半是草。全球 86％的牲畜饲料由人类不可食用的资源制成。而谷物约占摄入量的 13％，占全球谷物产量的 1/3。

但是，畜牧养殖系统也给水源、大气、土壤和生物多样性带来了巨大挑战。

1. 水源污染

动物的粪便和尿液中都含有大量的有机物、微生物等，如果不能采取有效的措施及时对其进行处理，这些粪便、尿液排到下水道中就会使得水体富营养化，进而引发严重的环境污染问题[7]。此外，在养殖过程中抗生素的使用也十分普遍，残留的抗生素也是水体污染的重要来源之一。

2. 大气污染

在畜牧养殖过程中，畜禽必然会排出大量的粪便，导致空气中弥漫着臭味，并且这些粪便中也含有很多的有害气体，如果不及时处理直接排放到大气中，会给周围居民的生活造成不良影响。

3. 土壤污染

当前，仍有一些养殖户会选择将畜禽粪便未经处理而直接还田，虽然这样可以在一定程度上让土壤更加肥沃，但由于缺乏相关的培训，难以切实做好牲畜粪便排放的管控工作，从而导致其中的有害物质进入土壤，引发土壤污染。

> 思考

动物养殖可能会给生物多样性保护带来哪些挑战？

第五节 "同一健康"策略

人类、动物及环境生态系统的健康紧密相连。"同一健康"（One Health）策略（图 11-2）旨在通过人类、动物和环境三方知识的交叉和整合，促进人类、动物和环境卫生方面的专业人员之间的跨学科交流和合作，最终实现人、动物和环境的最佳健康[8]。该框架由世界卫生组织（WHO）、世界动物卫生组织（WOAH）、联合国粮农组织（FAO）等共同提出。关于"One Health"的翻译，国内专家学者们提出了同一健康、一体健康、唯一健康、共同健康、全健康、一个健康、万健康、协同健康等多种译法[9]。

第二次世界大战之后，为了维持国际和平及安全，发展国与国之间的友好关系，促进国际合作，中国、苏联、美国、法国等 50 多个国家在 1945 年签署了《联合国宪章》，之后联合国组织于 10 月 24 日正式成立。在各国举行会议成立联合国时，他们讨论的事情之一就是建立一个全球卫生组织。在此背景下，世界卫生组织（简称世卫组织）于 1948 年成立，总部设在瑞士日内瓦。

非传染性疾病
传染性疾病
多因素疾病
公共健康
人类医学
社群网络
进化医学
耐药性

人类健康

法律体系框架
生态毒物学
文化实践
城镇化
生态学

环境健康

人畜共患病　　　动物健康　　　宠物驯养
非兽医药品　　　人畜关系

图 11-2　同一健康策略

　　应对人畜共患疾病是世卫组织关注的重点领域之一，该组织与各国政府、学术界、非政府组织和慈善组织以及区域和国际伙伴展开合作，预防和管理人畜共患疾病，降低人畜共患疾病对公共卫生、社会和经济的影响。这方面的工作包括促进不同相关部门在区域、国家和国际层面就人类—动物—环境关系开展跨部门协作。世卫组织还致力于通过报告、流行病学和实验室调查、风险评估和控制，以及协助各国开展实施工作，推广实用、循证且具有成本效益的工具和机制，以预防、监测和发现人畜共患疾病。

　　例如在新冠肺炎疫情防控期间，世卫组织与全球专家、政府及合作伙伴密切合作，并通过媒体通报会、常见问题解答、提供技术指南及科学简报等工作为各国和个人提供健康保护和防止疫情蔓延的建议。

拓展阅读

疫情防控期间不少公众会问："新冠病毒是否会通过食用熟食，包括动物产品传播呢？"

世卫组织回答：

目前没有证据表明人们可以从食物中感染 COVID－19。杀死新冠病毒的温度与杀死食物中其他已知病毒和细菌的温度类似。对于肉类、家禽和鸡蛋等食物，任何时候都要彻底煮熟，温度至少达到 70℃。烹饪前，应小心处理生的动物产品，以避免与熟食发生交叉污染。

联合国粮食及农业组织（简称粮农组织，英文缩写为 FAO）成立于 1945 年，当时第二次世界大战刚刚结束，百废待兴，联合国刚刚成立，粮农组织是其设立的第一个专门机构，职责覆盖粮食和农业的方方面面，目标是要建立一个没有贫困和饥饿的世界。2019 年，曾任我国农业农村部副部长的屈冬玉博士当选为 FAO 总干事。

无论是农作物种植还是畜牧业养殖都广泛涉及动物议题，FAO 专门设立了动物生产及卫生司。

世界动物卫生组织（WOAH）是在 1920 年比利时牛瘟兽疫之后创立的。该病发源于印度，因各国担心其传染，遂于 1921 年 3 月在巴黎召开国际会议。1924 年世界动物卫生组织成立，原名为国际兽疫局，总部位于法国巴黎，截至 2023 年 7 月，共有 182 个成员。其宗旨是改善全球动物和兽医公共卫生以及动物福利状况。其主要职能是收集并通报全世界动物疫病的发生发展情况及相应控制措施；促进并协调各成员国加强对动物疫病监测和控制的研究；制定动物及动物产品国际贸易中的卫生标准和规则。截至 2020 年 10 月，中国共有 21 家兽医实验室被世界动物卫生组织确定为国际参考实验室。

本讲小结

1. 人类的生存与发展与野生动物、农场动物、伴侣动物、实验动物密不可分，存在众多互利共存的关系。

2. 人兽冲突的发生会给野生动物的保护和人类的可持续生计带来深远影响。应基于科学知识，探索人与野生动物的共存之道。

3. 人畜共患疾病往往导致人与动物两败俱伤，尊重人与动物的边界，做负责任的饲主是预防人畜共患疾病的良好途径。

4. 人类健康、动物健康与环境健康相互影响。"同一健康"策略鼓励通过跨学科、跨部门、跨地区协作来预防新发传染病，保障人类健康、动物健康和环境健康。

（邬小红）

【思考与行动】

1. 如果你是三江源国家公园的负责人之一，你会采取哪些举措来预防和减少人兽冲突的发生？

2. 为了控制流浪猫狗的数量，你愿意为自己的宠物做节育手术吗？为什么？

3. 小组讨论：收集全球运用"同一健康"策略的案例，并就经验、挑战与优化进行分享与讨论。

参考文献

[1] 徐新建. 2020：疫情引发的社会演变 [J]. 徐州工程学院学报（社会科学版），2020，35（4）：1—11.

[2] 朱莉，徐可意. 中国大象在国际社交媒体平台的跨文化接受研究——基于 YouTube 短视频评论的分析 [J]. 国际传播，2022（14）：56—59.

[3] 赵晓娜，陈琼，陈婷. 三江源国家公园人兽冲突现状与牧民态度认知研究 [J]. 干旱区资源与环境，2022.36（4）：39—45.

[4] 北京市动物疾病预防控制中心，世界动物保护协会. 我们的小伙伴：狗 [M]. 北京：中国劳动社会保障出版社，2019.

[5] 殷文武. 我国狂犬病消除进展及展望 [C] // 中国畜牧兽医学会. 2017 中国狂犬病年会论文集. [出版者不详]，2017：6—7.

[6] 邓文肖，百川. 当前我国城市狗患问题及对策研究——基于社会治理的视角 [J]. 长江论坛，2019，156（3）：63—69.

[7] 林建和. 畜牧养殖环境污染的现状及治理措施 [J]. 湖北畜牧兽医，2017，38（3）：42—43.

[8] VAN HERTEN J，BOVENKERK B，VERWEIJ M. One Health as a moral dilemma：Towards a socially responsible zoonotic disease control [J]. Zoonoses and Public Health，2019，66（1）：26—34.

[9] 邓强，陆家海. 同一健康与人类健康 [J]. 科学通报，2022，67（1）：37—36.

第十二讲

人与自然是生命共同体

　　2022 年的夏天，全球经历了一场范围广、持续时间长的极端高温天气，我国川渝地区遭受严重干旱，河流缺水、湖泊面积明显缩小，引发山火、缺水、缺电危机。当全球气候变化从概念变成人们真切深刻的体感认知时，不禁让人想起科幻电影《流浪地球》里的这样一段话：

　　　　"最初，没有人在意这场灾难，

　　　　　这不过是一场山火，

　　　　　　一次旱灾，

　　　　　　一个物种的灭绝，

　　　　　　一座城市的消失，

　　　　　直到这场灾难

　　　　与我们每个人都息息相关……"

　　科幻电影里预言的一切，似乎正在一点一点从影片变为现实，气候变化的严峻性让我们再次面对这个并不新鲜的议题：如何认知人与自然的关系？这个认知将指导我们如何行动，未来是"流浪地球"还是"地球家园"，与我们每个人都息息相关。

第一节　人与自然的关系

　　人与自然的关系，一直是人类社会最深刻的命题，从古至今的哲人们都深深地思考过这个命题，不同的民族、不同的文化，有着各自的见解。纵观人类社会发展的历史进程，人们对人与自然的关系在不同社会历史阶段有着不同的认知，这些不同的认知折射了人们当时所处历史时期的社会价值观和道德伦理立场，以及人的生存和社会发展状况。

　　在 2021 年秋季学期"热点环境问题与探讨"课堂上，有一次开放的小组讨论思辨活动，同学们针对"在人类社会的不同发展阶段，人对自然的认知和态度是怎样的？"这一问题展开了热议。

　　有几位同学发言阐释了自己的观点和看法，大家可以阅读了解并想一想：这些观点和看法中，哪些是我认同的？哪些是我质疑的？为什么认同？为什么质疑？我是怎么看待这个问题的？我自己的观点和看法是什么？

　　原始社会：占领

　　农业社会：依赖

　　工业社会：利用

　　数码/智能社会：改变/定义

　　占领：人类早在数万年前足迹便遍布世界（南北两极除外）的大陆地区，那么人类与自然的关系即为占领。

依赖：在人类占领自然后，早期人类逐渐进入农业社会。此时的人类聚集成群落，不光是群体安全得到了保障，人口数量也得到了提升，所以对于粮食也有了更多的需求。此时人类对自然的认知也更进一步，不但对世界的基本规律有了一定的了解，还有进一步的经验总结，比如物候、二十四节气等。人类明白，只有更好地依赖自然资源，才能获得更多满足生存需要的食物，这也是农业社会发展的基础。因此，在农业社会时期，人类与自然的关系为依赖。

利用：随着工业革命的开始以及人类大航海时代带来的世界贸易繁荣，人类发展的野心逐渐膨胀。随着人类社会进入工业时代，人类对自然资源的进一步了解、更高的生产效率、更多的物质需求，无不促使人类穷尽可能挖掘自然这座宝藏。此时的人类早已陷入发展的陷阱，对自然的疯狂索取，最终反作用于人类自身。工业社会，人类与自然的关系为利用。

改变/定义：在后工业时代，伴随着科技的跨越式发展，人类开始意识到并反思之前工业发展对自然环境造成的破坏。在符合人类发展的大目标下，人类选择保护大自然来维护人与自然的共同利益。此时的人类已经可以定义"自然"，即有人类存在、有人类参与、对人类有益为自然。长久以来我们所说的自然一直是一个空间概念，即我们的地球。但是，以后这个概念可能会改变。随着人类逐步具备探索太空的能力，往后的自然可能就会发生空间位置的变化，不是我们所固指的地球生态。但唯一不变的是有人参与和存在并与人类形成利益互助关系的才是我们所定义的自然。

——邵言飞

原始社会：征服

农业社会：占领

工业社会：榨取

数码/智能社会：保护

原始社会时期，人类对自然的破坏只停留在对繁殖速度缓慢的大型动物身上。人类自非洲扩散后，所到之地基本都出现了大型动物的灭绝的情况。

农业社会时期，人类对自然的破坏在于对土地的破坏。随着人口的不断增加，为了养活更多的人，人类不断占领更多土地，蚕食其他生物的栖息地。

工业社会时期，人类可以全方位地破坏生态，却无力将其完全毁灭。人类为了更快的发展而过度使用自然资源。

数码/智能社会时期，人类在拥有了毁灭自然生态环境的能力与大量关于自然生态的知识后，学会了保护。

——陈逸

在原始社会阶段，人类对自然的态度是敬畏的，人类在那个阶段对自然的认知十分有限，一道闪电、一声雷鸣在他们看来似乎都十分可怕，人类并不了解自然中很多的规律以及力量的来源，因此人们十分敬畏自然。

在农业社会阶段，人类大力种植农作物，经营畜牧业，人类靠天吃饭，以自己的温饱为第一要务，这一时期，人类和自然就是依靠的关系，这个时期人与自然较为和谐。

在工业社会阶段，人类似乎掌控了能源的密钥，这是人类进步最大的一个阶段。在这个阶段，人类是轻视自然的，认为自己的发展才是最重要的，并不会考虑对自然的破坏程度，损自然利人的事在当时也无可厚非，毕竟人类第一次尝到了蛋糕的滋味。

当今的智能时代，人类终于明白了可持续发展的重要性，虽然很多东西现在是可以接受的，但是也要为子孙后代考虑。虽然生命在宇宙尺度上来看，似乎毫无意义，但对人类来说，生命的意义就在于延续，因此人类现在已经有了足够的能力去进行绿色发展，以回馈自然对人类这么多年生存和发展所作的贡献。

——许瀚闻

原始社会受限于人类的有限认知和行为能力，对自然极度依赖，表现出对大自然的崇拜。

农业社会时期，虽然人类活动对自然产生了一定影响，但总体上仍然保持了相对平衡。

工业社会时代，人类开始使用煤炭、石油等化石燃料，力图征服自然，产生了诸多环境问题。

智能时代我个人认为也可以定义为后工业时代，人类希望追求和谐，与大自然达到再次平衡，但现实则是部分环境虽有改善，但仍然残留着工业时代活动留下的痕迹，人类在现实生产活动中仍然表现出征服自然、超越自然的特点。

——徐浩洋

　　人类对自然的敬畏态度贯穿人类社会发展始终，但是不同时期人们敬畏自然的程度不同。

　　原始社会以及农业社会人类极其敬畏和依赖自然，因为无论是打猎还是农作，都是靠天吃饭，自然界的一些微小变动就容易对人类造成毁灭性的打击。

　　到了工业社会，人类掌握了一些更先进的工具及技术，这时对于自然的敬畏就减少了，并且随着技术的进步，人类对自然的敬畏也越来越少，并开始产生改变自然、支配自然的想法。

　　但是，现在人类已意识到，人类仅仅只能摧毁自己生活的环境，而无法去改变自然。就像切尔诺贝利核电站所在区域，在核污染后的几十年就已经郁郁葱葱、生机勃勃，人类的摧毁看上去显得非常幼稚。正是在我们意识到人类对自然是无法有实质性的威胁后，人类又开始敬畏自然了。不过这时候的认识却远超原始社会，因为我们需要去保护属于我们的自然。

　　这是一种螺旋式上升的认识模式。

　　从某种意义上来看，这和人的成长很相似，人类与自然的关系如同孩子和父母的关系。原始社会时，人类如同婴幼儿，一切都依赖父母（自然）；到了农业社会，人类如同小学生，有一定的独立能力，但还是依赖父母，也怕父母；进入工业社会，人类如同进入青春期的青少年，开始自立且对父母叛逆；之后，少年长大成人，越来越理解父母，又回到一家人的状态。但是和孩童时期不一样，成年后的孩子和父母既各自独立又亲和，甚至长大的孩子要照顾老去的父母，我们现在和自然的关系也是在朝这个状态发展。

——李大卫

一、人与自然的关系随着人类社会的发展而变化

人与自然的关系是人类生存与发展的基本关系。人类社会的发展即人类在认识、利用、改造和适应自然的过程中不断探索、前进、反思和再前进。人类社会的发展史，也是人与自然关系的历史。从人类社会发展阶段来看，人与自然的关系大致经历了四个阶段。

在人类社会发展的初期，即原始文明时期，由于生产力水平较为低下，人类一方面直接或通过简单的工具从大自然获得所需的一切，另一方面又要承受大自然给人类生存带来的各种威胁。这一时期，人类被动地适应自然，与自然的关系处于一种原始的和谐状态。人们的生存生活受自然条件的制约明显，对自然持有敬畏、崇拜和顺从的态度，更准确地说是畏敬，因畏而敬。同时，我们也要看到，这个时期人类对大自然的了解是极其匮乏的，人类甚至不知道大自然为何物，更没有人类与大自然的关系的认知。

在农业文明阶段，人类通过自己的经验和智慧能够在一定程度上把握自然规律，青铜器、铁器等生产工具和技术的应用提高了生产力水平，人类社会开始由向大自然索取基本生产资料的原始社会进入生产资料自给自足的阶段。人类开始开发利用自然资源、改变自然，但由于科学技术水平有限，人类尚不能认识自身的发展与扩张给生态环境带来的影响。人们日出而作，日落而息，顺天应时，总体上人与自然是一种较为融洽的关系，人类对自然持敬畏和顺应的态度。

18世纪开始的工业革命极大地解放了西方资本主义国家的社会生产力，科学技术的进步使人们产生了"征服自然"和"人定胜天"的冲动，人们认为可以充分利用科技的力量，摆脱大自然的束缚，人类以一

种凌驾于自然之上的姿态企图征服自然。在社会对工业文明的渴求、对城市化的讴歌中，人们对人类力量的赞美取代了对自然的敬畏，工业文明的出现使得人类和自然的关系发生了根本性的改变。特别是西方近代以来形成的建立在近代自然科学技术基础上的机械论自然观，认为人与自然是分离和对立的，人们不再敬畏和尊重自然，而是把自然当作可以任意对待的机器和获取资源的场所。

随着社会的发展，过度工业化带来的恶果渐渐显露，人们对工业化的认识和态度也逐渐发生转变，由最初的讴歌赞美转变为反思和改变。20世纪以来，人类对自然的干预破坏了自然的平衡，超出了自然的再生能力和自我调节能力，工业发展引发了森林破坏、耕地减少、土地沙漠化、物种灭绝和环境污染等一系列问题，人类所直接面对的是全球生态系统正朝向不利于人类生存和发展的方向演化。这时，人们开始思考：资本主义的蓬勃发展，真的给人们带来了解放吗？20世纪中期，《寂静的春天》一书的面世，将近代工业污染对生态的影响透彻地展示在读者面前，引发了人们对化学药品导致环境污染问题的认识和重视；《增长的极限》的作者则警醒人们，发展是有基础的，自然资源是有限的。人们对工业化的反思并没有只停留在书面上和头脑中，一批批杰出的环境和自然保护者做出了行动，开启了全球环境保护运动的新纪元。

拓展阅读

世界环境日（World Environment Day）

世界环境日即每年的6月5日，它反映了世界各国人民对环境问题的认识和态度，表达了人类对美好环境的向往和追求。

1972年6月5日，联合国在瑞典首都斯德哥尔摩召开了联合国人类环境会议，会议通过了《人类环境宣言》，并提出将每年的 6 月 5 日定为"世界环境日"。同年 10 月，第 27 届联合国大会通过决议接受了该建议。联合国环境规划署在每年 6 月 5 日选择一个成员方举行"世界环境日"纪念活动，并根据当年的世界主要环境问题及环境热点，有针对性地制定"世界环境日"主题。

世界环境日，是联合国促进全球环境意识、提高政府对环境问题的注意并采取行动的主要媒介之一。

当代社会，可持续发展的理念已为世界各国普遍接受，建立一个新的人与自然和谐发展的"地球生态圈"成为新世纪人类的共同愿望。用更理性、科学的态度对待自然，处理好自然与人类发展之间的关系显得尤为重要，但对人与自然的关系的看法没有形成统一的共识。总的来说，当今世界的自然观可以简单地分为人类中心主义和非人类中心主义两大类。人类中心主义主张人是目的，认为人与自然是主客体关系，人类的一切活动都是为了满足自己生存和发展的需要，都应当以人类的利益为出发点和归宿。而非人类中心主义亦称为生态中心主义，是伴随20 世纪后半叶世界环保运动兴起的一种超越人类中心主义的绿色思潮，其主张自然具有自身的存在价值，人是自然的一部分，人不能离开自然而生存、发展，人与自然是平等的，应该和谐共处、共同发展。非人类中心主义经过半个多世纪的发展在逐步成熟、壮大中，深刻地影响了当今人类文明的发展进程。

纵观人类认知人与自然关系的历史，很多时候是立足于人类和自然的二元论基础上思考人与自然的关系，较少将人类代入自然的视角。随着现代生物学和人类学的发展，人们得以从微观和宏观两个角度审视人类的进化历程，进而分析人类社会与自然环境之间的相互作用。通过不断地研究与实践，证实人类是自然的一份子，是自然不可分割的一部分。

分子遗传学解答了"人类从哪里来"的终极答案。根据现代人类与其他灵长类生物的基因比对，可以证明，现代人类（即晚期智人）是历经数百万年进化，诞生于非洲大陆的哺乳科灵长目人科生物。

现代生命科学的发展极大地丰富了人类对自己和生命世界的认知。从生命的本质看，智人是地球生命演化的结果。整个地球生命系统是一个统一整体，其诸多要素之间相互作用、相互影响、相互依存，构成了一个完整的有机体系，并与地球非生命部分相互作用，共同参与地球的演化。

在地球 46 亿年的漫漫历史长河中，生命诞生和演化的声音是地球上最为美妙动听的音乐。正是因为有了生命，才把一个蛮荒恶劣的地球改造成今天生机盎然、璀璨伟大的星球。在 38 亿年的生命演化史中，生命遭遇了多次毁灭性打击，仅仅在最近的 6 亿年中，就发生了五次物种大灭绝：第一次物种大灭绝发生在距今 4.4 亿年前，大约有 85% 的物种灭绝；第二次物种大灭绝是 3.65 亿年前，使得海洋生物遭到重创；第三次物种大灭绝是 2.5 亿年前，这是地球上物种灭绝最严重的一次，90% 的海洋生物和 70% 的陆地脊椎动物灭绝；第四次物种大灭绝是 1.85 亿年前，80% 的爬行动物灭绝了；第五次物种大灭绝发生在 6500 万年前，统治地球长达 1.6 亿年的恐龙灭绝了。这几次物种大灭绝，留给我们的是对地球生命走向的无尽的思考。

地球生命伟大，始终不屈不挠、生生不息、蓬勃向上，旧的物种灭绝了，源源不断的新物种包括我们人类产生了。如果把 38 亿年地球生物演化史看作一天的 24 小时，那么人类文明历史还不足 1 秒钟，但是在这短短的"1 秒钟"之内，人类拥有了"智"，发明了一些所谓改造自然和生命的技术，似乎拥有了无穷的能力，与天斗、与地斗，还与人斗，瞬间使地球生命系统和生态环境发生了翻天覆地的改变。那么，往后地球环境将怎样变化？地球生物将向何处演化？面对不确定的未来，尤其是面对地球目前承受的生态环境压力，我们应该怎么办？人类是生命进化的产物，我们能主宰整个生命系统吗？人类也是自然的产物，我们能主宰地球、主宰自然吗？人类未来的命运究竟在何方？这些问题值得每一个智人思考。

二、人与自然之间整体性、系统性的关系

随着技术的发展，人类进入一个全新的时代，或称为后工业时代，越来越多的人认同人与自然是一个整体这一观念，强调人与自然是有机统一的关系。坚持人与自然的有机统一关系是我们解决生态危机、真正实现人与自然和谐的关键。只有在恰当认识人与自然关系的基础上，我们才能从自身做起，保护生态环境，共建美好家园。

习近平总书记很重视如何正确处理人与自然的关系，多次强调"绿水青山就是金山银山""要像保护眼睛一样保护生态环境，像对待生命一样对待生态环境"。在人类命运共同体的基础上，习近平总书记提出了人与自然生命共同体的中国主张，这个主张一方面指出人与自然是一种共生关系，对自然的伤害最终会伤及人类自身；另一方面指出要积极改善和优化人与自然的关系，把人的价值和生态的价值统一起来，既尊重客观规律，又充分发挥人的主观能动性。

人与自然生命共同体的中国主张既是对马克思主义理论的继承和发展，也是对中国传统文化自然观和中国传统生态智慧的继承和创造性转化。人与自然生命共同体的中国主张把满足人的需要与尊重自然相结

合，把人与自然真正作为统一的有机整体来认识，把握人与自然的相互联系、相互作用、相互影响的关系，为真正解决全球生态危机、实现人与自然的和解提供了科学的理论依据。

对于人与自然之间整体性、系统性的关系，可以从以下两方面来认识。

一方面，自然孕育了人类，人类的生存和发展离不开自然，自然是人类的生存之本、发展之基。自然先于人类而存在，自然不依赖于人类而具有内在的创造力，它创造了地球上适合于生命生存的环境和条件，创造了各种生物物种以及整个生态系统。人类并非独立于大自然之外的存在，河流、森林、沙漠、山脉、海洋、动植物和微生物都是自然的一部分，人类也是。在漫长的物种进化过程中，人从自然界脱颖而出，成为"万物之灵"，但是无论人如何进化，人类来自自然界，人类的一切创造都来自自然界。物质资料的生产和再生产以及人自身的生产和再生产，都是以自然环境的存在和发展为前提的，没有自然环境就没有人本身。正如习近平总书记所说："人类可以利用自然、改造自然，但归根结底是自然的一部分，必须呵护自然，不能凌驾于自然之上。"

> 自然平衡并不是一个静止固定的状态。它是一种活动的、永远变化的、不断调整的状态，人也是这个平衡中的一部分。当这一平衡受人本身的活动影响过于频繁时，它总是变得对人不利。
>
> ——蕾切尔·卡森，《寂静的春天》

另一方面，人类的实践活动也给自然打上了深深的烙印，人与自然共同组成了一个高度复杂的"复合生态系统"，因此，推进人与自然和谐共生是一项复杂的系统工程。当人与自然和谐相处，自觉保护生态环境，能动地适应、有效地利用、合理地改造大自然时，得到的往往是大自然的加倍回报和恩惠；当人们盲目地、破坏性地向自然索取资源时，人类就难以避免无情的惩罚和灾难。地球整个生态系统是生命参与演化的结果，人类社会的活动对于地球整个生态系统有着重大的影响，而地球的生态环境也自始至终影响着人类的活动，自然的发展和人类的发展相互影响、相互制约。

2020 年，有关地球自然生态的科学研究报告相继发布。这些报告系统地审视了目前遭受严重破坏的全球生态环境，呼吁世界各国提升对于地球生态环境安全风险和生态红线的认知，与自然和谐共处，采取切实有效的措施，推动后疫情时代建立在地球可持续发展基础之上的经济复苏。

2020 年 9 月 15 日，联合国生物多样性公约秘书处发布第五版《全球生物多样性展望》，提出了减缓及遏制自然加速退化趋势的八项变革，以拯救地球，确保人类福祉。2020 年 12 月 20 日，联合国环境规划署发布《全球环境展望6》（GEO-6）中文版报告。该报告聚焦"地球健康，人类健康"主题，呼吁各国彻底摒弃不可持续的生产消费模式，积极开展国际合作，以实现可持续发展目标以及其他国际商定的环境目标。

拓展阅读

全球生物多样性在恶化

2020 年 9 月 10 日，世界自然基金会（WWF）发布的《地球生命力报告 2020》显示，近半个世纪，全球野生动物种群数量平均下降68％。其中，淡水地球生命力指数监测了 944 个物种、3741 个种群，覆盖了包括哺乳类、鸟类、两栖类、爬行类和鱼类，数量平均下降了84％，相较于海洋或森林，其生物多样性丧失速度更快。

人是有意识、思想和思维的存在物，人不是消极地依赖自然环境，而是在对自然的改造活动中不断发展自己。我们需要意识到，人对自然的改造存在着两面性：一方面，人类不断改进物质生产方式，创造了丰富的物质和精神财富；另一方面，人类无节制地向大自然索取资源，强调效率，讲求效益，只考虑短期利益和需要，忽视人与自然的和谐统一性，造成环境被破坏、资源滥用等问题。

人类改造自然的目的是使人的生活更加美好，但当违反自然规律、一味追求经济发展时，则事与愿违，会遭受大自然的惩罚。因此，我们要构筑尊崇自然、绿色发展的生态体系。

人类在实践活动中必须清晰认识到"人与自然是生命共同体"，在敬畏自然的过程中通过调整自己的行为，践行生态文明中人与自然、人与人、人与社会三层关系和谐的基本理念，达到人类生存发展与自然生态的平衡，实现人与自然的和谐共生，构建一个健康的人与自然的生命共同体。

第二节　从自然疗愈层面认识人与自然的关系

谈及自然对人的影响，人们很早就用一句话进行了说明：一方水土养一方人，一方山水有一方风情。"一方"，指的是某一块地域；"水土"，包括地理位置、物候环境；"一方人"，则是长期生活在这一地域的人。不同地域上的人，由于环境的不同、生存方式的不同、地理气候的不同，思想观念和文化性格特征也不同，甚至外貌长相的差别。

自然不仅在群体上对人及社会文化产生影响，对个体的人的身心健康也发挥着积极的作用。

一、自然疗愈的概念

自然疗愈的概念由于各国实践形式与内容的不同，尚未形成统一定义。广义上可统称为自然疗法和生态疗法，两者定义上很相近，均指在自然环境中起到疗愈效果的介入方式。自然疗愈认为，大自然具有治愈我们身心的力量，研究人员正在不断发现我们的身体和精神如何从我们与自然的相互作用中受益。

自然疗愈根据具体形式可细分为以下几种疗法：森林浴、森林疗法（也称森林疗养）、荒野疗法（也称探险疗法）和园艺疗法。自然疗愈在概念上更偏向于森林浴，即指人们通过感官享受森林的清香、植物的色彩和鸟类的鸣唱等，通过呼吸森林中的挥发性芳香类物质达到镇静安神和舒缓压力的效果。简单来说，置身于森林环境可以使人身心受益，森林的优质环境天然让人们可以享受环境所带来的裨益。

二、自然疗愈的发展历程

随着现代城市化进程加速、城市生态空间锐减、电子产品的广泛使用和网络生活方式的普及，人们渐渐失去了亲近自然进而放松身心的本能，生态环境和人类健康问题日益显著。2017 年，世界卫生组织公布的预测性调查表明，全世界亚健康人口比例已占到 75％，真正健康的人口比例仅有 5％。

出于对公众福利与公众健康的回应，自然疗愈应运而生——19 世纪 40 年代德国在巴特·威利斯赫恩镇建立了世界上第一个森林浴基地，自然疗愈从德国兴起，并不断成长。

1980 年起自然疗愈在日本、韩国开始进入发展期。1982 年，日本林野厅首次提出将森林浴纳入健康的生活方式，并举行了第一次森林浴大会。同年，韩国开始提出建设自然疗养林，并于 1995 年将森林解说引进自然疗养林，启动森林利用与人体健康效应的研究。韩国陆续营建了多处自然疗养林、森林浴场、森林疗养基地和林道，也有较为完善的森林疗养基地标准和森林疗养服务人员资格认证、培训体系。

2000 年以后，各国纷纷认识到森林所带来的健康效益，自然疗愈进入蓬勃发展的阶段。日本、韩国、美国等发达国家开始引导"回归自然、走进森林"的生活方式；欧盟发起了森林、林木及人类健康与福祉的研究；在德国，公民到森林公园的花费已被纳入国家公费医疗范畴。

中国于 1980 年开始推动以森林观光为主的旅游形式，被视为森林休养的开端。2016 年，北京林学会牵头举办了首次森林疗养师培训，目前正在进行森林疗养基地标准和执行的探索。

三、自然疗愈的机理和相关研究

开展自然疗愈的森林环境主要包括两个因素：一是环境因子，二是植物挥发物。

环境因子包括森林富氧环境、空气清洁度、小气候和绿视率。研究发现，森林环境中空气的含氧量相对较高，森林游憩活动可以显著提高人体的血氧含量和心肺负荷水平，平均心率、最小心率和最大心率均有降低，心脏跳动渐趋平稳，从而可改善心肺功能，提高人体的生理健康状态。

此外，地面上的空气负离子主要源于森林中树冠、枝叶的尖端放电以及绿色植物光合作用中的光电效应，森林覆盖率越高的地区其空气负离子浓度越高，当负离子浓度达到 5000 个/cm³ 以上时能增强人体免疫力。

植物挥发物是树木在生理过程中释放出的松脂、丁香酸、柠檬油、肉桂油等物质，它们大都具有杀菌、抗炎和抗癌等作用。这些物质被称为植物杀菌素，也叫植物精气、"芬多精"（Phytoncide），虽然在植物体内含量甚微，但具有极高的生理活性，与人体健康密切相关。

日本医科大学李卿博士主导了一系列对照实验，他以东京工作繁忙的白领和高血压、抑郁症、糖尿病等患者为研究对象，通过让他们在森林中散步、休息，发现他们血液中的免疫细胞活性明显增加，这表明森林环境对高血压、忧郁症、糖尿病等症状具有显著的预防和减缓作用，而城市环境对这些症状减缓作用不明显。

2012 年，日本立教大学做了一项对比研究，研究内容是对比在森林环境和都市环境中学生们对生死观、生命感和宽容度的不同反应。研究发现：对于生死观，学生们在森林环境中对 5 种生死观的接受度都有所提高，而在都市环境中只对 1 种生死观的接受度有提高。对于生命感，森林环境讲课前 PIL（Purpose－in－Life）量表得分为（98.91±19.73）分，讲课后为（104.86±20.05）分；都市环境讲课前为（94.50±15.22）分，讲课后为（95.64±16.45）分。对于宽容度，森林环境讲课前得分为（14.41±4. 77）分，讲课后为（16.45±5.70）分；都市环境讲课前得分为（12.45±3.98）分，讲课后为（13.18±4.56）分。综合来看，森林环境的心灵涵养效果显著，这和道家悟道于山清水秀之地有些异曲同工。

即使不在森林中，城市中的自然环境也能对人产生疗愈作用。研究表明，当我们身处自然环境中，我们有不同的内在体验，这些内在体验有助于身心健康。比如自然光治疗抑郁症的功效可能跟口服抗抑郁药物一样，阳光明媚的天气会让人产生心情舒畅的感觉等。

牛津大学昼夜神经科学教授斯图尔特·皮尔森认为"白天的光照与随后的睡眠质量有关"，而睡眠质量又将影响人的情绪和身体健康。所以，适当的"晒太阳"是有益身心健康的。还有研究表明，城市绿地数量和质量与市民健康有多重关联，其中，绿地与肥胖率、绿地与生命质量（QOL）的关联已经得到证实，而绿地与心理健康的关联近期也颇受关注。

在科学和医学研究方面，自然对人的积极影响可以通过测量压力激素如皮质醇来衡量，有些研究还关注大脑活动的变化。

2019 年在《心理学前沿》（*Frontiers in Psychology*）发表的一篇研究论文显示：对于城市居民来说，只要在自然环境中待上 20 分钟，压力指标就会大大改善。研究得出了与大自然接触能降低压力、改善幸福感的结论。这是第一次从科学研究的角度测量出"自然处方"可以有效降低压力的代表性生物指标。研究人员分别从进行自然体验前后的参与者的唾液样本中测量了压力激素皮质醇的水平，从而发现，仅仅 20 分钟的自然体验就足以显著降低皮质醇水平。

知识窗 自然处方

我们的研究表明，为了获得最大的回报，在有效降低压力激素皮质醇水平方面，你应该花 20 到 30 分钟的时间在一个能让你感受到大自然的地方坐着或散步，这样做能让人感受到大自然的气息。

——玛丽·卡罗尔·亨特（Mary Carol Hunter）（美国密歇根大学）

因此，在生活中安排一些时间使自己身处自然中对改善或保持我们的身心健康很重要，自然不仅是我们生存和发展的根本，也是我们身心健康的保障。同理，我们为保持自然生态系统的健康或改善已被破坏的自然环境所做出的努力和行动，不仅是对自然友善的表现，也是对人类自身健康负责。

人与自然是生命共同体，我们每个人都需要地球家园，人类也是地球家园中的一部分，即使流浪，我们也和地球一起。

本讲小结

1. 人们对人与自然的关系的认知随着人类社会的发展而变化。

2. 正确看待人与自然之间整体性、系统性的关系。

3. 人与自然是生命共同体，人类必须尊重自然、顺应自然，人类社会的发展须与生态系统平衡相谐。

4. 科学研究证明，身处自然中能保持或改善我们的身心健康。

（周瑾　赵云）

【思考与行动】

1. 在校园里找一个自然环境宜人、自己喜欢的地方独处 20 分钟以上。

独处期间不用任何电子产品，可以摸一摸、闻一闻、听一听，甚至尝一尝（安全的前提下）周遭的自然物，充分运用自己的各个感官去观察和体验自然环境，用心感觉自己在这段独处的时光里有什么感受。

记录这个地方的自然现象，如果可以，可定期观察这些自然现象的变化，这也是一种科学记录的方式。

2. 做一个负责任的消费者：

——不浪费食物；

——外出带自己的杯子和餐具；

——不买过度包装的东西。

3. 与他人讨论交流你所认知的人与自然的关系，以及你在此认知下做出的行动或改变。

参考文献

[1] 殷全正. 论人与自然关系中的伦理意蕴 [J]. 理论界，2021 (8)：42－49.

[2] 林震. 人与自然关系的"三个改变" [J]. 人民论坛，2020 (S1)：34－37.

[3] 卡逊. 寂静的春天 [M]. 吕瑞兰，李长生，译. 北京：京华出版社，2000.

[4] 罗尔斯顿. 环境伦理学 [M]. 杨通进，译. 北京：中国社会科学出版社，2000.

[5] 王中江. 自然和人：近代中国两个观念的谱系探微 [M]. 北京：商务印书馆，2018.

[6] 宫崎良文. 森林浴：放松心身的自然疗法 [M]. 刘晓昊，译. 北京：机械工业出版社，2020.

[7] 李卿. 森林医学 [M]. 北京：科学出版社，2013.

附录 A

脑电波相关实验

【实验目的】

(1) 理解脑电波形成原理及特点。

(2) 学习脑电波描记方法。

(3) 学习识别脑电图中典型节律波形。

(4) 了解脑电波的影响因素。

(5) 了解脑机接口在临床应用前景。

【实验材料】

人体生物信号采集处理系统，引导电极和接触电极、脑电帽/带、75％酒精棉球、皮肤清洁膏或磨砂膏、导电膏或凝胶。

【实验对象】

志愿者（健康学生）。

【实验内容】

1. 实验前准备

(1) 受试者准备：实验前一天，志愿者最好将头发清洗干净。实验当天头部不涂抹发胶、发蜡、弹力素等。检查时保持自然，全身肌肉放松以免肌电干扰。检查时尽量不穿化纤衣服，以免产生静电干扰，建议穿纯棉、宽松的衣服。

（2）仪器设备和使用方法：将含引导电极和接触电极的脑电帽/带连接人体生理学实验系统的信号采集系统中（见图 A－1），连接电脑，打开信号数据采集处理软件，正确设置参数，保证仪器参数设置在能够记录脑电的范围内。

接触电极直接紧贴头皮，应保证接触电极与大脑表皮接触良好，可以采用脱脂酒精对接触点进行脱脂，也可以使用少量导电膏增加导电性。

由于脑电信号非常弱，容易受到外界噪声的干扰，因此需要保证信号采集与处理的接地良好。此外，室内环境应保持安静、温度适宜。若要进行视觉诱发电位等实验，则光线不宜过强。

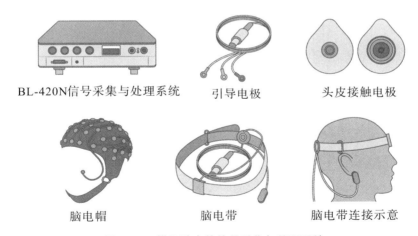

BL-420N信号采集与处理系统　　引导电极　　头皮接触电极

脑电帽　　脑电带　　脑电带连接示意

图 A－1　描记脑电的信号采集与处理系统

（3）实验方法：志愿者体位可采用坐位或躺位，坐位需要选择有靠背的、固定的椅子。测试时应挺胸坐直不靠椅背，双脚着地不跷腿，头保持自然水平或稍微上仰。躺位需平躺在测试床上，全身放松。

2. 静息状态下脑电图描记

志愿者在放松状态下，启动脑电图实验项目并记录脑电图，依次令志愿者做眨眼，转动眼睛、头部，睁眼和闭眼等动作，观察 α 波、β 波的波形特点（幅度、频率）。在实验中，志愿者处于坐位或躺位并放松的状态，每个动作结束后休息至波形稳定至少 30 s，再进行下一个动作。

3. 心理活动对脑电波的影响

检测闭眼时心理运算活动对脑电图中 α 波和 β 波的影响。

（1）志愿者处于躺位或坐位、放松、双眼闭合的状态。

（2）在 α 波稳定大约 30 s 或更长一段时间后，请志愿者心算，例如从 1000 开始倒数，遇 7 倍数跳过。心算至少持续 30 s 后，由测试者发出停止指令，停止运算，志愿者安静休息。重复该步骤两次以上，以便取得 3 次确定的结果。

（3）记录心算前后脑电图波形变化。

4. 听觉刺激对脑电波的影响

检测闭眼时不同类型和不同音量的音乐对 α 波和 β 波的影响。

（1）音乐刺激片段的准备：选择 WAV 格式的高品质纯音乐，以每分钟节拍数（BPM）和分贝选择不同类型的音乐作为听觉刺激，例如：

慢速音乐：莫扎特《A 大调单簧管协奏曲》第二乐章。（BPM＝80，65 dB 或 90 dB）

快速音乐：奥芬巴赫的《康康舞曲》。（BPM＝140，65 dB 或 90 dB）

（2）志愿者自然清醒，卧位或坐位、放松，戴上耳机并两眼闭合。

（3）测定安静状态下脑电波。

（4）当 α 波稳定 30 s 或更长时间后，志愿者用耳机听不同类型的音乐：

慢速音乐，65 dB 持续 20 min 或 90 dB 持续 20 min；

快速音乐，65 dB 持续 20 min 或 90 dB 持续 20 min；

快慢交替（快速 15 min＋慢速 5 min），65 dB 持续或 90 dB 持续 20 min；

慢快交替（慢速 5 min＋快速 5 min），65 dB 持续或 90 dB 持续 20 min。

（5）记录不同音乐刺激前后脑电图，采集时间持续 15 min 以上。

（6）为避免连续不同音乐刺激产生的叠加干扰，每次采用一种音乐片段刺激，志愿者休息后，再进行第二种音乐刺激。

5. 视觉诱发电位

视觉诱发电位（Visual Evoked Potential，VEP）包括图形 VEP 或闪光 VEP 等。图形 VEP 含有 N75，P100，N145 三个波。VEP 主要用于评价视网膜后极部（图形 VEP 约 15°内视野区）至大脑枕叶视皮层的功能。其中 P100 波的波峰最明显且稳定，其潜伏期在个体间及个体内变异小，为临床常用诊断指标，可用于对视神经、视路疾患的辅助诊断。

（1）志愿者准备：图形 VEP 检查患者不需散瞳或缩瞳，应检查并记录志愿者视力，并在检查前矫正视力到最佳状态。

（2）志愿者定位，安静、正坐、距离屏幕 1m 远，固定注视屏幕中央的红色固视光标。

（3）开始记录：平均次数：每次检测最低 64 次，最少两次检测结果做对比，增加结果重复可靠性。

（4）如志愿者眨眼或眼球转运时自动剔除伪迹，伪迹次数越少越好。

6. 意念控制小球实验

从"心灵感应"到让人"随心所欲"的意念控制，实际上是利用人类的脑电波进行操控的。人类在进行各种生理活动时都会产生电信号，如果用设备仪器接收大脑的电位活动，传至电脑，转换成电子产品能读懂的电子信号，最后通过 Wi-Fi（无线保真）、蓝牙、红外灯无线通信等方式，传输到需要控制的电子产品，就能够实现意念控制。意念控制是人机交互的终极方式，将对人类的生活产生深远的影响。

（1）志愿者戴好电极帽/带，处于平静状态下；

（2）开启"意念控制小球"实验模块；

（3）向志愿者提问，志愿者集中注意力进行思考；

（4）测试者观察脑电图不同波形变化，记录小球开始滚动时脑电图 α 波和 β 波比例和变化。

【注意事项】

（1）志愿者应自愿参加。应对志愿者进行情况告知，再进行实验。实验中如有不适，须立即停止实验。

（2）志愿者应将身上所有金属物品取下，如眼镜、手表、手机等。

（3）志愿者体位舒适，保持肌肉松弛，降低伪迹次数，可根据情况进行滤波。

（4）实验室环境要求相对清洁、无尘，并做简单消毒处理，并保持室温在 22~25℃。

（王玉芳）

附录 B

校园植物生物多样性认知和调查实践

　　四川大学三个校区共有植物 750 余种。这些植物中既有国家一级保护植物，也有现今流行的园林花木，植物种类具有四川盆地植物代表性。为激发学生学习了解生物多样性的兴趣，提升生物多样性保护意识，开展校园植物生物多样性认知和调查实践。通过实践活动，培养学生的观察能力、信息收集和处理能力以及团队合作能力，提高学生的审美鉴赏水平。通过认识植物，学生对植物多样性有比较全面的认识，从而培养学生爱护环境和保护生物多样性的品质。

【目的要求】

（1）通过实践熟悉植物观察和分类的基本方法。

（2）认识校园内常见植物。

（3）了解植被样方调查的基本方法及意义。

【认知调查对象和材料用品】

以本校区域植物为认知调查对象。

材料用品：笔记本、铅笔、调查表、相机、卷尺、参考书等。

【实践方法】

查阅资料、现场教学、实地调查及小组讨论等。

【实践内容】

（1）观察、记录所看到的校园植物和其生活环境（重点观察植物的识别特征，必要时对花、果进行解剖）。

（2）尝试对认识的植物进行归纳分类（如按植物形态特征分类、经济价值分类或植物系统分类），初步认识生物多样性和生物与环境的关系。

（3）样方调查（选做）。

根据校园环境及小组兴趣选择样地进行样方调查。根据调查内容进行样方设置。其中乔木样方面积为 20 m×20 m，在每个大样方中利用五点取样法设置 5 个 5 m×5 m 的灌木样方，每个灌木样方中设置 5 个 1 m×1 m 的草本样方（图 B−1）。记录样方中植物物种类型、株数、树高、胸径（位于树高 1.3 m 处）、枝下高、南北冠幅、物候期、干扰因素，灌木层记录基径、覆盖度，草本植物层记录多度或盖度等，并填写在对应的表格中（表 B−1）。

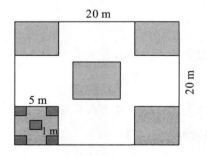

图 B−1　五点取样法示意图

表 B−1　植物调查样方记录表

乔木层

样方号	树号	树种	胸径 /cm	树高 /m	枝下高 /m	冠幅（长轴× 短轴）/m²	物候期	影响因子

灌木层

样方号	树号	树种	基径/cm	高度/m	盖度/%	株数	物候期	备注

草本层

样方号	编号	草本种类	高度/m	盖度/%	株数/多度	物候期	备注

【思考题】

1. 请列举并说明一种你印象最深刻的校园植物（并上传照片）。你认为这种植物会给你的生活带来什么影响？

2. 小组分享调查收获：根据小组兴趣和关注点，分享"校园植物多样性＋X"（X 主题为学生自选）。

（白洁）

参考资料

工具书：白洁. 望江芳华——四川大学植物图谱［M］. 北京：高等教育出版社，2016.

网站：植物智. http://www.iplant.cn/

写在最后

认知·反思与觉醒

如果将地球诞生至今的约 46 亿年换算成一天的 24 小时，那么，1分钟相当于地球历史的 319 万年，1 秒钟相当于地球历史的 5.3 万年。照这种方式推算，基于迄今为止的考古和古生物学研究，能够直立行走的类人猿的出现是在最后的 2~3 分钟；能够算作人属的物种，大约出现在最后的 1 分钟之内；智人（*Homo sapiens*）在最后数秒出现；而有文字记载的人类文明，则是出现在最后的 1 秒钟之内。然而，这最后 1秒的戏码，是如此的丰富曲折、跌宕起伏，呈现的画面令人眼花缭乱、目不暇接……作为这一幕的领衔主演——智人，我们要怎样去主导剧情的发展？怎样去书写人类与其生存环境的命运？

认知：人类是渺小的！人类是强大的！

从大约 38 亿年前生命诞生以来，地球上可能有数以亿计的生命出现过，它们中的多数走上了不归路，消失在演化的盲端；少数幸运儿因为不断地变异并与持续变化的环境相适应而延续至今，构成今天逾千万种物种，其中被人类认识并以拉丁文赋予学名的物种约 200 万种，仅约占 1/5。从生物学意义上说，智人（*Homo sapiens*）就是这 200 万物种中的一员，而且还几乎是出场最晚、登台时间最短的灵长类动物之一。

智人，在很大程度上保留有其远古祖先的特性，例如刚出生不久的婴儿万分娇弱，却具有相当强的手的握力——如同那些生活在树上的猿类一样，可以有力地抓住其赖以生存的母亲和她的乳房。从基因解析的结果来看，这不难理解，毕竟我们跟黑猩猩的全基因组在很多区域的相似度在 85% 以上。从这个角度看，我们与其他动物并无根本区别。

在动物世界里，智人的奔跑速度不及矫健的猎豹——它们的最高速度能达到 115 km/h，也不及看起来庞大而笨重的鸵鸟——它们的最高速度可达 70 km/h，而人类的最高速度仅有 37.6 km/h。

在动物世界里，智人的爆发力不及黑猩猩、棕熊、鹰，还没有尖利的牙、爪、喙。

在动物世界里，智人的繁殖能力远不及老鼠，更不及果蝇。

……

然而，在地球生物圈里占统治地位的是我们智人——现今人属（*Homo*）唯一的物种。在人属中，数万年前曾与智人并存的尼安德特人灭绝了，丹尼索瓦人灭绝了，弗洛里斯人也灭绝了，在距今 3 万年以后，就没有其他形式的人属物种存在了。

在瑞典科学家、进化遗传学权威斯万特·帕博（Svante Pääbo，他因对已灭绝古人类基因组和人类演化的发现而获得 2022 年诺贝尔生理学或医学奖）看来，智人的存续并非偶然，可能与现代人发展文化和技术的能力有关。

反思与觉醒：强大的人类应该是善作为的！

是什么让人在众多的物种中"异军突起"？什么是人与动物的本质区别？

只有人才有语言交流吗？我们都听过鸟儿们的鸣叫、唱和，某些种类的鲸鱼可以将自己的"歌声"传播到数百公里之外，有人甚至能够训练黑猩猩算数，让它们通过平板电脑与人交流。

只有人会使用工具吗？我们从小就听过乌鸦喝水的故事，我们也看过黑猩猩拿起石块砸破坚果外壳取食果仁的视频。

只有人才能制造工具？黑猩猩会用手掰、用牙啃咬树枝，将其制作成类似长矛的工具，用其攻击躲藏在树洞深处的猎物；黑猩猩还会把树叶嚼成松软的"海绵"状，用它来吸取自己的嘴喝不到的水！

马克思批判性地继承前人对人的本质的研究成果，提出了 6 个人的本质的概念，其中非常关键的点在于：人基于其社会性组成共同体，人的社会联系、人的社会关系的总和呈现出发展本质。

人类，无论肤色、语言、国籍等，都处在同一个星球，都与其他物种共享同一个星球。"南美热带雨林中一只蝴蝶翅膀的扇动，可能引发北美的一场龙卷风"，我们的呼吸、我们所制造的机器的"呼吸"、我们所建造的城市的"呼吸"都在同一个大气层里进行气体交换；我们倾倒进入下水道的污水、工厂排放的废水与大江大河里的浪花汇聚，流入四大洋而彼此融汇在一起；我们的体内、体表都住着海量的微生物，室内的阳台、市外的田野生长着花草，还有忙碌取食、专注繁衍的动物。中国曾经有四万万同胞，今天已超过 14 亿，而如今全球约 80 亿的人口可能在 2037 年增长至 90 亿……

我们看清了人类的来时路、周遭状，可以更深刻地认识自己作为人的本质，进而建立良好的人与人的关系、人与其他生物的关系、人与自然的关系。基于对漫长的演化历程和艰辛的生存斗争的认识，我们对生命加倍珍惜。纵观宇宙的浩瀚无垠，我们或可领悟到地球的独特，进而对这个蓝色星球的美丽拥有更强烈的保护意识、能够更自觉地行使科学保护的职责……

智人，*Homo sapiens*，你是不是已经在认知中反思、在反思中觉醒？

图书在版编目（CIP）数据

智人的觉醒：生命科学与人类命运 / 兰利琼主编
. — 成都：四川大学出版社，2023.7
（明远通识文库）
ISBN 978-7-5690-6156-7

Ⅰ. ①智… Ⅱ. ①兰… Ⅲ. ①生命科学—普及读物
Ⅳ. ① Q1-0

中国国家版本馆 CIP 数据核字（2023）第 100600 号

书　　名：智人的觉醒：生命科学与人类命运
　　　　　Zhiren de Juexing: Shengming Kexue yu Renlei Mingyun
主　　编：兰利琼
丛 书 名：明远通识文库

出 版 人：侯宏虹
总 策 划：张宏辉
丛书策划：侯宏虹　王　军
选题策划：刘柳序
责任编辑：刘柳序
责任校对：张　澄
装帧设计：黄楚钧
插画绘制：胡馨月
责任印制：王　炜

出版发行：四川大学出版社有限责任公司
　　　　　地址：成都市一环路南一段 24 号（610065）
　　　　　电话：（028）85408311（发行部）、85400276（总编室）
　　　　　电子邮箱：scupress@vip.163.com
　　　　　网址：https://press.scu.edu.cn
印前制作：四川胜翔数码印务设计有限公司
印刷装订：四川盛图彩色印刷有限公司

成品尺寸：165 mm×240 mm
印　　张：21.5
插　　页：4
字　　数：299 千字

版　　次：2023 年 8 月 第 1 版
印　　次：2023 年 8 月 第 1 次印刷
定　　价：68.00 元

本社图书如有印装质量问题，请联系发行部调换

扫码获取数字资源

四川大学出版社
微信公众号